"101 计划"核心教材
物理学领域

工业和信息化部"十四五"规划教材

大学物理实验

第一册　基础物理实验

主　编　张增明

副主编　韦先涛　浦其荣　赵　霞

中国教育出版传媒集团

高等教育出版社 · 北京

内容简介

本套书建立了模块化、多层次的大学物理实验课程体系，以本套书为基础的"大学物理实验"四级课程 2022 年获批国家级一流本科课程中的线下一流课程。基于该课程体系、教学内容、教学模式、教学方法，形成了教育部高等学校大学物理课程教学指导委员会编制的《理工科类大学物理实验课程教学基本要求》(2023 年版)。本教材作为物理学领域"101 计划"实验物理课程的第一套教材，以 2023 年版基本要求为指南进行设计、撰写。全套书共分四册，其中第一册基础物理实验适用于理、工、农、医、师范、商科等各专业，为各专业的普及性实验课程内容；第二册综合物理实验适用于理工科各专业；第三册现代物理实验适用于理科各专业及需要加强物理基础的工科专业；第四册高等物理实验适用于物理学类专业及相关理科专业。每册的内容都覆盖力学、热学、电磁学、光学、近代物理学等领域的实验，各册书的深度逐级提升，以适应不同层次教学的需要。本套书还涉及一些科学研究前沿中大家关注的课题。本套书是一套立体化教材，配有相应实验的电子教案及数字化教学资源。

本书第一册为基础物理实验，主要包括基本物理量及基本物理常量的测量、基本实验仪器的使用、基本实验技能的训练、基本测量方法与不确定度的介绍等，涉及力学、热学、电磁学、光学、近代物理学的各个知识点，为普及性实验。为提升学生探究物理的兴趣，书中增加了趣味实验。附录中增加了国际单位制中常用基本单位的介绍。本书共分 8 章，包含 32 个实验，可作为高等学校理、工、农、医、师范、商科等各专业学生的大学物理实验课程教材，也可供从事基础物理实验教学的教师和社会读者参考。

图书在版编目(C I P)数据

大学物理实验. 第一册 / 张增明主编；韦先涛，浦其荣，赵霞副主编. -- 北京：高等教育出版社，2024.7 (2025.2 重印)
　ISBN 978-7-04-062006-1

　Ⅰ. ①大…　Ⅱ. ①张…　②韦…　③浦…　④赵…　Ⅲ.
①物理学-实验-高等学校-教材　Ⅳ. ①O4-33

中国国家版本馆 CIP 数据核字(2024)第 055463 号

DAXUE WULI SHIYAN

策划编辑	张琦玮	责任编辑	张琦玮	封面设计	王凌波	版式设计	徐艳妮
责任绘图	于　博	责任校对	马鑫蕊	责任印制	赵　佳		

出版发行	高等教育出版社		网　　址	http://www.hep.edu.cn
社　　址	北京市西城区德外大街 4 号			http://www.hep.com.cn
邮政编码	100120		网上订购	http://www.hepmall.com.cn
印　　刷	北京中科印刷有限公司			http://www.hepmall.com
开　　本	787 mm×1092 mm　1/16			http://www.hepmall.cn
印　　张	17.5			
字　　数	370 千字		版　　次	2024 年 7 月第 1 版
购书热线	010-58581118		印　　次	2025 年 2 月第 3 次印刷
咨询电话	400-810-0598		定　　价	45.00 元

出版说明

　　为深入实施科教兴国战略、人才强国战略、创新驱动发展战略，统筹推进教育科技人才体制机制一体化改革，教育部于 2023 年 4 月 19 日正式启动基础学科系列本科教育教学改革试点工作（下称"101 计划"）。物理学领域"101 计划"工作组邀请国内物理学界教学经验丰富、学术造诣深厚的优秀教师和顶尖专家，及 31 所基础学科拔尖学生培养计划 2.0 基地建设高校，从物理学专业教育教学的基本规律和基础要素出发，共同探索建设一流核心课程、一流核心教材、一流核心教师团队和一流核心实践项目。这一系列举措有效地提高了我国物理学专业本科教学质量和水平，引领带动相关专业本科教育教学改革和人才培养质量提升。

　　通过基础要素建设的"小切口"，牵引教育教学模式的"大改革"，让人才培养模式从"知识为主"转向"能力为先"，是基础学科系列"101 计划"的主要目标。物理学领域"101 计划"工作组遴选了力学、热学、电磁学、光学、原子物理学、理论力学、电动力学、量子力学、统计力学、固体物理、数学物理方法、计算物理、实验物理、物理学前沿与科学思想选讲等 14 门基础和前沿兼备、深度和广度兼顾的一流核心课程，由课程负责人牵头，组织调研并借鉴国际一流大学的先进经验，主动适应学科发展趋势和新一轮科技革命对拔尖人才培养的要求，力求将"世界一流""中国特色""101风格"统一在配套的教材编写中。本教材系列在吸纳新知识、新理论、新技术、新方法、新进展的同时，注重推动弘扬科学家精神，推进教学理念更新和教学方法创新。

　　在教育部高等教育司的周密部署下，物理学领域"101 计划"工作组下设的课程建设组、教材建设组，联合参与的教师、专家和高校，以及北京大学出版社、高等教育出版社、科学出版社等，经过反复研讨、协商，确定了系列教材详尽的出版规划和方案。为保障系列教材质量，工作组还专门邀请多位院士和资深专家对每种教材的编写方案进行评审，并对内容进行把关。

　　在此，物理学领域"101 计划"工作组谨向教育部高等教育司的悉心指导、31 所参与高校的大力支持、各参与出版社的专业保障表示衷心的感谢；向北京大学郝平书记、龚旗煌校长，以及北京大学教师教学发展中心、教务部等相关部门在物理学领域"101 计划"酝酿、启动、建设过程中给予的亲切关怀、具体指导和帮助表示由衷的感谢；特别要向 14 位一流核心课程建设负责人及参与物理学领域"101 计划"一流核心教材编写的各位教师的辛勤付出，致以诚挚的谢意和崇高的敬意。

基础学科系列"101 计划"是我国本科教育教学改革的一项筑基性工程。改革，改到深处是课程，改到实处是教材。物理学领域"101 计划"立足世界科技前沿和国家重大战略需求，以兼具传承经典和探索新知的课程、教材建设为引擎，着力推进卓越人才自主培养，激发学生的科学志趣和创新潜力，推动教师为学生成长成才提供学术引领、精神感召和人生指导。本教材系列的出版，是物理学领域"101 计划"实施的标志性成果和重要里程碑，与其他基础要素建设相得益彰，将为我国物理学及相关专业全面深化本科教育教学改革、构建高质量人才培养体系提供有力支撑。

物理学领域"101 计划"工作组

前 言

物理学是研究物质的结构和运动基本规律的科学。在古代，人们通过视觉对自然现象进行观察，形成朴素的认知；在近代，人们发明科学测量仪器，通过实验现象观测，结合数学工具不断完善物理学并发展出新的分支学科。

作为一门实验科学，实验是物理学的基础。从伽利略到牛顿的经典力学，从库仑、法拉第到麦克斯韦的电磁学，在这些经典物理学体系的建立到相对论、量子力学的发展过程中，实验物理不断提供实验观测数据，发现新的实验现象，促使新的理论诞生，同时用实验事实否定了一些固有的认知和假说，不断推动物理学的进步。

大学物理实验课程是高等学校理工科类专业对学生进行科学实验基本训练的必修基础课程，是本科生接受系统实验方法和实验技能训练的开端。大学物理实验课程是案例式教学，覆盖面广，能体现丰富的实验思想、实验方法。通过大学物理实验课程的学习，我们希望实现以下目标：（1）培养学生的科学实验基本技能，使学生掌握实验研究的基本方法，提高学生的科学实验基本素质，使学生初步掌握科学实验的思想和方法，初步具备科学思维和创新意识；（2）提高学生的科学素养，培养学生理论联系实际和实事求是的科学作风，认真严谨的科学态度，积极主动的探索精神，遵守纪律、团结协作、爱护公共财产的优良品德；（3）完成符合规范要求的设计性、综合性内容的实验，进行初步的具有研究性或创新性内容的实验，激发学生的学习主动性，培养学生的独立实验的能力、分析与研究的能力、理论联系实际的能力及创新能力。

2001 年 6 月，高等教育出版社出版了我校物理实验教学中心主编的《大学物理实验》第一版教材，它是中国科学技术大学 20 世纪几十年教学经验的总结。

第一版至今已二十多年，我国跨越了高等教育大国建设阶段，正向建设高等教育强国迈进。提高高校的教学水平和教学质量是我们肩负的神圣使命。自 2005 年，中国科学技术大学物理实验教学中心被评为首批国家级实验教学示范中心以来，我们不断更新教育理念、教学方法和教学内容，丰富大学物理实验课程教学资源，实质性地提高了我校大学物理实验的教学水平和教学质量，在全国高校中起到了广泛的示范、辐射作用。基于我校大学物理实验课程的课程体系、教学内容、教学模式、教学方法及全国兄弟院校专家、同仁的共同努力，历时三年，形成了教育部高等学校大学物理课程教学指导委员会编制的《理工科类大学物理实验课程教学基本要求》(2023年版)。2022年，我校大学物理实验教学中心的"大学物理实验"四级课程被评为国家级一流本科课程中的第二批线下一流课程，这些成果经过多年的教学实践，均凝练到这套《大学物理实验》教材中。

本套书在实验项目的内容安排上以《理工科类大学物理实验课程教学基本要求》(2023年版)为指南进行改进，对每一个实验项目的编写设定具体版块如下：实验项目名称；实验目的；实验原理；实验装置；分层次实验内容——(1)基础内容，(2)提升内容，(3)进阶内容，(4)高阶内容；思考题。

本套书建立了学科交叉、逐级提升的模块化、多层次物理实验课程体系，每一册教材用一学期(建议60学时)完成。每册教材的实验都包括力学、热学、电磁学、光学、近代物理学实验及最新技术应用，既具有知识的系统性又有相对独立性；新技术的引入，使得经典实验项目与专业前沿、经济社会的应用结合起来，有利于因材施教。随着量子科学技术的不断发展，教材设置了系列量子物理实验，如从黑体辐射实验了解量子力学的起源，通过光电效应引导学生深入了解光的量子化，从油滴实验中理解电荷的量子化，从弗兰克-赫兹实验进一步探究能级的量子化等；不断提升的实验内容设置，让学生不仅掌握量子基础实验，也能操控高阶的量子纠缠、量子计算、量子精密测量、量子保密通信等实验。同时，对于科学史上的经典实验，本着重现伟大科学家的探索之路，教材设置实验内容，还原科学发现之旅，让学生通过这些实验领会科学精神。

第一册基础物理实验：主要包括基本物理量及基本物理常量的测量、基本实验仪器的使用、基本实验技能的训练、基本测量方法与不确定度的介绍等，涉及力学、热学、电磁学、光学、近代物理学的各个知识点，为普及性实验。为提升学生探究物理的兴趣，书中增加了趣味实验。附录中增加了国际单位制中常用基本单位的介绍。第一册可作为高等学校理、工、农、医、师范、商科等各专业学生的大学物理实验课程教材，也可供从事基础物理实验教学的教师和社会读者参考。

第二册综合物理实验：主要由跨学科领域、综合实验方法的实验组成，这些实验具有较强的创新性和综合性。学生在教师的指导下，自己设计实验、准备仪器完成实验，学生可从失败与成功中受到更多的训练，从而进一步提高整体素质。第二册适用于理工科各专业、各层次的学生。

第三册现代物理实验：主要实验项目均与现代物理实验技术或近代物理实验内容相关，加强了实验的设计性和探究性。通过第三册的学习，学生可掌握近现代实验技术及其在当下科学研究、经济生活中的应用，了解近现代物理学发展中的实验基础。第三册适用于理科各专业及需强化物理基础的工科专业学生。

第四册高等物理实验：为研究性实验，以科学研究的方式进行实验教学。引入与科研前沿相关的实践平台，学生针对自己感兴趣的科研方向，在教师指导下通过查资料，选取课题，自主设计实验方案，完成实验操作，分析实验结果，写出研究性论文。这种教学方式可缩短教与学、教学与科研的距离，学生的科研能力将得到较大的训练和提高。高等物理实验是物理学类专业学生的必修课，可作为理科非物理学类各专业学生的选修课，也可作为相关专业研究生的选修课。

每册教材都包含比较多的实验内容，教师在使用中可结合具体的学时数、实验室条件和特色加以取舍，灵活变通，还可增设内容或提高要求等，这也是本套书所具有的特点：灵活性和主动性。设计性、研究性实验内容贯穿于四册教材中。设计性、研究性、开放性实验是实现以学生为主体的教学的有效途径，能有效激发学生兴趣，挖掘学生潜能，满足学生求知、探索和创新的欲望。本套书是一套立体化教材。为了培养学生独立思考、自主实验的能力，将以往教材中过于详尽的"实验步骤"取消，代之以启发性的思考题。对一些操作较为复杂的仪器，给出了简要的使用说明，让学生根据实验要求和仪器使用说明自己安排实验过程，在思考中操作，在实验中思考。纸质教材中淡化仪器设备，相关内容通过辅助的电子教案进行展示，同时书中提供相关实验仪器的电子资源、仿真资源，供教学选用。

书中每个实验项目均实行层次化的实验目标和内容，以供不同层次、不同要求的学生、学校选择。增设课前预习思考题，精简物理原理，取消实验步骤介绍。设置实验内容时只提出实验要求，让学生自己组装实验设备，在思考中进行实验，充分发挥学生学习的主观能动性。增加趣味实验内容，使学生在实验中体验科学探究的乐趣，提高学生发现问题、提出问题、解决问题的能力。

本套书在选择实验内容时注重时代性和先进性。物理实验必须与现代科学技术接轨，才能激发学生的学习积极性与热情，才能使现代科技进步的成果渗透到传统的经典课程内容之中。我们将计算机技术、智能移动技术、光纤技术、磁共振技术、核物理技术、X射线技术、光谱技术、真空技术、传感器技术、弱信号放大技术、超高压技术、量子科学技术等现代技术寓于学生实验中，其中不少技术是各领域的科研新成果。

一些高危、高成本、依托大科学装置、大空间、长耗时的实验项目不宜大面积开设，可通过建设虚拟仿真实验项目开展教学。随着计算机仿真技术、人工智能技术的发展，在实验中特别是探究性实验中结合这些技术，学生能更好地理解、探索实验现象背后的物理图像。

在本套书出版之际，感谢几十年来在中国科学技术大学物理实验教学中作出过贡献的所有老师。物理实验是一门体现集体智慧和劳动结晶的课程，是日积月累、逐步完善、发展和升华的结果。参加此次教材编写的老师均为在实验教学第一线辛勤耕耘多年，在实验教学方面有较高造诣、深刻理解并积累了丰富实验经验的教师。在主编和编委会的指导下，经集体讨论原则和方案，编者以具体分工、个人（或联合）执笔方式完成书稿。教材在教学中心编写的《大学物理实验》（全四册，2006年版）的基础上，根据多年的教学实践及适应新时代的人才培养目标，进行了大幅度的改进，在此特别感谢在物理实验教学中心长期从事物理实验教学的前辈师长：霍剑青、吴泳华、轩植华、孙腊珍、谢行恕、杜英磊、康士秀、张希文、赵永飞、刘方新等。

我校长期从事物理实验教学、指导青年教师成长的资深专家孙腊珍先生、轩植华先生对本套书进行了修改、审定。参加本册教材编写的老师有：王中平、韦先涛、代如成、曲广媛、刘应玲、孙晓宇、李恒一、张权、张宪峰、张增明、陆红琳、郑虹、赵伟、赵霞、祝巍、郭玉刚、浦其荣、陶小平、黄双安、梁燕等。张增明设计了教材的实验项目并对初稿进行了全面的审修。尽管一些老师未能直接参加教材编写，但是这套书中也有他们多年的工作成果和奉献。

物理学"101计划"聚焦本科学生，从教育教学的基本规律和基础要素入手，着力培养未来能够突破基础研究和应用的创新型领军人才，成为加强我国基础学科人才培养的突破口。"101计划"的核心在于建立核心课程体系和核心教材体系，以提高课堂教学质量和效果为最终目标。本套书作为物理学"101计划"物理实验课程的第一套教材，构建了多层次物理实验课程体系及对应的知识图谱、能力图谱，结合电子教案、虚拟仿真、人工智能等形成了立体化的新形态教材，努力达成建设"世界一流、中国特色、101风格"优秀教材的目标；通过课堂观摩、研讨等活动提高课堂教学质量，来培养一批优秀的师资团队；结合各类竞赛、项目等实践平台，培养学生运用物理知识解决问题、再发现问题、再解决问题的创新能力，夯实教育强国战略。

北京航空航天大学徐平教授、中南大学徐富新教授、复旦大学乐永康教授三位专家对本套教材进行了科学、严谨的审查。根据三位专家的审稿意见，编者进一步修订、完善了本套教材。编者感谢三位专家为本套教材的高质量出版提供了科学合理的真知灼见。

在编写本套教材过程中得到王相奇、王宇鹏、李相东、徐子龙、麦棣、张洋等研究生的支持，我们在此一并感谢。由于我们的水平和条件有限，书中难免有不妥或疏漏之处，欢迎读者提出建议并指正。

张增明

2024年3月于合肥

中国科学技术大学

目 录 ___

绪 论

0.1 实验物理在物理学发展史上的重要性

物理学是研究物质的结构和运动基本规律的科学.早期人们通过视觉对自然现象进行观察形成朴素的自然认知;近代人们通过发明科学测量仪器,观察实验现象,结合数学工具不断完善物理学科.物理学随着实验技术与理论物理的发展而逐渐完善.

绪论相关资源

物理学是一门实验科学,实验是物理学的基础.从伽利略到牛顿的经典力学,从库仑、法拉第到麦克斯韦的电磁学,从经典物理学体系的建立到相对论、量子力学的发展过程中,实验物理不断提供实验观测数据,发现新的实验现象,推动新的理论的诞生,同时用实验事实否定了一些固有的认知和假说,不断推动物理学的进步.

实验物理在物理学中占据了非常重要的地位,许多诺贝尔奖获得者都是因为在实验方面的突破性贡献而获奖.自 1901 年至 2020 年,诺贝尔物理学奖共颁发了 113 届,获奖项目 139 项,其中理论成果有 37 项,占 26.6%,而实验成果有 102 项,占 73.4%.前十项都是实验成果,如 1901 年,首届诺贝尔物理学奖的得主是德国人伦琴,他因发现 X 射线而获奖;1902 年的得主是荷兰人塞曼,他在 1894 年发现光谱线在磁场中分裂的现象;1903 年的得主是法国人贝可勒尔和居里夫妇,他们发现了天然放射性,由此成为核物理学的奠基人.这些实验方面的发现已被公认是物理学发展中的伟大成就,这进一步说明实验物理在推动物理学的发展方面有着十分重要的作用.

实验物理在物理规律的建立过程具有重要地位.1924 年法国人德布罗意在光波具有微粒性的启发下,提出实物粒子具有波动性,即波粒二象性.爱因斯坦对这个大胆的假设给予充分的肯定,他称这是照亮我们最难解开的物理学之谜的第一缕微弱的光.理论上美妙的假设或推理,要最终成为被公认的物理规律,还必须有实验结果的验证.德布罗意指出通过电子在晶体上的衍射实验可以证明上述假设.1927年,美国科学家戴维孙和革末用被电场加速的电子束打在镍晶体上,从而得到衍射环照片,恰如光波在光栅上的衍射图样.同时由加速电场计算出电子束动量对应的物质波长与在晶体光栅上衍射极大值对应波长的关系,证实了德布罗意关于动量、波长间的假设关系成立,最终使德布罗意的假设得到公认,他本人也获得了 1929 年的诺贝尔物理学奖.这一历史事实有说服力地说明了实验结果在物理学概念的提出、理论规律的确立及被公认的过程中所占据的重要地位和所起的关键作用.

物理学的发展是人类进步的推动力之一,实验物理和理论物理(包括计算物理)是构成物理学研究的两大支柱.实验物理在推动物理学发展过程中有着显著的重要作用,当然理论物理也有着同样重要的作用,二者密切相关、相辅相成、互相促进,形象地说恰如鸟之双翼、人之双足,不可或缺.物理学正是靠着实验物理和理论物理两大分支的相互配合、相互激励、相互促进,相辅相成地探索前进,不断向前发展,帮助人们不断深入认识自然界.在物理学的发展过程中,这种相互促进、相互激励、相互完善的实例不胜枚举,如 1895 年伦琴在实验中发现了新的电磁辐射，称为 X 射线．X 射线的发现进一步推动了气体中电传导的研究．汤姆孙提出了被 X 射线照射的气体具有导电性是由于气体因分子电离而带有电荷，这给洛伦兹创立电子论提供了实验基础，而电子理论又给塞曼效应，在磁场中光源的谱线会分裂这一事实以理论解释．这一连串的事实展示了实验物理和理论物理之间的密切关系，以及二者相互激励而共同推进物理学发展的进程．

物理学是一门成熟的学科，物理学所探索的各种现象的领域在不断地扩大．现在必须承认，当实验中有新的发现或者实验方法有改进、测量精度有提高的时候，每个物理学理论都要重新受到验证、检验或修正．物理学研究的是物质运动的基本规律，它在揭示自然奥秘、探索自然、认识自然世界，从而推动人类历史的前进、社会的发展等方面都有巨大的作用．物理学是自然科学的基础，实验物理是物理学的基础．

0.2＿教学实验和科研实验的关系及教学实验的重要性

科学研究实验是为了预测、验证或获取新的信息，通过技术性操作来观测由预先安排的方法所产生的现象，其全过程应包括四个步骤：第一步，选定目标作出计划，即确定课题，构思模型，给出实验方案设计；第二步，制作或选择实验装置，按设计方案准备实验所需设备；第三步，进行实验操作，观察现象和测量数据，记录数据；第四步，分析、整理数据结果，得出结论．完成这四步之后，需讨论由实验结果得到的结论，是支持、肯定了原先所构思的模型方案设计，还是部分肯定，尚需改进、完善设备或设计方案，抑或是否定原先的设计目标．因此，科学研究实验实际上包含着多次实验，甚至失败、再实验之后，最后得出结果，从而获得新的规律．科研实验是探索的过程，可能成功也可能失败，结果可能是符合预期设计的，也可能是否定预期设计的，当然还可能有意外的收获而导致新发现，从而得到未曾预期的成功．每一次科研实验的成功都会揭示出自然界的奥秘，使人类在认识自然的道路上又前进一步．

教学实验不同于科研实验，其目标一般不在于探索，而在于培养人才，它是以传授知识、提高人才素质为目标的．因此，教学实验（尤其是基础教学实验）与科研实验无论从宗旨、内容和形式上都有区别．教学实验一般都是理想化了的，排除了次要干扰因素而简化过的实验，是经过精心设计准备，一定能成功的．一般基础实验只做科学实验过程的第三、第四两步，到了高年级，有部分学生或部分实验能涉及第一、第二两步．尽管如此，教学实验仍然是非常重要的，因为该课程担负着培养学生实验能力和科学素质的任务．学生的任务主要就是积累知识、提高能力、培养素质，从某种意义上说，不管学生自己是否意识到，实际都在建造自己通向高峰的阶梯．每个人建造阶梯的过程和结果则取决于诸多主观、客观因素，会有所不同．

大学物理实验是大学生进入大学后接触的第一门系统培养学生的基本实验技能、实验方法、实验素养的课程．物理实验课程是一门基础实验课程，是知识的底层，这个底层的重要性不言而喻，因此教学实验的重要性是显而易见的．

0.3 物理实验课程的任务及能力培养

物理实验课程是高等学校理工科类专业对学生进行科学实验基本训练的必修基础课程,是本科生接受系统实验方法和实验技能训练的开端.

物理实验课覆盖面广,包含丰富的实验思想、方法、手段,同时能提供综合性很强的基本实验技能训练,是培养学生科学实验能力、提高科学素质的重要基础.它在培养学生严谨的治学态度、活跃的创新意识、理论联系实际和适应科技发展的综合应用能力等方面具有其他实践类课程无法替代的作用.

物理实验课程的具体任务是:

(1)培养学生的基本科学实验技能,提高学生的科学实验基本素质,使学生初步掌握实验科学的思想和方法.培养学生的科学思维和创新意识,使学生掌握实验研究的基本方法,提高学生的分析能力和创新能力.

(2)提高学生的科学素养,培养学生理论联系实际和实事求是的科学作风,认真严谨的科学态度,积极主动的探索精神,遵守纪律、团结协作、爱护公共财产的优良品德.

物理实验课程的能力培养主要包括:

(1)独立实验的能力——能够通过阅读实验教材、查询有关资料和思考问题,掌握实验原理及方法,做好实验前的准备;正确使用仪器及辅助设备,独立完成实验内容,撰写合格的实验报告;学会独立实验,逐步能够自主实验.

(2)分析与研究的能力——能够根据实验原理、设计思想、实验方法及相关的理论知识对实验结果进行分析、判断、归纳与综合;掌握通过实验进行物理现象和物理规律研究的基本方法,具有初步的分析与研究的能力.

(3)理论联系实际的能力——能够在实验中发现问题、分析问题并学习解决问题的科学方法,逐步提高综合运用所学知识和技能解决实际问题的能力.

(4)创新能力——能够完成符合规范要求的设计性、综合性内容的实验,进行初步的具有研究性或创新性内容的实验,激发学习主动性,逐步提升创新能力.

科学要求人们必须有严谨的科学作风和坚韧不拔的钻研精神.因为在探索客观世界的过程中,实践才是检验真理的唯一标准,科学上的每一个设想,都必须用实验来验证.任何理论无论如何吸引人,假如与实际不符,都必须放弃,来不得半点虚伪和骄傲!

科学的发展是无止境的,它既需要研究相关现象之间的一致性来类推,又需要将已解决的问题和未解决的问题联系起来,有些共同的特性常常隐藏在外表差异的背后,必须有严谨的科学作风和持之以恒的苦干精神,才能发现这些共同点,并在此基础上建立新的理论、新的观念和新的方法,促进科学不断发展.

当今的科学,从苹果落地独立发现万有引力的机会很少,更多的是需要团队协作,在研究过程中不断观察现象、总结规律、发现问题、解决问题、再观察、再发现新的问题,不断螺旋式上升推动科学的进步.在实际的实验教学中,培养学生的团队合作精神非常重要.

0.4__怎样学好物理实验

物理实验课程是理、工、农、医、商等各专业的必修课程，是培养和提高学生科学素质和能力的重要课程之一. 学生通过对物理实验课程的学习积累大量知识，从而实现科学素质的提升，进而转化为自身能力的提高，这正是自觉建造攀登科学高峰阶梯的途径，这也正是学好物理实验课程首先要明确的学习目的及意义.

通过物理实验课程的学习，学生应自觉注意自身能力的培养，简而言之有以下两点：一是培养严谨的科学作风、坚持不懈的刻苦钻研精神、实事求是和百折不挠的科学家精神. 在实验过程中要认真观察实验现象，一丝不苟地记录实验数据. 要求记录数据原始、完整、全面、清楚，要有必要的说明注解等. 不但要用已掌握的知识去分析现象、处理数据，同时经过去伪存真、去粗取精的科学升华过程，探索新实验、新方法和新规律. 科学实验包含多次实验、失败、修改、再实验……最后才可能得出正确的结果而取得成功. 在教学实验中也会遇到某些困难或问题，试图解决这些问题，克服这些困难，正是培养学生严谨科学作风和坚韧不拔精神的好途径. 二是培养创新实验的能力. 教学实验虽然是经过安排设计的，但仍然要求学生多问自己一些问题，诸如每一项实验内容是要测量什么？通过怎样的途径（方法）去测量？也就是实验方法设计. 为什么要这样做？这就涉及实验提示和注意事项内容. 如不这样做会怎样？会出错？会损坏仪器？会有伤害？等等. 还可进一步思考，此外还有哪些途径方法去测量同一内容？一般来说实验设计方法并不是唯一的. 要比较设计方法是否巧妙、简捷，条件是繁是简，资金耗费等因素，再结合实际条件来讨论、选择、优化，这更能激发学生的求知欲望和学习热情，帮助他们不断提高创新意识、增强创新能力，以适应新世纪对人才科学素质的要求.

大学物理实验的教学不同于理论课程，是一种案例式教学. 每个实验项目可能涉及多个学科内容和多种实验方法、测量设备. 在实验教学过程中，由于受到仪器数量、实验场地等限制，经常会出现同班的一部分同学先做某个实验（如迈克耳孙干涉实验），但与实验内容对应的理论课程还没有学到，这种情况下，不妨重走经典实验中科学家的发现之路，通过现象观察、总结实验规律，探索现象背后的物理图像，再参考理论课程，加深对知识的理解，提高的创新能力；对于已经学过的知识，不要将实验简单看成理论知识的验证，只有亲自动手、现场观察，才能体会到丰富现象背后的物理图像. 这些经典实验可以更好地培养学生在以后工作中所需要的严谨的态度、科学的思想方法、分析能力、创新能力；而这些能力具体可通过一般物理量的测量、模型的建立、数据的处理、不确定度分析、实验报告的撰写等锻炼.

还必须提醒学生注意实验室操作规程和安全规则. 学生进入实验室上实验课，会接触各种测量器具、仪器和仪表，随着学习的深入、层次的提高，还可能接触一些先进的、精密的仪器设备，或接触各种实验环境，如高温、低温、电磁场、激光、暗室、放射性、真空系统等，这要求学生必须遵守实验室的具体操作规程，严格执行安全防护操作规定，养成良好的实验习惯. 这也是对高素质实验人才的一项基本要求.

0.5__如何教好物理实验

在《理工科类大学物理实验课程教学基本要求》（2023 年版）中，为了更好地指导高等学校选择、设置实验项目，构建模块化的大学物理实验课程体系，提升大学物理实验在创新人才培养中的作用，专家组建议了 50 项基本实验项目. 教师根据建议的实验项目，在教学中可结合各高校的人才培养方案、专业差异、学时数、实验室条件加以取舍. 对于选定的实验项目，建议选择部分或全部基础内容作为必修内容，加强基本能力的训练，同时根据各校学科专业的特点、学时要求开展分层次实验教学.

由于科技的发展，新的实验项目、实验技术层出不穷，不可能在有限的课时内强行加入更多的实验内容. 较好的方法是考虑学生的专业特点、学习背景、人才培养目标等，针对性地设计实验内容，因材施教. 通过基础内容进行基本能力的培养，避免学生在大学物理实验课上机械地模仿，鼓励学生课上多交流、主动参与，观察、记录实验过程的每个现象并分析、思考相关的物理图像. 通过设计与专业、前沿相关的进阶、高阶内容，激发学生的兴趣，深入探究物理规律. 此外，及时将新技术、前沿成果引入实验教学，避免实验内容落伍. 如智能手机中含有丰富的传感器，我们就可以通过智能手机的视频采集功能并通过图像处理获取物体的运动轨迹及状态（如旋转、速度），进而探究以前在实验教学中很难开展的二维、三维动态实验；利用智能手机中加速度传感器的数据，通过积分实现速度的测量等.

科学前沿实验，大科学装置，高成本、大空间、长耗时实验等不宜大面积开设，鼓励有条件的高等学校根据自己学校的专业特点开展具有特色的虚拟仿真实验教学，拓宽学生进行相关实验的渠道.

学生的能力提升是一个长时间的训练过程，建议有条件的学校在必修实验课程之外开设 1~2 门物理实验选修课，其内容以综合性、应用性的近代物理实验为主，面可以宽一些，技术手段应先进一些，以满足各层次学生的需要. 此外，学校应积极创造条件，开辟学生创新实践的第二课堂（如全国大学生物理实验竞赛、中国大学生物理学术竞赛、创新创业项目等），进一步加强对学生的创新意识和创新能力的培养，鼓励和支持拔尖学生脱颖而出.

积极开展物理实验课程的教学改革研究，在教学内容、课程体系、教学方法、教学手段等各方面进行新的探索和尝试，并将成功的经验应用于教学实践中.

人才培养的目标包括知识、能力、素质. 在实验课程中，挖掘实验背景、实验仪器和实验方法在当代科技中的应用. 通过实验项目相关的科学事件、应用前景、科学家的贡献、发现历程等陈述，实现实验教学全过程育人.

物理实验在人类文明的发展中，一直扮演着重要的角色，许多物理实验在历史发展中起过里程碑式的作用. 可以毫不夸张地讲, 没有物理实验就没有当今的人类文明. 愿有志于攀登科学高峰的人, 在学习物理实验的过程中突飞猛进, 为新时代的发展谱写新篇章.

第一章

物理实验的基本方法

1.1__物理实验思想和方法的形成

物理学是研究物质的基本结构、基本运动形式、相互作用和转化规律的学科. 它本身以及它与各个自然学科、工程技术部门的相互作用造就了今天的科技进步和人类文明, 对当代及未来高新科技的进步、相关产业的建立和发展提供了巨大的推动力.

在人类追求真理、探索未知世界的过程中, 物理学展现了一系列科学的世界观和方法论, 深刻影响着人类对物质世界的基本认识、人类的思维方式和社会生活, 是人类文明的基石.

物理学发展的历史证明了, 科学思想及由此产生的科学方法是科学研究的灵魂.

伽利略是最早运用我们今天所称的科学方法的人. 这种方法就是经验 (以实验和观察的形式) 与思维 (以创造性构筑的理论和假说的形式) 之间的动态的相互作用. 伽利略是近代科学的奠基者, 是科学史上第一位现代意义上的科学家, 他首先为自然科学创立了两个研究法则, 即观察实验和量化方法, 提出了将实验和数学相结合、真实实验和理想实验相结合的科学方法. 伽利略创造了和以往科学研究方法不同的近代科学研究方法, 使近代物理学从此走上了以实验精确观测为基础的道路. 伽利略在用实验方法发现真理的过程中, 获得了一个极其重要的科学概念, 即自然法则和物理定律的概念. 伽利略通过亲身的科学实验, 认识到寻求自然法则是科学研究的目的, 自然法则是自然现象千变万化的秘密所在, 而一旦发现自然法则便可以认识自然. 这个观念一经确立, 人们才逐渐认识到, 不仅天文学、运动学现象, 一切自然现象都是有其自身规律的, 于是在力学的启发下, 人们逐渐发展出近代科学的各个分支. 伽利略建立了系统的科学思想和实验方法, 开创了实验物理学, 并创了近代物理学科, 对物理学的发展作出了划时代的贡献.

伽利略开创的实验物理学, 包括实验的设计思想、实验方法, 开创了自然科学发展的新局面. 在实验物理学数百年的发展进程中, 涌现了众多著名的在物理学发展史上起过重要里程碑作用的实验. 科学家们以巧妙的物理构思、独到的解决问题的方法、精心设计的仪器、完善的实验安排、高超的测量技术、对实验数据的精心处理和无懈可击的分析判断等, 为我们展示了极其丰富和精彩的物理思想, 开创了解决问题的方法. 这些思想和方法已经超越了各个具体实验而具有普遍的指导意义. 学习和掌握物理实验的设计思想、测量和分析的方法, 对物理实验课程及其他学科的学习和研究都大有裨益. 在此我们简要地介绍一些有关物理实验的测量和分析的方法.

1.2__物理实验分析方法

1. 数量级估计法

实验物理学家在着手准备精确测量之前, 为选择合适的仪器和测量方法, 常常需要对各种物理量的数量级先作一番估计. 掌握特征量的数量级, 往往是研究一个物理问题时登堂入室的关键. 一个实验经验很丰富的人必然会对数量级有直觉上的感知, 一眼就能估计出这个实验的精度有多高, 哪些因素会影响实验结果, 哪些因素影响大一些, 要提高测量精度应如何改变测量条件, 采取何种测量方法等, 这些经验的积累需要一个长时间的过程. 因此, 我们在一开始学习物理实验时, 就应该经常练习对各种事物的数量级作出快速的反应, 粗略地估计数量级范围, 留心尺度大小改变所产生的影响、各参变量之间的关系、相互作用的影响等, 有意识地将这种做法养成习惯, 久而久之, 就可以加深我们对物理现象的感知, 从而增进我们对事物本质的洞察能力.

（1）通过数量级的排序分析, 抓住主要因素

在实际的每一个物理实验中, 有许多因素会对实验过程的各个环节造成影响, 对实验有影响的因素, 其自身的大小, 以及它对实验结果的影响是可能相差很大的. 通常我们要抓住对实验有较大影响的主要因素, 而抛开（或忽略）那些与主要因素相比, 影响小得多的次要因素. "影响小得多"是指在修正了已成为测量公式一部分的系统影响后, 与影响实验结果的主要因素相比, 次要因素的影响至少要小一个数量级.

以最普通的单摆实验为例. 理想的单摆, 应该是一根没有质量、没有弹性的线, 系住一个没有体积的质点. 在真空中质点纯粹由于重力作用, 在与地面垂直的平面内做摆角趋于零的自由振动. 而这种理想的单摆, 实际上是不存在的.

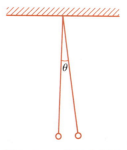

图 1-2-1　单摆示意图

在实际的单摆实验中, 悬线是一根有质量（弹性很小）的线, 摆球是有质量、有体积的刚性小球, 摆角不能为零, 而且又受空气浮力的影响, 如图 1-2-1 所示.

单摆的周期公式为

$$T = 2\pi \sqrt{\frac{l}{g}\left[1 + \frac{d^2}{20l^2} - \frac{m_0}{12m}\left(1 + \frac{d}{2l} + \frac{m_0}{m}\right) + \frac{\rho_0}{2\rho} + \frac{\theta^2}{16}\right]} \qquad (1-2-1)$$

式中 T 是单摆的振动周期, l、m_0 是单摆的摆长和摆线的质量, d、m、ρ 是摆球的直径、质量和密度, ρ_0 是空气密度, θ 是摆角. 设 $m = 33.0$ g, $m_0 = 0.1$ g, $l = 80.0$ cm, $d = 2.00$ cm, $\rho = 7.8$ g/cm^3, $\rho_0 = 1.3 \times 10^{-3}$ g/cm^3, $\theta = 5°$, 则摆球的几何形状对 T 的修正量为

$$\frac{d^2}{20l^2} \approx 3 \times 10^{-5}$$

摆的质量的修正量为

$$\frac{m_0}{12m} \times \left(1 + \frac{d}{2l} + \frac{m_0}{m}\right) \approx 2.6 \times 10^{-4}$$

空气浮力的修正量为

$$\frac{\rho_0}{2\rho} \approx 8.3 \times 10^{-5}$$

$\theta = 5°$时，摆角的修正量为

$$\frac{\theta^2}{16} \approx 4.7 \times 10^{-4}$$

$\theta = 3°$时，摆角的修正量为

$$\frac{\theta^2}{16} \approx 1.7 \times 10^{-4}$$

若实验精度要求在 10^{-3} 内，则这些修正项都可忽略不计. 若要求更高的精度，则这些因素就不可忽略，必须考虑.

(2) 通过数量级分析，确定基本误差和减少不确定因素

上面单摆的例子是针对某一个因素或某一个物理量来讲的，实际上各个因素之间会有相互联系和制约. 如果在一个实验中有一个误差很大的因素，那么，其他物理量测量得再精确也是毫无意义的. 例如在比热容实验中，温度与质量的测定就采用了不同的测量精度.

由于各种不可制约的偶然因素的影响（例如实验条件和环境）、仪器分辨能力的局限性、观测者感觉灵敏度（分辨率和反应能力等）的限制等，每个实验都存在基本误差. 基本误差是指在一定条件下实验误差的最低限度，一般是给出一个数量级或给出一位数. 对于不同仪器和不同学科中的不同实验，在不同的环境条件下进行，不同的人进行测量，基本误差的大小是不同的. 例如用石英晶体振荡器定标的计时器，其基本误差在一般情况下为 $10^{-5} \sim 10^{-4}$ s；在恒温条件下为 10^{-6} s；作为时间测量的标准，经过精密加工的石英晶体配合精密的辅助电路，在训练有素的科技工作者的测量中，基本误差却可小于 10^{-9} s.

对一个实验的基本误差有所了解以后，就可以以此衡量实验中其他因素的影响. 数量级远小于基本误差的因素就可以不予考虑. 但还有一点要注意，随着实验方法、实验技巧或仪器装置的改进，构成实验基本误差的因素也可能转变和减小. 例如吴健雄教授在设计验证弱相互作用下宇称不守恒的实验时，为减少分子不规则运动的影响，将实验安排在低温下进行. 再如普通物理实验中，当空间杂散的分布电容是构成实验基本误差的主要因素时，可用屏蔽的方法来解决，若构成实验的基本误差是随机性的，可通过适当增加测量次数来减小. 在许多情况下，基本误差是一个综合的效果.

有时实验结果得不到正确的解释，往往是由于没有从数量级上进行分析. 事实证明，有时仅从数量级的分析就可以对问题作出判断. 查德威克发现中子的过程就是一个很好的例证. 当时居里夫妇已经观测到用 α 粒子轰击铍（Be）和硼（B）时会产生一种中性辐射，这种辐射能够从含氢的物质中打出速度相当大的质子. 在实验中，他们用 α 粒子轰击铍所产生的辐射通过一个薄窗口进入装有常压空气的电离室中，当他们把石蜡或含氢物质放在这个室的窗前时，电离室中空气的电离量就增加了，甚至是成倍地增加，他们把这一现象看作是由被打出的质子造成的. 进一步的

实验证明这种质子具有 3×10^9 cm/s 的速度. 他们认为，能量是通过类似电子的康普顿效应的某个过程，从这种中性辐射传递给质子的，并估计这种中性辐射的量子能量为 50 MeV. 于是矛盾产生了，根据克莱因-仁科公式所算出的质子散射概率，比观测到的结果小了三个数量级，同时很难解释一个 Be 核与一个动能为 50 MeV 的 α 粒子相互作用，竟能产生一个 50 MeV 的能量子，这样的矛盾引导查德威克用新粒子"中子"来解释. 中子的发现使查德威克荣获 1935 年的诺贝尔物理学奖.

2. 量纲分析法

用量纲分析法寻求物理量之间的联系，并建立方程，也是物理实验中常用的方法之一. 在物理学中，仅仅靠量纲分析，也可以得到某些重要的结论，虽然不是每一个问题都能得到完全的定量结果，但往往与结果只差一个量纲为 1 的未知函数或未知系数. 有时，借助量纲以及其他的知识和推理（例如已知的特例或实验规律），还可以进一步获知未知系数的特征，甚至将它完全确定下来. 当然最终的结果还需要依赖实验的检验.

例 1 用量纲分析法导出开普勒第三定律.

解： 由牛顿的万有引力定律可知，真空中两个质量为 m_0、m_1 的物体之间的万有引力 $F = G\dfrac{m_0 m_1}{r^2}$，式中 r 为两物体之间的距离，G 是引力常量. 如果 $m_0 \gg m_1$，则可认为 m_1 在万有引力作用下绕 m_0 作圆周运动. 显然，影响 m_1 运动周期的物理量可能有 m_0、m_1、r 和 G. 但实际上 m_1 对运动周期不产生任何影响，因为 m_1 增大一倍，F 也增大一倍，即 m_1 的法向加速度不变对运动周期不产生任何影响（即 v^2/r 不变），v 是切向速度，于是 m_1 运动的周期

$$T = f(m_0, \ r, \ G) = k m_0^\alpha r^\beta G^\gamma \tag{1-2-2}$$

$$[T] = M^\alpha L^\beta (M^{-1} L^3 T^{-2})^\gamma = M^{\alpha-\gamma} L^{\beta+3\gamma} T^{-2\gamma} \tag{1-2-3}$$

根据等式两边量纲必须相等的原理，得 $\alpha - \gamma = 0$，$\beta + 3\gamma = 0$，$-2\gamma = 1$，即 $\gamma = -1/2$，$\beta = 3/2$，$\alpha = -1/2$，于是有

$$T = \frac{k r^{3/2}}{\sqrt{G m_0}} \tag{1-2-4}$$

这与开普勒第三定律 $\dfrac{T^2}{r^3} = \dfrac{1}{G m_0}$ 相符.

例 2 一个观测原子弹爆炸的例证. 火球直径 D 随时间 t 变化的数据记录如下：

t/ms	0.24	0.66	1.22	4.61	15.0	53.0
D/m	19.9	31.9	41.9	67.3	106.5	1 750

在双对数坐标纸上作两者的关系曲线，发现它是一条斜率为 0.4 的直线，如图 1-2-2 所示. 怎样理解此事？

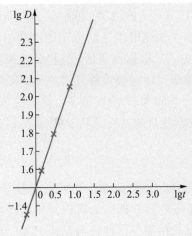

图 1-2-2　火球直径 D 与时间 t 的关系

解： 膨胀的火球外缘是冲击波，可能有哪些因素决定其推进速度的大小呢？原子弹释放的能量 E 可能是一个，空气密度 ρ 可能是另一个，还有其他因素吗？除 E、ρ 外还有 D、t，共四个参量，在通常的 SI 单位中，它们可能构成一个量纲为一的组合，即

$$\Pi = \frac{Et^2}{\rho D^5} \tag{1-2-5}$$

由式（1-2-5）可得到 $D \propto t^{2/5}$.

这便解释了观测数据显示的结果，看来我们选择的物理量是对的，而且已经基本够了. 如果我们进一步设量纲为一的组合 Π 的数量级为 1，取

$$\rho \approx 1.3 \text{ kg/m}^3 \tag{1-2-6}$$

则可估计出原子弹爆炸时释放出的能量数量级为

$$E \approx \rho D^5 / t^2 \approx 10^{14} \text{ J} \tag{1-2-7}$$

1.3__物理实验的基本测量方法

一切描述物质状态和运动的物理量都可以从几个最基本的物理量中导出，而这些基本物理量的定量描述只有通过测量才能得到. 将待测的物理量直接或间接地与作为基准的同类物理量进行比较得到比值的过程，叫做测量. 测量的方法和精确度随着科学技术的发展而不断地丰富和提高. 例如对时间的测量，远古时代，人们"日出而作，日落而息"，原始的计时单位是"日"，人们利用太阳东升西落，周而复始，循环出现的天然时间变化周期，逐渐产生了日的概念. 人们从月亮圆缺产生了"月"的概念，当人们知道太阳是一颗恒星时，地球绕太阳的运动周期便成了计量时间的科学标准. 人类曾发明了日晷、滴漏和各种各样的计时器来测量较短的时间间隔. 随着物理学的发展，人们学会把单摆吊在时钟上，做出了摆钟，将计时精度提高了约 3 个数量级；随后人们用石英晶体振荡牵引时钟钟面，做出了石英钟，将计时精度提高了近 6 个数量级；1949 年，美国首先利用氨分子跃迁做出了氨分子钟，1955 年，英国终于把铯原子用在了时钟上，做成了世界上第一架铯原子钟（量子频标），到 1975 年铯原子钟的测量精度已达 10^{-9} s，其他类型的原子钟相继问世，

其中主要有氢原子钟和铷原子钟等. 目前, 用稳定激光锁定在冷原子的跃迁上得到的激光频率作为时间标准, 正在应用并进一步研制中. 由于光钟在未来秒定义、精密测量和基础研究等领域的作用, 大多国家都非常重视其研究和发展. 美国的铝离子光钟的不确定度达到 9.4×10^{-19}、德国的镱离子光钟的不确定度达到了 2.7×10^{-18}. 中性原子光晶格钟方面, 美国和日本的锶原子光晶格钟的不确定度分别达到了 2×10^{-18} 和 5.5×10^{-18}, 美国的镱原子光晶格钟的不确定性达到了 1.4×10^{-18}. 我国科学家实现了不确定度 7.9×10^{-18} 的铝离子光钟和不确定度 3×10^{-18} 的钙离子光钟.

由此可见测量的精度与测量方法和手段密切相关. 同一种物理量, 在量值的不同范围, 测量方法不同, 即使在同一范围内, 精度要求不同也可以有多种测量方法, 选用何种方法要看待测物理量在哪个范围和我们对测量精度的要求. 例如长度的测量, 覆盖了整个物理学研究的尺度范围——小到微观粒子, 大到宇宙深处 ($10^{-16} \sim 10^{26}$ m). 人们利用高分辨率电子显微镜、扫描隧道显微镜或原子力显微镜已经可测量原子的直径和原子的间隔, 其分辨率已达 10^{-11} m; 2016 年, 研究人员利用欧洲空间局普朗克卫星的观测数据, 估计可观测宇宙的半径为 453.4 亿光年 (约 4.29×10^{26} m). 而宏观物理的范围, 一般采用力、电磁和光的放大方法进行测量, 例如我们在物理实验中常用到的直尺、游标卡尺、螺旋测微器、电感和电容式测微仪、线位移光栅、光学显微镜、阿贝比长仪和激光干涉仪等. 随着人类对物质世界更深入的了解, 待测物理量的范围越来越广泛, 随着科学技术的飞速发展, 测量方法和手段也越来越丰富、越来越先进, 我们不可能花大量笔墨在此介绍所有的测量方法和手段, 本节只是将物理实验中常用的几种最基本测量方法作概括性的介绍.

1. 比较法

比较法是最基本和最重要的测量方法之一. 因为测量就是把待测的物理量直接或间接地与作为基准 (或标准单位) 的同类物理量进行比较并得到比值的过程. 比较法可分为直接比较法和间接比较法.

(1) 直接比较法

直接比较法是把待测物理量 X 与已知的同类物理量或标准量 S 直接比较, 这种比较通常要借助仪器或标准量具. 例如, 用米尺来测量某一物体的长度就是最简单的直接比较法. 其中最小分度毫米就是作为比较用的标准单位.

(2) 间接比较法

当一些物理量难以用直接比较法测量时, 可以利用物理量之间的函数关系将待测物理量与同类标准量进行间接比较, 得出数值.

2. 补偿法

把标准值 S 选择或调节到与待测物理量 X 的值相等, 用于抵消 (或补偿) 待测物理量的作用, 使系统处于平衡 (或补偿) 状态. 处于平衡状态的测量系统, 待测物理量 X 与标准值 S 具有确定的关系, 这种测量方法称为补偿法. 补偿法的特点是测量系统中包含有标准量具和平衡器 (或示零器), 在测量过程中, 待测物理量 X 与标

准量 S 直接比较，调整标准量 S，使 S 与 X 之差为零（故也有人称其为示零法）. 这个测量过程就是调节平衡（或补偿）的过程，其优点是可以免去一些附加系统影响，当系统具有高精度的标准量具和平衡指示器时，可获得较高的分辨率、灵敏度及测量的精确度.

电位差计是典型的补偿电路应用. 其原理如图 1-3-1 所示. E_x 为被测电动势，E_s 为标准电池，作为补偿装置. R_x、R_s 均为标准电阻，它与电源 E、可变电阻 R_p 构成测量装置. 电流表 A 用以监控测量电路中电流的大小，检流计 G、R_g、S_g 组成指零装置. 当双向双掷开关 S_1 掷向 E_s 一侧，调节 R_s，使检流计 G 示零，此时 R_s 上的电压 V_s 与 E_s 形成补偿，即 $V_s = E_s$，而 $V_s = IR_s$，即 $E_s = IR_s$；再将 S_1 掷向 E_x 一侧，在保证 I 不变的情况下，调节 R_x，再使检流计 G 中无电流显示，于是 R_x 上的电压 V_x 与 E_x 形成补偿，$V_x = E_x = IR_x$，所以

$$\frac{E_x}{E_s} = \frac{V_x}{V_s} = \frac{I R_x}{I R_s}, \qquad E_x = \frac{R_x}{R_s} E_s$$

由于标准电池 E_s 和标准电阻 R_x、R_s 的精度都很高，再配上高精度的检流计 G，电位差计便具有很高的精度.

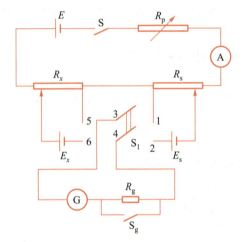

图 1-3-1　电位差计测电源电动势

3. 平衡法

平衡原理是物理学的重要基本原理，由此而产生的平衡法是分析、解决物理问题的重要方法，也是物理量测量普遍应用的重要方法.

例如，天平是根据力学平衡原理设计的，可用来测量物质的质量、密度等物理量；根据电流、电压等电学量之间的平衡设计的桥式电路，可用来测量电阻、电感、电容、介电常量、磁导率等物质的电磁特性参量. 历史上一些重要的物理定律的确定和验证，有些就是通过平衡法来实现的. 例如，匈牙利物理学家厄特沃什通过扭摆实验验证了物体的惯性质量和引力质量相等，扭摆实验的基本原理是平衡原理，如图 1-3-2（a）所示，用悬丝吊起的物体 A 只受三个力，即指向地心的引力 F_g、指向地球自转轴的惯性离心力 F_w 和悬丝的张力 F_T. 在实验中，如图 1-3-2（b）

所示吊起的两个物体 A 和 B 达到平衡, 厄特沃什比较了具有相同质量、不同材质的物体, 即保持物体 A 的材质不变, 物体 B 分别用不同的材质做成, 结果看不出固定于悬丝 S 上的反射镜 M 有任何偏转, 从而证明引力质量与惯性质量相等, 与物质的材料无关.

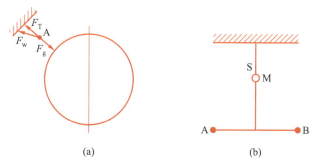

图 1-3-2　厄特沃什扭摆实验示意图

4. 放大法

在物理量的测量中, 有时被测量的量很微小, 以致无法被实验者或仪器直接测量, 此时可先通过一些途径将被测量的量放大, 然后再进行测量. 放大被测量的量所用的原理和方法称为放大法. 常用的放大法有累积放大法、机械放大法、电学放大法、光学放大法等.

对实验中测量的微小物理量或待测的物理量进行选择, 积累或放大有用的部分, 相对减小误差部分, 提高测量的分辨率和灵敏度是物理实验中最常用的方法之一.

（1）累积放大法

在物理实验中我们常常遇到这样一些问题, 即受测量仪器的精度的限制、存在很大的本底噪声或受人的反应时间的限制, 单次测量的误差很大或无法测量出待测量的有用信息, 采用累积放大法来进行测量, 就可以减小测量误差、降低本底噪音和获得有用的信息. 例如最简单的单摆实验的周期测量, 假定单摆周期 T 为 1.50 s, 人开启和关闭秒表的平均反应时间为 $\Delta t = 0.2$ s, 则单次测量周期的相对误差为 $\Delta t / T = 13\%$, 若我们测量 50 个周期, 则将由人开启和关闭秒表的平均反应时间引起的测量不确定度降到 $\Delta t / (50T) = 0.27\%$.

再如激光器, 为了获得高度集束光, 采用一对平行度很高的半透半反射膜, 使光在两半透半反射膜之间多次反射, 经过工作物质后, 光强不断增强, 其中与反射面不垂直的光会由于多次反射而最终被筛选掉.

在拉曼光谱或红外光谱的测量中, 由于电子噪声、机械振动噪声和环境噪声等的影响, 单次扫描往往不能获得高分辨率和高信噪比的谱图或曲线, 我们也常常采用累积放大法进行多次扫描测量来降低本底噪声, 提高测量的分辨率和获取有用信息.

（2）机械放大法

机械放大法是最直观的一种放大方法. 例如利用游标可以提高测量的细分程

度，原来分度值为 y 的主尺，加上一个 n 等分的游标后，组成的游标尺的分度值 $\Delta y = y/n$，即把 y 细分成 n 份，这对直游标和角游标都是适用的（参阅长度测量的有关实验）.

螺旋测微原理也是一种机械放大，将螺距（螺旋进一圈的推进距离）通过螺母上的圆周来进行放大. 放大率 $\beta = \pi D/d$，其中 d 是螺距，D 是螺母连接在一起的微分套筒的直径.

机械杠杆（例如各种不等臂的秤杆）可以把力和位移放大或缩小.

滑轮（例如机械连动杆或丝杆、连动滑轮或齿轮等）亦可以把力和位移放大或缩小.

（3）电信号的放大和信噪比的提高

电信号的放大可以是电压放大、电流放大、功率放大，电信号可以是交流的或直流的.

随着微电子技术和电子器件的发展，各种电信号的放大都很容易实现，因而也是用得最广泛、最普遍的. 例如三极管是在任何电子电路中都可能遇到的元件，因为基极的微小变化都会导致发射极和集电极电流产生很大变化，所以三极管常用作放大器. 现在各种新型的高集成度的运算放大器不断涌现，把弱电信号放大几个至十几个数量级已不再是难事. 因此，常常把其他物理量转换成电信号，放大以后再转换回去（如压电转换、光电转换、电磁转换等）. 在电学量放大过程中，提高物理量本身量值的同时，还必须注意减小本底噪声，提高所测物理量的信噪比和灵敏度，降低电信号的噪声. 提高信噪比的方法是多种多样的，详见电子线路的有关书籍.

（4）光学放大法

光学放大的仪器有放大镜、显微镜和望远镜. 这类仪器只是在观察中放大视角，并不是实际尺寸的变化，所以并不增加误差. 因此许多精密仪器都是在最后的读数装置上加一个视角放大装置以提高测量精度.

微小变化量的放大原理常用于检流计、光杠杆等装置中. 光杠杆镜尺法就是通过光学放大法测量微小长度的变化，其原理如实验 3 的式（3-4）所示，$b = 2D\Delta L/l$，ΔL 原来是一个微小的长度变化量，当取 D 远大于光杠杆的臂长 l（光杠杆的支脚尖到刀口的垂直距离）时，经光杠杆转换后的变化量 b 却是一个较大的量，可在标尺上直接读出，其中 $2D/l$ 为光杠杆装置的放大倍数. 一般在实验中，l 为 2~4 cm，D 为 1~2 m，因此光杠杆的放大倍数可达到 25~100 倍.

5. 转换测量法

各物理量之间存在着千丝万缕的联系，它们相互关联、相互依存，在一定的条件下亦可相互转化. 因而，寻求物理量之间的关系，是探索物理学奥秘的主要方法之一，也是物理学中常见的课题. 当人们了解了物理量之间的相互关系和函数形式时，就可以将一些不易测量的物理量转化成可以（或易于）测量的物理量来进行测量，此即转换测量法. 它是物理实验中常用的方法之一.

转换测量法大致可分为参量转换测量法和能量转换测量法两大类.

（1）参量转换测量法

参量转换测量法是利用各种参量间的变换及其变化的相互关系，把不可测的量转换成可测的量. 在设计和安排实验时，当预先估计不能达到要求时，常常另辟新径，把一些不可测量的物理量转换成可测量的物理量.

例如质子衰变实验，长期以来，物理学家们都没有观察到质子衰变，故认为它是一种稳定的粒子，其寿命是无限的. 但根据弱电统一理论预言，质子的寿命是有限的，其平均寿命约为 10^{38} s，即约 10^{31} a（1 a＝$\pi \times 10^7$ s，约 1 年），是一个漫长的无法测量的时间，因为地球的年龄只有约 10^9 a，谁也无法预料 10^{31} a 后，世界会发生怎样的变化. 因此在很长一段时间，人们无法揭示质子寿命的奥秘. 但是当人们把思考的着眼点变换一个角度，把时间的测量转换为空间概率的测量时，整个事件就发生了戏剧性的变化. 假如我们观察 10^{33} 个质子（每吨水约有 10^{29} 个质子），则一年之内可能有 100 个质子衰变. 这样使原来根本无法观察和测量的事情，变得可以测量了. 又例如关于引力波的实验，根据爱因斯坦关于引力波的理论，任何做相对加速运动的物体都可以发射引力波，因而，双星体可能是引力波源. 而目前实验室中引力波天线的灵敏度都不足以达到既可以直接测量到宇宙内的引力波，又同时能排除电磁辐射干扰. 于是，物理学家们就把着眼点放在了双星体引力辐射阻尼上，即测量双星体由于辐射引力波而导致轨道周期的减小来检验引力波的存在，2015 年，美国 LIGO 利用迈克耳孙干涉装置放大应变量 10^{-21}，成功测量到引力波。

有时某些物理量虽然可以测定，但要精确测量则不容易，因为所需要的条件苛刻或所需的测量仪器复杂、昂贵等. 但是换个途径，事情就变得简单多了，而且能够较精确地测量. 因为在实际测量工作中，可以改变的条件很多，于是我们可以在一定范围内找出那些易于测准的量，绕开不易测准的量，实行变量代换. 最经典的例子便是利用阿基米德原理测不规则物体的体积或密度. 用流体静力称衡法测量几何形状不规则物体的密度时，由于其体积无法用量具测定，为了克服这一困难，利用阿基米德原理，先测量物体在空气中的质量 m，再将物体浸没在密度为 ρ_0 的某液体中，称衡其质量为 m_1，则该物体的密度为 $\rho = \dfrac{m}{m-m_1}\rho_0$，因此将对物体的体积测量转化为对 m 和 m_1 的测量，m 和 m_1 均可由分析天平和电子天平精确测量.

（2）能量转换测量法

能量转换测量法是指将某种形式的物理量，通过能量变换器，变成另一种形式物理量的测量方法.

随着各种新型功能材料的涌现，如热敏、光敏、压敏、气敏、湿敏材料以及这些材料性能的不断提高，形形色色的敏感器件和传感器也就应运而生了，为科学实验和物性测量方法的改进提供了很好的条件. 考虑到电学参量具有测量方便、快速的特点，电学仪表易于生产，而且常常具有通用性，所以许多能量转换测量法都是使待测物理量通过各种传感器或敏感器件转换成电学参量来进行测量的.

常见的能量转换测量法有以下几种.

① 光电转换：利用光敏元件将光信号转换成电信号进行测量. 例如在弱电流放大的实验中，把激光（或其他光，如日光、灯光等）照射在硒光电池上直接将光信号转换为电信号，再进行放大. 在物理实验中常用的光电元件还有光敏三极管、光电倍增管、光电管等.

② 磁电转换：最典型的磁敏元件有霍尔元件、磁记录元件（如读、写磁头，磁带，磁盘……）、巨磁阻元件等，利用磁敏元件（或电磁感应组件）将磁学参量的测量转换成电压、电流或电阻的测量.

③ 热电转换：利用热敏元件（如半导体热敏元件、热电偶等），将温度的测量转换成电压或电阻的测量.

④ 压电转换：利用压敏元件或压敏材料（如压电陶瓷、石英晶体等）的压电效应，将压力转换成电信号进行测量. 反过来，也可以用某一特定频率的电信号去激励压敏材料使之产生共振，来进行其他物理量的测量.

⑤ 磁力转换：测量铁磁性材料的居里温度时，常用的方法是测量磁性材料的磁化率随温度的变化曲线进行确认；当温度升高时，磁性减弱，与磁铁及其他铁磁性材料的作用力也降低，通过磁力随温度的变化也可以简单测量居里温度.

6. 模拟法

模拟法是以相似性原理为基础，从模型实验开始发展起来的，研究物质或事物物理属性或变化规律的实验方法，在探求物质的运动规律和自然奥妙或解决工程技术或军事问题时，常常会遇到一些特殊的、难以对研究对象进行直接测量的情况. 例如，被研究的对象非常庞大或非常微小（巨大的原子能反应堆、同步辐射加速器、航天飞机、宇宙飞船、物质的微观结构、原子和分子的运动等），非常危险（地震、火山爆发、发射原子弹或氢弹等），或者是研究对象变化非常缓慢（天体的演变、地球的进化等）. 根据相似性原理，可人为地制造一个类似于被研究的对象或运动过程的模型来进行实验.

模拟法可以按其性质和特点分成两大类：物理模拟和计算机模拟.

物理模拟可以分为三类：几何模拟、动力相似模拟、替代或类比模拟（包括电路模拟）.

（1）几何模拟

几何模拟是将实物按比例放大或缩小，对其物理性能及功能进行试验. 如流体力学实验室常采用水泥造出河流的落差、弯道、河床的形状，还有一些不同形状的挡水状物，用来模拟河水流向、泥沙的沉积、沙洲、水坝对河流运动的影响，或用"沙堆"研究泥石的变化规律. 再如研究建筑材料及结构的承受能力，可将原材料或建筑群体设计，按比例缩小，进行实验模拟.

（2）动力相似模拟

物理系统常常是不具有标度不变性的，即一般说来，几何上的相似性并不等于物理上的相似. 因而在工程技术中做模拟实验时，如何保证缩小的模型与实物在物理上保持相似性是个关键问题，为了达到模型与原型在物理性质或规律上的相似或等同性，模型的外形往往不是原型的缩型，例如 1943 年美国波音飞机公司用于试验的模型飞机，其外表根本就不像一架飞机，然而风速对它翼部的压力却与风速对原型机翼的压力相似. 又如，在航空技术研究中，人们不得不建造压缩空气作高速循环的密封型风洞来作为模型试验的条件，使试验条件更符合实际自然状态的形式.

（3）替代或类比模拟

利用物质材料的相似性或类比性进行实验模拟，它可以用别的物质、材料或者别的物理过程来模拟所研究的材料或物理过程. 例如在模拟静电场的实验中，就是用电流场模拟静电场的实例. 又如，可以用超声波代替地震波，用岩石、塑料、有机玻璃等做成各种模型，来进行地震模拟实验.

更进一步的物理量之间的代替，就产生了原型试验和工作方式都改变了的特殊的模拟方法. 应用最广的就是电路模拟. 因为在实际工作中，要改变一些力学量不如改变电阻、电容、电感来得容易.

7. 光的干涉、衍射法

在精密测量中，光的干涉、衍射法具有重要的意义.

在干涉现象中，不论是何种干涉，相邻干涉条纹的光程差的改变都等于相干光的波长. 可见，光的波长虽然很小，但干涉条纹间的距离或干涉条纹的数目却是可以计量的. 因此，通过对条纹数目或条纹的改变的计量，可以获得以波长为单位的对光程差的计量. 利用光的等厚干涉现象可以精确测量微小长度或角度变化，测量微小的形变及其相关的其他物理量，也可以来检验物体表面的平面度、球面度、光洁度及工件内应力的分布等. 用牛顿环测半凸透镜的曲率半径，利用劈尖测细丝直径及检测表面的微凸或微凹球面就是等厚干涉法在测量微小长度或微小形变中的典型应用. 一般来说，干涉法测量的最小位移量是半个波长. 随着光探测器灵敏度的提高，可以分辨半个波长以内的光程差变化引起的光强变化，进而可以突破半波长分辨极限.

光的衍射原理和方法可以广泛地应用于测量微小物体的大小.

光的衍射原理和方法在现代物理实验方法中具有重要的地位. 光谱技术与方法、X 射线衍射技术与方法、电子显微技术与方法都和光的衍射原理与方法相关，它们已成为现代物理技术与方法的重要组成部分，在人类研究微观世界和宇宙空间中发挥着重要的作用.

8. 近代物理实验中的其他方法

当今高新科学技术的发展日益趋于交叉综合，信息技术、新材料技术和新能源技术已成为高新技术的重要组成部分. 近代物理的实验方法、实验技术和分析技术在高新技术的各个学科和领域都得到广泛的应用，并对高新技术的发展和人类社会起着巨大的推动作用. 磁共振技术与方法、低温和真空技术、核物理技术与方法、扫描隧道显微技术与方法、薄膜制备技术与物性研究、量子精密测量技术等现代物理实验方法与技术是高新技术领域常用的近代物理实验方法，详细原理、方法请参阅后续教材.

　　本章仅介绍了几种常用的物理实验测量的基本方法,而物理实验方法是非常丰富的,随着科技的进步,物理实验的思想方法也是在不断发展的,希望上述简介能起到一点入门的作用.同时我们还应清楚地认识到在实际的学习和科学实验中,遇到的问题往往是复杂和多变的,不是哪一种方法都能奏效的,因而需要实验者较深刻地理解各种实验方法的特点及局限性,并在实践中自觉体会和运用,通过长期实验工作的经验积累,使自己的实验能力不断得到提高.

　　仿真或计算模拟已经在实验建模、提高实验精度、分析实验现象等方面提供了有力支撑,特别是人工智能已渗入人们的学习、生活、工作的各个方面,在实验教学过程中,应该引入 AI 技术、仿真软件,帮助学生更好地理解实验现象.如:学生在设计、搭建电子光学系统时,可以利用仿真软件进行相关场景的仿真,从而了解不同参量对结果的影响,通过优化获得更好的实验结果.

参考资料

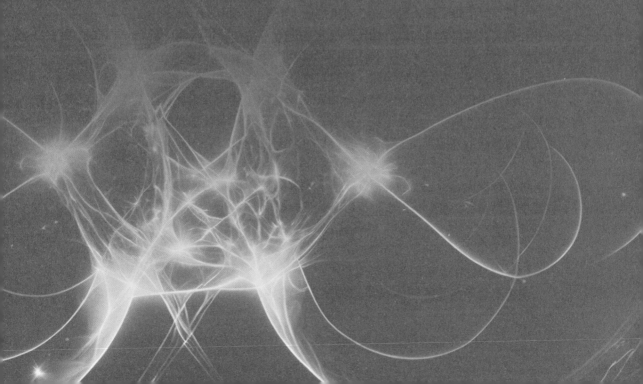

第二章

测量的不确定度和数据处理

2.1 __测量的不确定度

物理实验中，人们通过建立待研究对象的物理模型，利用一系列仪器设备对模型所含的物理量进行观测，获得待测对象的数值，明晰物理图像，加深对待研究对象的理解. 当报告物理量的测量结果时，应对结果的质量给出定量的评价，过去常用误差评定. 当对误差分量作出评定并进行了相应修正后，测量结果与被测量值的符合程度仍然存疑. 因此必须有一个公认的方法来评价测量结果，这就是本章介绍的主要内容：评定和表示测量的不确定度. 测量不确定度的评定和表示方法在国际上已取得共识，对科学、工程技术、工业中大量的测量结果具有极为重要的意义，可以使不同国家进行的测量进行相互比较.

本节相关资源

本章内容主要参考国家标准《测量不确定度评定和表示》（GB/T 27418—2017）及国际标准 Uncertainty of measurement—Part 3：Guide to the expression of uncertainty in measurement（GUM：1995）[ISO/IEC GUIDE 98-3：2008（E）]. 以往的不确定度评价包括：

多次测量的 A 类标准不确定度评定，有限次测量通过 t 分布进行概率统一；

非统计方法的 B 类标准不确定度评定，考虑正态、矩形、三角等分布类别，通过置信因子进行调整；

对包括 A 类、B 类标准不确定度的测量量进行等概率不确定度合成；

对间接测量量通过不确定度传递律计算其不确定度；

通过包含因子扩大置信区间，获得高置信水平的扩展不确定度.

以上方法在新的国标中被调整为以下程序：

构建待测量的测量模型，模型应尽可能详细地考虑对测量结果的不确定度有贡献的量；

分析模型中每个输入量的标准不确定度（A 类和/或 B 类评定）；

通过公式对每个输入量的标准不确定度进行合成，获得待测量的合成标准不确定度；

通过包含因子扩大置信区间，获得高置信水平的扩展不确定度.

比较新旧两种方法发现，新国标中测量模型的构建十分重要，这要求学生对测量对象、测量准确度、测量环境、测量方法、测量程序等有充分的认识，基于所有输入量的标准不确定度进行合成，与自由度相关的包含因子仅在扩展不确定度中出现.

由于标准内容太过专业化，不同专业对不确定度的掌握程度的要求不同，本章内容供教师参考，可根据需要进行组合、开展教学.

1. 基本概念

（1）测量的概念和相关常用词汇

测量是物理实验的基本操作，其实质是准确地确定被测量的值. 在测量过程中，需要明确被测量的定义，即测量的具体内容和特性，选择合适的测量方法和程序，这些因素会直接影响到测量结果的准确性和有效性.

注：被测量的定义或规定的详细程度是随所要求的**测量准确度**而定的.针对所要求的准确度，被测量的定义应该足够完整.

例 1 若一根名义值为 0.5 m 长的铜管需测至微米准确度，其定义应包括确定长度时的压强和温度.如：铜管在 20.00 ℃和 101 325 Pa 时的长度（可加上任何其他必要的参量，如支撑铜管的方式等）.如果仅需测至毫米准确度，则对被测量的定义无需规定温度、压强或任何其他参量的值.

在大学物理实验教学中，以掌握测量方法、测量程序为主，受测量仪器精度的限制，测量的准确度要求不高，定义被测量时，除非特别说明，一般可以忽略温度、湿度、磁场、电场、气压等环境因素变化的影响.

通常，**测量结果**只是被测量值的近似或**估计**，因此只有当此估计值附有不确定度声明时，它才是完整的.

（2）测量的精度、系统误差和随机误差

测量结果的精度和误差是评估所有测量过程质量的关键因素.精度指的是测量结果接近真实值的程度，它反映了结果的正确性.一方面，精度越高，意味着测量结果越接近被测量的实际值.另一方面，测量的不完善使测量结果存在**误差**，误差是测量结果与真实值之间的差异.传统上认为误差有**随机误差**和**系统误差**两类分量.随机误差源于无法控制的随机变量（随机影响），通常通过增加测量次数和采用统计方法来减小随机误差.而系统误差则是由测量设备的不完善、操作者的误差或测量方法的局限性等因素引起的（系统影响），这种误差可以通过校准和修正来减小.误差是一个理想的概念，由于测量对象的真值未知，误差不可能准确获知，根据国家标准《测量不确定度评定和表示》（GB/T 27418—2017）中的建议，用不确定度对测量结果进行评定.

注：用于补偿系统影响而加到测量结果上的修正值的不确定度不是系统误差.修正值的不确定度是对其认识不足引起的测量结果的不确定度的度量.

例 2 由于测量高电阻的电位差（被测量）的电压表的内阻有限而进行的修正，可以减小电压表负载效应引起的对测量结果的系统影响.然而电压表和电阻器的阻值是用其他方法测量得到的，其测量本身就存在不确定度，而修正值又是使用该阻值估计的，因此测量电阻的不确定度成为电位差测量结果的不确定度分量.

（3）测量的不确定度

测量不确定度指测量结果有效性的可疑程度.在测量过程中，存在多种不确定度的来源，这些因素共同影响着测量结果的准确性和可靠性.首先，被测量的定义如果不完整，或者在实际操作中无法完美复现这一定义，都会导致不确定度.此外，取样的代表性也至关重要，如果所取的样本不能准确地代表整个被测量，就会引入误差. 环境条件对测量的影响也不容忽视, 包括对这些条件的认识不足或是环境参量的测量不准确. 人为因素, 如读取指示仪器时的读数偏倚, 也是一个重要的因素. 技术限制, 如仪器的分辨率或识别阈值, 同样会对结果产生影响. 此外, 使用的测量标准和标准物质如果本身存在不准确性, 也会导致不确定度. 在数据处理过程中, 外部来源的常量和参量的不准确性, 以及测量方法和程序中的近似和假设, 都可能引入额外的误差. 最后, 即便在相似的条件下进行, 被测量的重复观测中也可能存在变异性, 这种随机变化同样是不确定度的一个来源.

不确定度的评定方法将不确定度分为 A、B 两类. 通常认为的 A 类来源于随机误差, B 类来自系统误差是不准确的. 某个已知的系统影响的修正值的不确定度在某些情况下可能由 A 类评定方法得到, 而在另一些情况下, 可能由 B 类评定获得一个表征随机影响的不确定度.

A、B 分类的目的只是指出评定不确定度分量的两种不同方法, 不是指这两类分量本身性质上有差别. 两类评定都基于**概率分布**, 并且由两类评定得到的不确定度分量都是用方差或标准差定量表示.

A 类标准不确定度由一组观测得到的**频率分布**导出的**概率密度函数**得到. 而 B 类标准不确定度由一个假定的概率密度函数得到, 此函数基于对一个事件发生的信任程度 (通常称为主观**概率**).

注: 不确定度分量的 B 类评定通常基于一组相对可靠的信息.

(4) 仪器的精确度等级

测量结果的精度与测量工具的规格直接相关. 精度高的仪器能够测量更小的物理量, 即分辨率更高, 允许误差更小. 但实际精度受多种因素影响, 如材料均匀性、制造工艺、环境条件等. 现代标准规定, 在规定的使用条件下, 每种仪器都有明确的最大允许误差 (也称为示值误差限), 这通常在产品说明书或手册中有所描述. 例如, 模拟电表 (指针式电表) 按照等级 5.0、2.0、1.5、1.0、0.5、0.2、0.1 等划分, 其最大允许误差为量程乘以等级百分比. 对于实验室常用的旋钮式电阻箱来说, 误差主要来源于电阻箱内电阻器阻值误差和旋钮的接触电阻误差, 接触电阻一般小于 $0.001\ \Omega$, 对于 $10\ \Omega$ 以上的阻值来说, 最大允许误差 (最大允差) Δ_R 的主要贡献是电阻箱的阻值误差:

$$\Delta_R = \sum_i (k_i \times 1\%) R_i$$

式中, k_i 是第 i 量程的等级, R_i 是电阻箱第 i 量程的示数.

某六挡电阻箱挡位 (等级) 如下: $\times 0.1(0.5)$, $\times 1(0.5)$, $\times 10(0.2)$, $\times 100(0.1)$, $\times 1\,000(0.1)$, $\times 10\,000(0.1)$. 如果电阻 $R = 484.2\ \Omega$, 则有

$$\Delta_R = \sum_i (k_i \times 1\%) R_i = (0.1\% \times 400 + 0.2\% \times 80 + 0.5\% \times 4.2)\,\Omega = 0.581\ \Omega \approx 0.58\ \Omega$$

而数字电表的误差则更为复杂, 其最大允差通常依赖于读数的百分比 (对应仪表的精度等级) 加上最后几位数字的固定单位. 这些参量指导了正确使用仪器时可能出现的最大误差. 表 2-1-1 给出了常用仪器的主要技术条件和仪器的最大允差.

表 2-1-1　常用仪器（量具）的主要技术要求和最大允差

仪器（量具）	量程	最小分度值	最大允差
钢板尺	150 mm	1 mm	±0.10 mm
	500 mm	1 mm	±0.15 mm
	1 000 mm	1 mm	±0.20 mm
钢卷尺	1 m	1 mm	±0.8 mm
	2 m	1 mm	±1.2 mm
游标卡尺	125 mm	0.02 mm	±0.02 mm
	300 mm	0.05 mm	±0.05 mm
螺旋测微器（千分尺）	0~25 mm	0.01 mm	±0.004 mm
七级天平（物理天平）	500 g	0.05 g	0.08 g（接近满量程） 0.06 g（$\frac{1}{2}$量程附近） 0.04 g（$\frac{1}{3}$量程和以下）
三级天平（分析天平）	200 g	0.1 mg	1.3 mg（接近满量程） 1.0 mg（$\frac{1}{2}$量程附近） 0.7 mg（$\frac{1}{3}$量程和以下）
普通温度计（水银或有机溶剂）	0~100 ℃	1 ℃	±1 ℃
精密温度计（水银）	0~100 ℃	0.1 ℃	±0.2 ℃

一般而言，有刻度的仪器、量具的最大允差大约对应于其最小分度值所代表的物理量."最大允差"是指所制造的同型号同规格的所有仪器中有可能产生的最大误差，并不表明每一台仪器的每个测量值都有如此之大的误差. 它既包括仪器在设计、加工、装配过程中乃至材料选择中的缺欠所造成的系统影响，也包括正常使用过程中测量环境和仪器性能随机涨落的影响.

（5）数显仪器的不确定度

在物理实验中，数显仪器越来越多. 数显仪器的不确定度通常涉及测量结果的稳定性和可重复性，这与模拟仪器的极限误差（最大允差）略有不同. 数显仪器的不确定度可能来源于多个方面，例如内部电子组件的精度、仪器内部算法的准确性以及传感器的灵敏度和响应时间.

数显仪器的另一个影响因素是分辨率，即设备能够识别的最小变化量. 分辨率越高，仪器的不确定度通常越低. 然而，即使分辨率很高，其他因素如量程的选择、测量条件的变化（例如温度波动或电磁干扰）以及仪器使用者的操作技巧都可能对最终的测量结果产生影响，从而增加了不确定度.

在实际应用中，数显仪器的不确定度往往通过一系列的校准和测试来确定. 这包括在特定条件下重复测量同一量值并记录测量值的波动范围. 这种测试能够揭示仪器在相同操作条件下测量值的一致性, 也就是它的可重复性. 此外, 通过与已知标准或参考值的比较, 可以进一步验证仪器的测量准确性.

（6）测量值的有效数字

对于标有刻度的量具和仪器, 如果被测量的量很明确, 照明好, 仪器的刻度清晰, 要估读到最小刻度的几分之一（如 1/10、1/5、1/2）. 这最小刻度的几分之一, 即为测量值的估计误差. 测量值中能读准的位数加上估读数字（有时也叫可疑数字）的位数为有效数字. 如用米尺测量铅笔的长度, 应能估读到最小刻度（1 mm）的十分之一. 人们常把能读准的数字叫可靠数字, 估读的一位数字叫可疑数字, 测量值的误差往往在这最后一位. 用数字式仪表测量, 凡是能稳定显示的数值都应记录下来, 其数值的位数就是该测量值的有效数字. 如用某数字万用表测电压, 显示值为 217 V, 位数为 3, 它的有效数字位数就是 3. 如果测量值的末位或末两位数字变化不定, 应当记录稳定的数值加下一位正在显示的值, 或者根据其变化规律, 四舍五入到读数稳定的那一位, 其有效数字位数等于稳定显示位数+1. 如果两位以上的数字都变化不定, 应考虑选择更合适的量程或更合适的仪器. 如用米尺测量一个边缘磨损的桌子的长度, 因被测量的量自身的不确定性, 就只能读到毫米了, 表示估计误差在毫米这一位.

（7）数值修约

在对数据进行运算时, 会得到多位有效数字的结果, 而实验往往并没有如此高的精密度. 测量结果的有效数字受结果的不确定度制约. 不确定度取两位有效数字, 而测量结果的末位要与不确定度的末位对齐（不是两者的有效数字相同）. 这就需要对最终运算结果进行修约, 除去多余的位数. 修约的具体做法是"四舍六入五凑偶", 即当要舍弃的数字的最后一位为 5 时, 若前一位数为奇数, 则进 1; 为偶数, 则舍弃. 对于不确定度的修约同此. 有一种说法认为, 为了结果可靠, 不确定度（或误差）只进不舍, 这种做法并不妥当. 不确定度（或误差）说明结果在该范围内的某种概率, 本身就是一个统计概念, 以合理为佳. 比如, 将 0.91 修约为 0.9, 相差 1% 左右; 而若修约为 1, 则相差 10% 左右.

常数的有效数字根据计算规则可以取任意多位.

注: 如果出现测量结果的实际位数不足, 无法与其不确定度的末位对齐的情况, 应在测量结果后面补 "0", 实现对齐（出现这种情况, 可能是读数或运算过程中随意减少了末位的 0 的个数, 应仔细检查如果测量结果只与不确定度首位对齐, 不建议补 "0" 与不确定度第二位对齐, 此时不确定度可只取一位有效数字）. 如果计算的不确定度的位数低于测量结果的末位几个数量级, 说明测量模型丢失了不确定度的主要贡献项, 应修正测量模型. 对于有些输入量需通过三角函数、对数等函数运算获得, 这类输入量的有效数字的确定需先利用不确定度传递律（合成公式）计算不确定度, 再利用上述修约方法确定输入量的有效数字位数.

$$y = 1.235\ 0\ \text{g},\ u_c(y) = 0.25\ \text{g};\ y = 1.24(25)\ \text{g}$$
$$y = 1\ 234.56\ \text{mA},\ u_c(y) = 16\ \text{mA};\ y = (1\ 235 \pm 16)\ \text{mA}$$

$$y = 1.200\ 05\ \text{ms},\ u_c(y) = 12\ 535\ \text{ns};\ y = 1.200(13)\ \text{ms}$$

$$y = \sin\theta,\ \theta = 30°24',\ \text{示值误差限}\ \Delta\theta = 1',\ u(\theta) = \frac{\Delta\theta}{\sqrt{3}} = 1.7 \times 10^{-4}$$

$u_c(y) = \cos\theta \cdot u(\theta) = 1.5 \times 10^{-4}$；$y = 0.506\ 03$ 有效数字为 5 位. 有时变动末位一个单位，比较函数值的变化，变化的最高位对应不确定度位. $\sin 30°25' = 0.506\ 2$，$\sin 30°24' = 0.506\ 0$，变化位在小数点后第四位，与通过不确定度确定的有效数字位数接近，可作为一种简易直观的处理方法.

2. 标准不确定度的评定

（1）标准不确定度的 A 类评定

标准不确定度的 A 类评定是一个统计过程，用于量化测量中随机变量的不确定度. 对于由多次独立观测值确定的输入量，其标准不确定度是根据实验标准差计算得出的.

当对被测量 q 进行 n 次独立观测时，随机变量 q 的最佳估计通常是这些观测值的算术平均值 $\bar{q}$. 这个平均值根据下式计算：

$$\bar{q} = \frac{1}{n}\sum_{k=1}^{n} q_k \tag{2-1-1}$$

其中，q_k 是在相同测量条件下得到的第 k 次观测值. 每次独立观测值 q_k 的实验方差是随机变量 q 的概率分布方差的估计值. 这个方差的估计值可以通过下式计算：

$$s^2(q) = \frac{1}{n-1}\sum_{k=1}^{n}(q_k - \bar{q})^2 \tag{2-1-2}$$

这里，$s^2(q)$ 是观测值的实验方差，它表征了观测值在其平均值 $\bar{q}$ 周围的分散性.

注：① 这里的相同测量条件，指重复测量时，测量条件近似. 被测量对某些测量条件不敏感或变化不占不确定度分量的主导地位，即使这些条件发生了变化，也可近似为相同测量条件.

② 表达式中的因子 $n-1$ 来自 q_k 与 $\bar{q}$ 的关联，反映集合 $\{q_k - \bar{q}\}$ 只有 $n-1$ 个独立项目（也称自由度）.

实验方差的正平方根，称为实验标准差 $s(q)$，用于表征观测值的变异性. 它是测量不确定度的一个重要度量.

$$s(q) = \sqrt{s^2(q)} \tag{2-1-3}$$

平均值的实验标准差 $s(\bar{q})$ 等于平均值的实验方差 $s^2(\bar{q})$ 的正平方根，表征 $\bar{q}$ 与 q 的期望值的接近程度，用作 q 的不确定度的度量.

$$s^2(\bar{q}) = \frac{s^2(q)}{n} \tag{2-1-4}$$

对于由 n 次独立重复观测值 q_k 确定的被测量 q，其估计值 $\bar{q}$ 的标准不确定度 $u(\bar{q})$ 由下式确定：

$$u(\bar{q}) = s(\bar{q}) = \sqrt{\frac{s^2(q)}{n}} \tag{2-1-5}$$

$u(\overline{q})$ 也被称为 A 类标准不确定度. 一般来说观测次数 n 应该足够多,以确保算术平均值是随机变量期望值的可靠估计,并使实验方差成为可靠的估计值. 如果 q 的概率分布是正态分布,当测量次数有限时,可通过 t 分布进一步考虑.

（2）规范化常规测量和单次测量的 A 类标准不确定度

规范化常规测量指的是在明确规定的方法、程序和条件下进行的测量. 这种测量通常包括:在制定标准操作程序之前,进行一系列的重复测量(如在不同时间进行了 n 组系列测量,每组重复观测 m 次或不同次数),以评估测量过程的内部一致性和重复性. 这些数据用于计算实验标准差. 一旦实验标准差确定,它就可以被用作后续相似测量的 A 类标准不确定度的估计值. 这意味着,在规范化常规测量中,每次新测量的 A 类标准不确定度可以直接使用预先评定的实验标准差. 对预先测量所得数据进行统计分析,确保评估的准确性. 这通常包括计算平均值、标准差和可能的置信区间. 在考虑到事先进行某次规范化测量之后,A 类标准不确定度的一般评定流程由下列过程给出:

1）事先对事件 X 进行独立重复观测 x_i,求平均值和实验标准差 $s(x)$.

2）随后按照规范化测量对同类被测量 X 进行 m 次测量.

3）计算测量结果 $\overline{x} = \dfrac{\sum x_m}{m}$.

4）本次测量的被测量 X 的 A 类标准不确定度为 $u(\overline{x}) = s(x)/\sqrt{m}$,自由度为 $m-1$. 也可以根据 m 次观测的值,利用式（2-1-5）计算本次重复观察结果的 A 类标准不确定度.

如果是单次测量,对应的 A 类标准不确定度是 $u(\overline{x}) = s(x)$.

注:如果预先没有进行一系列的重复测量,被测量的实验标准差未知,且需对测量值进行标准不确定度评估,应进行重复测量.

（3）标准不确定度的 B 类评定

当被测量 X 的估计值 x 不由重复观测得到时,标准不确定度 $u(x)$ 可根据 X 可能变化的全部有关信息的判断来评定. 这种不同于 A 类评定方法的标准不确定度,称为 B 类标准不确定度.

标准不确定度的 B 类评定用于在缺乏重复观测数据的情况下评估测量不确定度. 这种评定不是基于实验数据,而是依赖于各种其他可用信息源. 这些信息源可能包括以往的测量数据、对相关技术材料和测量仪器特性的经验认识、生产厂家提供的技术说明书、校准证书或其他认证数据,以及手册中提供的参考数据及其不确定度. B 类评定的关键在于合理地利用这些信息,并需要经验和对相关知识的理解来进行准确评估.

虽然 B 类评定不是基于直接的观测数据,但它在某些情况下可以和基于统计独立观测的 A 类评定一样可靠. 尤其是在 A 类评定的数据基于较少的观测次数时,B 类评定的重要性和可靠性变得尤为显著. 它允许在缺乏充分实验数据的情况下,依靠其他形式的信息来评估和量化不确定度,从而确保测量结果的完整性和可靠性.

如果输入量 X_i 的估计值 x_i 取自制造厂的技术说明书、校准证书、手册或其他来源，并且明确给出了其不确定度是标准差的若干倍，则标准不确定度 $u(x_i)$ 可取为给定值除以该倍数所得之商.

例 3 不锈钢标准砝码的质量标称值为 1 kg. 校准证书上声明该砝码的实际质量为 1 000.000 325 g，并指出这个质量值的不确定度是基于三倍标准差计算的，即 240 μg. 该标准砝码的标准不确定度 $u(m_s) = \dfrac{240 \text{ μg}}{3} = 80 \text{ μg}$，相对标准不确定度 $\dfrac{u(m_s)}{m_s} = \dfrac{80 \times 10^{-6} \text{ g}}{1\,000.000\,325 \text{ g}} \approx 80 \times 10^{-9}$.

注：在很多情况下，能获得给定不确定度分量的信息很少甚至没有. 根据 GB/T 27418—2017 来表示不确定度时，当计算测量结果的合成标准不确定度时，所有的标准不确定度分量都是用同样的方法进行处理.

x_i 的不确定度不仅可以由标准差的倍数给出，也可以将不确定度定义为具有 90%、95% 或 99% 置信水平的一个区间. 除另有说明外，可以假定不确定度是用**正态分布**来计算的，而标准不确定度 x_i 可以通过将该不确定度除以对应正态分布的置信因子来得到. 对应上述三个置信水平的置信因子分别为 1.64，1.96，2.58.

例 4 校准证书声明标称值为 10 Ω 的标准电阻器 R_s 的阻值在 23 ℃时为 10.000 742 Ω ±129 μΩ，并说明"给定的 129 μΩ 不确定度所给出的区间具有 99% 的置信水平". 电阻器的标准不确定度 $u(R_s) = (129 \text{ μΩ})/2.58 = 50 \text{ μΩ}$，相应的相对标准不确定度 $u(R_s)/R_s$ 为 5.0×10^{-6}.

考虑输入量 X_i 的值有 50% 的机会落在 a_- 到 a_+ 的区间内（换言之，X_i 的值落在这个区间的概率为 0.5 或 50%）.

如果假设 X_i 的可能值近似为正态分布，那么 X_i 的最佳估计值 x_i 可取为该区间的中点. 进而，设该区间的半宽度为 $a = (a_+ - a_-)/2$ 表示，则可以取 $u(x_i) = 1.48a$，因为对一个数学期望为 μ，标准差为 σ 的正态分布，区间 $\mu \pm \sigma/1.48$ 约包含分布的 50%.

例 5 一个机械师在测定零件的尺寸时，估计其长度以 0.5 的概率落在 10.07 mm 到 10.15 mm 之间，并报告长度 $l = (10.11 \pm 0.04)$ mm，这说明 ±0.04 mm 对应 50% 置信水平的区间. 因此 $a = 0.04$ mm，假设 l 的可能值服从正态分布，长度 l 的标准不确定度 $u(l) = 1.48 \times 0.04$ mm ≈ 0.06 mm.

考虑根据获得的信息声明：X_i 的值约以 2/3 的可能性落在 a_- 到 a_+ 的区间内（换言之，X_i 的值落在这个区间的概率为 0.67），则可合理地取 $u(x_i) = a$，因为对一个数学期望为 μ，标准差为 σ 的正态分布，区间 $\mu \pm \sigma$ 约包含分布的 68.3%.

注：若用对应于概率 $P = 2/3$ 的实际正态偏离 0.967 42，即写成 $u(x_i) = a/0.967\,42 = 1.034a$，则给出的 $u(x_i)$ 值比上述所取的值要合理得多.

（4）测量过程中的常见分布

B 类评定需要假定分布求方差和实验标准差.

正态分布:

输入量 X 的质量指标 $\delta(\delta = x_i - \bar{x})$ 的概率密度分布为高斯函数,如图 2-1-1 所示.

$$f(\delta) = \frac{1}{\sqrt{2\pi}\,\sigma} e^{-\frac{\delta^2}{2\sigma^2}} \tag{2-1-6}$$

$$\int_{-\sigma}^{\sigma} f(\delta)\,\mathrm{d}\delta = 0.682\ 689\ 5 \tag{2-1-7}$$

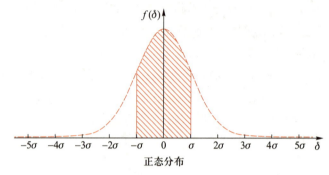

图 2-1-1　正态分布

不同积分区间,高斯函数的积分值,即置信水平如表 2-1-2 所示.

表 2-1-2　高斯函数不同积分区间对应的置信水平(置信度、置信概率)

积分区间	$\pm\sigma$	$\pm2\sigma$	$\pm3\sigma$	$\pm4\sigma$	$\pm5\sigma$	$\pm\infty$
置信水平	0.682 689 5	0.954 499 7	0.997 300 2	0.999 936 7	0.999 999 4	1

1) 3σ 判据

σ 是正态分布的标准差,测量结果在 $[\bar{x}-\sigma,\ \bar{x}+\sigma]$ 区间的概率为 0.683;测量结果在 $[\bar{x}-2\sigma,\ \bar{x}+2\sigma]$ 区间的概率为 0.954.测量 1 000 次时,测量结果在 $[\bar{x}-3\sigma,\ \bar{x}+3\sigma]$ 区间以外仅 3 次.对于有限次测量,这种可能性微乎其微,可以认为 3σ 对应最大不确定度(或极限不确定度).粒子物理测量事件中,由于数据量特别大,影响的因素特别多,一般需要测量结果满足 5σ 条件,才可以确认事件成立(也称 5σ 准则),5σ 准则可以帮助物理学家判别"空间噪声",从而排除它在物质研究中的干扰作用.

2) 均匀分布

在某些情况下,输入量 X_i 落在 a_- 到 a_+ 区间内的概率等于 1,图 2-1-2 是期望值的估计值为 100 ℃ 的待测温度分布.如果对 X_i 的可能值落在该区间内的情况缺乏更多的认识,可假设 X_i 是按等概率落在该区间的任何地方.则 X_i 的数学期望或期望值 x_i 是该区间的中点,$x_i = (a_- + a_+)/2$,其标准差为

$$u(x_i) = a/\sqrt{3} \tag{2-1-8}$$

$$a = (a_+ - a_-)/2 \tag{2-1-9}$$

如果输入量 X_i 的不在 $[a_-, a_+]$ 区间中点, 可知宽度为 $a_+ - a_-$ 的矩形分布近似获得以下标准差:

$$u(x_i) = (a_+ - a_-) / \sqrt{12} \tag{2-1-10}$$

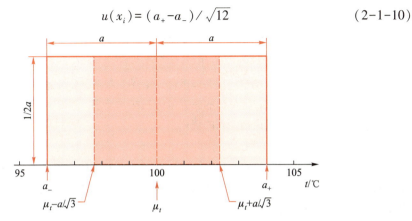

图 2-1-2　矩形分布 (期望值的估计值为 100 ℃ 的待测温度分布)

这种矩形阶跃式不连续函数分布在实际测量中并不常见. 多数情况下, 靠近界限的值比靠近中点的值要少. 因此用斜边相等的对称梯形分布 (一个等腰梯形) 来代替对称矩形分布更为合理, 梯形分布的底部宽 $a_+ + a_- = 2a$, 顶部宽为 $2a\beta$, 其中 $0 \leqslant \beta \leqslant 1$. 当 $\beta \rightarrow 1$ 时, 此梯形分布接近于矩形分布, 而当 $\beta = 0$ 时就成为三角分布, 如图 2-1-3 所示. 假设 X_i 服从梯形分布, X_i 的期望值 $x_i = (a_+ + a_-)/2$, 其标准差为

$$u(x_i) = a\sqrt{(1+\beta^2)/6} \tag{2-1-11}$$

当 $\beta = 0$ 时, 变为三角分布, 其标准差为

$$u(x_i) = a/\sqrt{6} \tag{2-1-12}$$

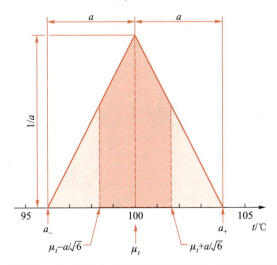

图 2-1-3　梯形分布 (三角分布, 期望值的估计值为 100 ℃ 的待测温度分布)

上述描述中因子 3、$\sqrt{3}$、$\sqrt{6}$ 分别对应正态分布、矩形分布、三角分布的置信因子, 相应分布的标准不确定度等于极限不确定度除以置信因子. 除上述几种常用分布外, 还有反正弦分布、瑞利分布等.

例 6 手册中给出了纯铜在 20 ℃时的线膨胀系数 $\alpha_{20}(\text{Cu}) = 16.52 \times 10^{-6}$ ℃$^{-1}$，并且指出这个值的误差不应超过 0.40×10^{-6} ℃$^{-1}$. 假设 $\alpha_{20}(\text{Cu})$ 的值等概率地分布在 16.12×10^{-6} ℃$^{-1}$ 到 16.92×10^{-6} ℃$^{-1}$ 的区间内，而且这个值不太可能落在此区间之外. 区间的半宽度 $a = 0.40 \times 10^{-6}$ ℃$^{-1}$. 根据对称矩形分布的公式，线膨胀系数 $\alpha_{20}(\text{Cu})$ 的标准不确定度 $u(\alpha_{20})$ 为

$$u(\alpha_{20}) = (0.40 \times 10^{-6} \text{ ℃}^{-1})/\sqrt{3} \approx 0.23 \times 10^{-6} \text{ ℃}^{-1}$$

这个例子展示了如何从给定的误差范围估计出线膨胀系数的标准不确定度. 该方法适用于处理具体的概率分布未知，但估计的误差范围已知的情况. 假设一个对称的矩形分布，可以对线膨胀系数的不确定度进行合理的量化.

例 7 一台数显电子秤，其最小有效显示数字为 1 g. 其分辨力是不确定度来源. 重复测量的显示值都相同，但仪器的输入信号可能在一个已知的区间内变化却显示相同的读数，因此它仍然对重复性测量的不确定度有所贡献.

该装置的分辨力为 δx，则产生某一指示值 X 的激励值以等概率分布在 $(X - \delta x/2)$ 到 $(X + \delta x/2)$ 的区间内. 该激励值可以用宽度为 δx 的矩形概率分布来描述. 电子秤的分辨力 $\delta x = 1$ g，那么由于分辨力引入的方差 $u^2(x) = (1 \text{ g})^2/12$. 相应的标准不确定度 $u(x) = 0.5 \text{ g}/\sqrt{3} = 0.29$ g.

注：不同分布的 B 类标准不确定度对应的置信水平不同，如：0.683（正态分布）、0.577（矩形分布）、0.408（三角分布）. 以前要求等概率合成（如：不同分布的标准不确定度均归一化到正态分布），在新标准中及在下面的标准不确定度合成中，不同分布的输入量的标准不确定度直接代入公式计算获得合成标准不确定度.

3. 合成标准不确定度的一般方法

（1）测量模型

建立被测物理量的测量模型是十分重要的，常通过函数关系将一个或多个其他量转换为被测量的值.

在许多情况下，被测量 Y 不能直接测得，而是根据 N 个其他量（X_1, X_2, ⋯, X_N）通过一个函数关系 f 确定：

$$Y = f(X_1,\ X_2,\ \cdots,\ X_N) \tag{2-1-13}$$

这个函数关系 f 可能非常简单，也可能非常复杂，取决于测量的性质和精度要求.

例 8 一个随温度变化的电阻的损耗功率 P 取决于电阻两端电压 V、初始电阻 R_0、电阻的温度系数 α 和温度 t. 损耗功率 P 的测量模型可以表示为

$$P = f(V,\ R_0,\ \alpha,\ t) = V^2 \frac{1}{R_0[1 + \alpha(t - t_0)]} \tag{2-1-14}$$

这只是损耗功率 P 的一种可能的计算方法，不同的测量方法可能会有不同的数学模型.

输出量 Y 的输入量（X_1，X_2，$\cdots$，X_N）本身可能取决于其他量，包括修正值和修正因子.

如果数据表明函数 f 没有将测量过程模型化至所需的准确度，则必须在 f 中引入反映对影响被测量现象认识不足的附加输入量. 例如，在测量电阻损耗功率的例子中，可能需要考虑电阻上已知的非均匀温度分布、电阻的非线性温度系数或电阻与大气压力的关系作为附加输入量.

测量模型的建立是一个涉及多方面考量的过程，需要综合考虑所有可能影响测量结果的因素，确保模型能够准确地反映实际测量情况.

式（2-1-13）中每个输入量估计值 x_i 及其标准不确定度 $u(x_i)$ 是由输入量 X_i 的可能值的分布获得的. 这个概率分布可能是根据 X_i 的一系列观测值 $x_{i,k}$ 得到的频率分布，或者也可能是一种先验分布. 标准不确定度分量的 A 类评定根据的是频率分布，而 B 类评定根据的是先验分布.

（2）合成不确定度

当测量结果受多种因素影响形成了若干个不确定度分量时，测量结果 y，作为被测量 Y 的估计值时，其标准不确定度是由输入估计值（x_1，x_2，$\cdots$，x_N）的标准不确定度分量通过适当的方法合成得到的. 这个合成的标准不确定度用 $u_c(y)$ 表示.

合成标准不确定度 $u_c(y)$ 是通过合成方差 $u_c^2(y)$ 的正平方根计算出来的，公式如下：

$$u_c^2(y) = \sum_{i=1}^{N} \left(\frac{\partial f}{\partial x_i} \right)^2 u^2(x_i) \tag{2-1-15}$$

其中，f 是函数关系，每个 $u(x_i)$ 是根据 A 类或 B 类评定方法评定的标准不确定度. 公式中的偏导数 $\left(\dfrac{\partial f}{\partial x_i} \right)$ 在（$X_i = x_i$）时评定，常被称为灵敏系数. 这些系数描述了输出量估计值 y 如何随输入估计值（x_1，x_2，$\cdots$，x_N）的变化而变化. 特别是，由估计值 x_i 的标准不确定度引起的 y 的变化可以表示为 $\dfrac{\partial f}{\partial x_i} u(x_i)$.

合成方差 $u_c^2(y)$ 可以看作各项之和，每一项代表了由每一个输入量估计值 x_i 相关联的估计方差产生的输出量估计值 y 的估计方差. 式（2-1-15）也被称为不确定度传递律. 常用函数的不确定度传递（合成）公式见表 2-1-3.

表 2-1-3　常用函数的不确定度传递（合成）公式

函数表达式	传递（合成）公式
$W = x \pm y$	$U_W = \sqrt{U_x^2 + U_y^2}$
$W = x \cdot y$	$\dfrac{U_W}{W} = \sqrt{\left(\dfrac{U_x}{x} \right)^2 + \left(\dfrac{U_y}{y} \right)^2}$
$W = x/y$	$\dfrac{U_W}{W} = \sqrt{\left(\dfrac{U_x}{x} \right)^2 + \left(\dfrac{U_y}{y} \right)^2}$

函数表达式	传递（合成）公式
$W = \dfrac{x^k y^n}{z^m}$	$\dfrac{U_W}{W} = \sqrt{k^2 \left(\dfrac{U_x}{x}\right)^2 + n^2 \left(\dfrac{U_y}{y}\right)^2 + m^2 \left(\dfrac{U_z}{z}\right)^2}$
$W = kx$	$U_W = kU_x, \quad \dfrac{U_W}{W} = \dfrac{U_x}{x}$
$W = k\sqrt{x}$	$\dfrac{U_W}{W} = \dfrac{1}{2}\dfrac{U_x}{x}$
$W = \sin x$	$U_W = |\cos x| U_x$
$W = \ln x$	$U_W = \dfrac{U_x}{x}$

　　合成标准不确定度的计算涉及识别所有影响测量结果的输入量及其不确定度，并将这些不确定度通过函数关系和统计方法合成为一个总的不确定度. 这要求对测量过程和相关的物理量有深入的了解以及能够适当地应用数学和统计方法. 通过这种方法，可以确保合成的不确定度能够准确地反映测量结果的可靠性和准确性.

　　在处理测量中相关的输入量时，合成不确定度的计算变得更为复杂.

　　在非常特殊的情况下，如果所有的输入估计值都相关，并且相关系数 $r(x_i, x_j) = +1$，则合成标准不确定度 $u_c(y)$ 可以简化为每个输入估计值 (x_i) 的标准不确定度产生的输出估计值 (y) 的变化的和.

　　注：相关系数是衡量两个变量的相互依赖关系的量，它等于这两个变量的协方差与它们的方差的乘积的正平方根之比.

$$r(x_i, x_j) = \frac{s(x_i, x_j)}{s(x_i)s(x_j)}$$

$$s(x_i, x_j) = \frac{1}{n-1}\sum_{m=1}^{n}(x_{im}-\bar{x}_i)(x_{jm}-\bar{x}_j)$$

$$s^2(x_i) = \frac{1}{n-1}\sum_{m=1}^{n}(x_{im}-\bar{x}_i)^2$$

$$s^2(x_j) = \frac{1}{n-1}\sum_{m=1}^{n}(x_{jm}-\bar{x}_j)^2$$

　　总之，当输入量之间存在相关性时，合成不确定度的计算需要考虑这些相关性. 这通常涉及计算输入量之间的协方差以及使用相关系数来评估这些输入量之间的相关程度. 这种情况下的合成不确定度计算比独立输入量的情况更为复杂，需要更细致的数学处理.

例 9　假设有 10 个电阻，每个电阻的标称值为 $(R_i = 1\ 000\ \Omega)$. 这些电阻通过校准，与标准电阻 (R_s) 进行比对，比对的不确定度可以忽略不计. 校准证书给出标准电阻 (R_s) 的不确定度为 $u(R_s) = 100\ \text{m}\Omega$.

当将这些电阻通过电阻可忽略的导线串联起来时，得到的总电阻，即参考电阻 (R_{ref})，的标称值为 10 kΩ. 因此，(R_{ref}) 可以表示为各个电阻 (R_i) 值的总和，即 $\left(R_{ref} = \sum_{i=1}^{10} R_i\right)$.

由于每个电阻的标称值是相互关联的 [相关系数 $r(R_i, R_j) = 1$]，在计算参考电阻 (R_{ref}) 的合成标准不确定度时，需要考虑这种相关性. 在这种情况下，由于每个电阻的偏导数 $\left(\dfrac{\partial R_{ref}}{\partial R_i} = 1\right)$，并且每个电阻的标准不确定度 $[u(R_i)]$ 等于标准电阻器 (R_s) 的不确定度，即 $u(R_i) = u(R_s)$.

因此，参考电阻 (R_{ref}) 的合成标准不确定度 $[u_c(R_{ref})]$ 为所有电阻器不确定度的线性和，即 $u_c(R_{ref}) = \sum_{i=1}^{10} u(R_s) = 10 \times 100 \text{ m}\Omega = 1.0 \ \Omega$.

这个例子说明了在处理相关输入量时合成标准不确定度的计算方法. 由于电阻器的标称值是相互关联的，因此不能单独计算每个电阻器的不确定度，再简单地将它们相加，而是需要考虑它们之间的相关性，通过线性和的方式来计算合成标准不确定度. 这种方法确保了合成不确定度的计算能够准确反映电阻器整体的不确定性.

（3）合成标准不确定度评定方法举例

例 10 一台数字电压表的技术说明书中说明："在仪器校准后的两年内，示值的最大允许误差为 $14 \times 10^{-6} \times$ 读数 $+ 2 \times 10^{-6} \times$ 量程." 在校准后的 20 个月时，在 1 V 量程上测量电压 U，一组独立重复观测值的算术平均值为 $\overline{U} = 0.928\,571$ V，其重复性导致的标准不确定度为 A 类评定得到：$u(\overline{U}) = 12 \ \mu V$，附加修正值 $\Delta \overline{U} = 0$. 求该电压测量结果的合成标准不确定度.

测量模型：
$$y = \overline{U} + \Delta \overline{U}$$

A 类标准不确定度：
$$u(\overline{U}) = 12 \ \mu V$$

B 类标准不确定度：
读数：$U = 0.928\,571$ V，量程 1 V.

区间半宽度：$a = 14 \times 10^{-6} \times 0.928\,571 \text{ V} + 2 \times 10^{-6} \times 1 \text{ V} = 15 \ \mu V$

假设可能值在区间内为均匀分布，置信因子 $k = \sqrt{3}$，则：
$$u(\Delta \overline{U}) = \frac{a}{\sqrt{3}} = \frac{15}{\sqrt{3}} \ \mu V = 8.7 \ \mu V$$

合成标准不确定度：
可以判断两个不确定度分量不相关，则：
$$u_c(U) = \sqrt{u(\overline{U})^2 + u(\Delta \overline{U})^2} = \sqrt{(12 \ \mu V)^2 + (8.7 \ \mu V)^2} \approx 15 \ \mu V$$

所以，电压测量结果为：最佳估计值 0.928 571 V，其合成标准不确定度为 15 μV，其相应的相对合成标准不确定度 $\dfrac{u_c(U)}{U} = 16 \times 10^{-6}$.

4. 自由度和有效自由度

自由度的概念对于理解和计算方差至关重要. 自由度可以定义为在进行计算时可变化的值的数量. 例如, 在计算一组数据的方差时, 自由度是指数据点的总数减去对这些数据施加的限制数量. 具体到 A 类标准不确定度的计算中, 假设我们有一系列的测量数据, 要计算这些数据的标准差. 这里的自由度就是数据点的数量 n 减去 1, 即 $n-1$. 这个 "减 1" 源于我们在计算标准差时使用了这些数据的平均值, 这个平均值本身就是一个限制.

自由度的大小直接影响到对系列测量结果可信度的评估. 自由度越大, 意味着我们有更多的数据点来支持我们的统计推断, 从而使得计算出的标准差更加可靠和有代表性. 当样本量较小时, 使用标准正态分布来估计置信区间可能不够准确. 在这种情况下, t 分布提供了一个更好的替代方案. t 分布的形状取决于样本的自由度——自由度越高, t 分布越接近标准正态分布, 如图 2-1-4 所示.

对有限次测量的结果, 要保持同样的置信概率, 显然要扩大置信区间, 把 u_A 乘以一个大于 1 的 t 因子 $t_P(v)$, 该因子是给定自由度 v 时的 t 值. 要使测量值落在平均值附近, 具有与正态分布相同的置信概率 P, 置信区间要扩大为 $[-t_P u_A, \ t_P u_A]$, $t_P(v)$ 与自由度 v 有关, 如表 2-1-4 所示.

用 n 次独立观测值的算术平均值来估计单个量时, 自由度 v 为 $n-1$; 如果 n 次独立观测值用于确定最小二乘法拟合的直线的斜率和截距两个量, 则它们各自的标准不确定度的自由度都为 $v=n-2$. 对由 n 个数据点拟合 m 个参量值的最小二乘法, 其每个参量的标准不确定度的自由度是 $v=n-m$.

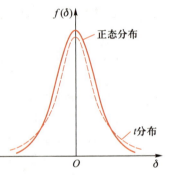

图 2-1-4 t 分布与正态分布

表 2-1-4 t 分布的 $t_P(v)$ 值表 [自由度为 v, 从 $t_P(v)$ 到 $t_P(v)$ 的区间包含了分布的置信概率 P]

自由度 v	P/%					
	68.27	90	95	95.45	99	99.73
1	1.84	6.31	12.71	13.97	63.66	235.80
2	1.32	2.92	4.30	4.53	9.92	19.21
3	1.20	2.35	3.18	3.31	5.84	9.22
4	1.14	2.13	2.78	2.87	4.60	6.62
5	1.11	2.02	2.57	2.65	4.03	5.51
6	1.09	1.94	2.45	2.52	3.71	4.90
7	1.08	1.89	2.36	2.43	3.50	4.53
8	1.07	1.86	2.31	2.37	3.36	4.28

自由度 v	P/%					
	68.27	90	95	95.45	99	99.73
9	1.06	1.83	2.26	2.32	3.25	4.09
10	1.05	1.81	2.23	2.28	3.17	3.96
11	1.05	1.80	2.20	2.25	3.11	3.85
12	1.04	1.78	2.18	2.23	3.05	3.76
13	1.04	1.77	2.16	2.21	3.01	3.69
14	1.04	1.76	2.14	2.20	2.98	3.64
15	1.03	1.75	2.13	2.18	2.95	3.59
16	1.03	1.75	2.12	2.17	2.92	3.54
17	1.03	1.74	2.11	2.16	2.90	3.51
18	1.03	1.73	2.10	2.15	2.88	3.48
19	1.03	1.73	2.09	2.14	2.86	3.45
20	1.03	1.72	2.09	2.13	2.85	3.42
25	1.02	1.71	2.06	2.11	2.79	3.33
30	1.02	1.70	2.04	2.09	2.75	3.27
35	1.01	1.70	2.03	2.07	2.72	3.23
40	1.01	1.68	2.02	2.06	2.70	3.20
45	1.01	1.68	2.01	2.06	2.69	3.18
50	1.01	1.68	2.01	2.05	2.68	3.16
100	1.005	1.66	1.984	2.025	2.626	3.077
∞	1.000	1.645	1.960	2.000	2.576	3.000

表最后一行表明, 对某量 z 可用数学期望为 μ_z、标准差 σ 的正态分布描述; 区间为 $\mu_z \pm k\sigma$, 当 $k = 1$、2 和 3 时, 该区间包含分布的分数 $P = 68.27\%$、95.45% 和 99.73%.

例 11 测量某一长度得到 9 个值: 42.35, 42.45, 42.37, 42.33, 42.30, 42.40, 42.48, 42.35, 42.29 (单位: mm). 求该测量列的平均值、标准差和置信概率为 0.68、0.95、0.99 对应的 A 类不确定度.

解: 由式 (2-1-1) 得到平均值 $\bar{x} = 42.369$ mm. 由式 (2-1-2) 及式 (2-1-3) 得到测量值的标准差 $\sigma = 0.064$ mm. 由式 (2-1-4)、式 (2-1-5) 得到 A 类标准不确定度 $u_A = 0.021$ mm. 测量次数为 9, 对应自由度 $v = 8$, 查表 2-1-4 得不同的置信概率下的 t 因子, 对应的 A 类标准不确定度 $t_P u_A$ 分别为

$$P=0.68, \quad t_{0.68}(8)=1.07, \quad U_{0.68}=1.07\times0.021 \text{ mm}=0.022 \text{ mm}$$
$$P=0.95, \quad t_{0.95}(8)=2.31, \quad U_{0.95}=2.31\times0.021 \text{ mm}=0.048 \text{ mm}$$
$$P=0.99, \quad t_{0.99}(8)=3.36, \quad U_{0.99}=3.36\times0.021 \text{ mm}=0.070 \text{ mm}$$

B 类标准不确定度是基于先验概率分布来估计的，假设由这样评定得到的 $u(x_i)$ 值是准确知道的，如矩形分布得到 $u(x_i)=a/\sqrt{3}$ 被看作一个没有不确定度的常量，表明 B 类标准不确定度的自由度接近 ∞.

如果 $u_c^2(y)$ 是两个或多个估计方差分量的合成，$u_c^2(y)=\sum_{i=1}^{N}\left[c_i u(x_i)\right]^2=\sum_{i=1}^{N}u_i^2(y)$. 当各分量相互独立且输出量接近正态分布或 t 分布时，这个变量的分布可以通过 t 分布来近似，其有效自由度（v_{eff}）可以使用 Welch–Satterthwaite 公式得到：

$$v_{\text{eff}}=\frac{u_c^4(y)}{\sum_{i=1}^{N}u_i^4(y)/v_i} \tag{2-1-16}$$

式中，$u_c^2(y)=\sum_{i=1}^{N}u_i^2(y)$，每个 $u_i^2(y)$ 是通过 $u_i^2(x_i)$ 的合成得到的估计方差分量.

有效自由度的概念用于估计的数据点的独立信息量. 它提供了一个用于近似 t 分布的度量，使得可以通过 t 分布来近似估计置信区间.

5. 扩展不确定度和包含因子

扩展不确定度是用于表示测量结果不确定度的一个重要概念，尤其在商业、工业、法规应用以及涉及健康和安全的场合中极为关键. 扩展不确定度，通常用符号 U（或 U_P）表示，是由合成标准不确定度 $u_c(y)$ 乘以一个包含因子 k（或 k_P）得到的. 包含因子 k（或 k_P）是一个扩大因子，用于生成一个包含大部分可能值的区间. 因此，扩展不确定度 U（或 U_P）可以通过以下公式计算：

$$U_P=k_P\times u_c(y) \tag{2-1-17}$$

在这里，$u_c(y)$ 是合成标准不确定度，根据所要求的置信水平 P 及根据式（2-1-16）计算的有效自由度 v_{eff}，从表 2-1-3 查得 t 因子 $t_P(v_{\text{eff}})$. 如果 v_{eff} 不是整数，可将 v_{eff} 内插或修约到附近的较小的整数. 取 $k_P=t_P(v_{\text{eff}})$，可计算出 $U_P=k_P u_c(y)$.

通常，k 的值选取在 2~3 的范围内，这意味着测量结果的扩展不确定度区间会覆盖被测量值的一个相对较大的概率分布. 然而，在一些特殊的应用中，k 的值可能需要超出这个范围. 选择合适的 k 值需要依赖于对测量过程和结果的深入了解，以及丰富的经验.

在一些情况下，特别是当测量值 y 和其合成标准不确定度 $u_c(y)$ 的概率分布近似正态分布且 $u_c(y)$ 的有效自由度较大时，可以采用较为简便的方法. 例如，如果设定 k 为 2，所形成的区间通常具有约 95% 的置信水平；若设定 k 为 3，则置信水平约为 99%.

6. 不确定度的报告与表示

当报告合成标准不确定度 $u_c(y)$ 的测量结果时, 应遵循一定的指南来确保准确性和透明性, 这些指南如下.

(1) 完整描述被测量 Y: 应提供被测量 Y 的充分描述, 确保其定义明确.

(2) 给出估计值和合成标准不确定度: 应报告被测量 Y 的估计值 y 及其合成标准不确定度 $u_c(y)$, 并确保 y 和 $u_c(y)$ 都以适当的单位给出.

(3) 报告相对标准不确定度: 如果适用, 应当给出相对标准不确定度 $u_c(y)/y$.

(4) 选择提供附加信息: 估计的有效自由度 v_{eff}.

(5) 报告格式: 为避免误解, 最好采用以下方法之一来报告测量结果. 假设被报告的量值是标称值为 100 g 的标准砝码, u_c 为 0.35 mg.

① $m_s = 100.021\ 47$ g, $u_c = 0.35$ mg.

② $m_s = 100.021\ 47(35)$ g, 其中括号中的数是 u_c 的数值, u_c 与说明的结果的最后位对齐.

③ $m_s = 100.021\ 47(0.000\ 35)$ g, 括号中的数是 u_c 的数值, 以所给出结果的单位表示.

注: 以前常用 $m_s = (100.021\ 47 \pm 0.000\ 35)$ g 的形式表示测量结果及其不确定度, 应当尽可能避免使用 ± 号的形式. 现在这种形式已经用于扩展不确定度表示: $Y = y \pm U$, $U = ku_c(y)$.

(6) 当使用扩展不确定度 $U = ku_c(y)$ 报告测量结果时, 应提供被测量 Y 的定义, 说明测量结果为 $Y = y \pm U$, 给出 y 和 U 的单位, 报告获得 U 时所用的 k 值、说明与区间 $y \pm U$ 有关的近似置信水平, 并且提供相关信息的公开文件.

(7) 数值的精确度: 估计值 y 及其标准不确定度 $u_c(y)$ 或扩展不确定度 U 不应给出过多位数的数字, 通常这些值最多保留两位有效数字.

(8) 在报告中详细描述测量过程及其不确定度时, 应包括每个输入量估计值 x_i 及其标准不确定度 $u(x_i)$ 的获取方式、所有相关输入量的估计协方差或相关系数、每个输入量估计值的标准不确定度的自由度以及函数关系 $Y = f(X_1, X_2, \cdots, X_N)$.

总之, 生成不确定度报告和表示的过程中, 需要提供详细、准确和透明的信息, 以便用户能够充分理解测量结果及其不确定度. 这包括明确报告测量值、不确定度的计算方式以及可能影响解读结果的任何其他相关信息.

注: 合成标准不确定度或扩展不确定度, 其有效数字很少超过 2 位数 (中间计算过程的不确定度, 可以多取一位). 带低位数的扩展不确定度不按数据修约规则舍取, 而是直接进位. 测量不确定度的有效位取到测量结果相应的有效位数.

7. 不确定度分析的意义

不确定度表征测量结果的可靠程度, 反映测量的精确度, 也对被测量物体的质量做出某种描述. 假设用球磨机加工一批钢球, 取出一个, 测量其直径为 12.345 mm. 据此, 我们并无法确定这个球 "圆的程度", 更谈不上对这批球 "圆的程度" 以及大小 "均匀度" 进行描述了. 如果我们沿着不同方位多次 (如 10 次) 测量这个球的直径，并计算出它们的平均值及其标准差，得到 12.347(10) mm 这样的结果，我们就可以描述这个球"圆的程度"了；该球直径最可能的值为 12.347 mm，其直径在 12.337 mm 到 12.357 mm 之间的概率约为 68%；或者说，该球直径最可能的值为 12.347 mm，其最大偏差为±0.030 mm. 如果从这批产品中抽取多个样本进行测量，就可以描述这批球的大小"均匀度"了.

人们在接受一项测量任务时，要根据对测量不确定度的要求设计实验方案，选择仪器和实验环境. 在实验过程中和实验后，通过对不确定度大小及其成因的分析，找到影响实验精确度的原因并加以校正. 比如，有一项测量重力加速度的任务，要求不确定度小于 1%，我们可以用最简单的单摆法，但如若要求不确定度小于 0.1%，如果仍采用单摆法，就必须注意到公式 $T=2\pi\sqrt{\dfrac{l}{g}}$ 的近似性，而考虑摆角的高次方、摆线的质量、线长在振动中的变化、空气阻力的影响等诸多因素，而这些因素是难以准确测量的，因此可考虑用物理摆来测量.

历史上不乏科学家精益求精，通过对实验不确定度的分析并不断改进实验做出重大发现的例子. 比如科学家曾通过对氢的相对原子质量实验值不确定度的研究，认定有未知系统误差的存在，最终发现了氢的同位素氘和氚. 19 世纪，许多科学家历经多年实验，排除了多种系统误差，不断提高实验准确度，从而较准确地测定了热功当量值. 这为人类认识能量守恒定律起到了奠基的作用.

注：不确定度均分原理.

每个独立测量的量的不确定度都会对最终结果的不确定度有贡献. 如果已知各测量的量之间的函数关系，可通过式 (2-1-15) 计算不确定度. 以往利用不确定度均分原理，即将测量结果的总不确定度均匀分配到各个分量中，由此分析各物理量的测量方法和使用的仪器，指导实验. 这种方法在手工计算年代是一种简易评估手段. 在当今智能时代，利用式 (2-1-15) 确定各输入量的标准不确定度对结果的贡献，选择合适的仪器（如单摆实验中用数字毫秒计代替秒表）或测量装置参量（如增加摆长）等手段减少不确定度的主要贡献，最终降低测量结果的不确定度，提高测量精度是更加科学的方法.

8. 不确定度评定和表示的程序

可将评定和表示测量结果的不确定度的步骤归纳总结如下.

（1）构建测量模型：$Y=f(X_1, X_2, \cdots, X_N)$，输入量应包括所有对测量结果的不确定度有显著影响的分量的修正值和修正因子.

（2）确定输入量 X_i 的估计值 x_i，如多次测量的平均值、线性拟合的值等.

（3）评定每个输入估计值 x_i 的标准不确定度 $u(x_i)$. 对由一系列观测值的统计分析获得的输入估计值，其不确定度按标准不确定度 A 类评定. 对由其他方法得到的输入估计值，其不确定度 $u(x_i)$ 按标准不确定度的 B 类评定.

（4）通过函数关系 f 计算被测量 Y 的估计值 y.

（5）确定测量结果 y 的合成标准不确定度 $u_c(y)$.

（6）确定扩展不确定度 U_P. 计算有效自由度 v_{eff}，取对应的包含因子 $k_P = t_P(v_{\text{eff}})$，计算 $U_P=k_P u_c(y)$，产生一个具有接近规定的置信水平的区间.

（7）报告测量结果 y 及其合成标准不确定度 $u_c(y)$ 或扩展不确定度 U_P.

注：附录提供了两个更专业的标准不确定度处理的例子，对不确定度有更高要求的专业（如：计量科学、精密机械、航空航天等专业）及感兴趣的同学可以参考.

2.2 常用的数据处理方法

本节相关资源

我们经常通过实验探索两种物理量之间的关系，即把一种物理量当成自变量 x，测量不同的自变量 x_i 所对应的另一种物理量 y_i 的值. 这样便得到了两列测量值：x_1，x_2，$\cdots$，x_n 和 y_1，y_2，$\cdots$，y_n，n 是测量次数. 处理这些数据常用的方法有列表法、作图法、最小二乘法等.

1. 列表法

在记录实验数据时，最好"横平竖直"地列成表，清晰明了，容易反映出数据的规律性，也容易显示问题，列表法应注意以下几点：

（1）忠于实验结果，记录原始数据.

（2）表中应标明物理量及其单位.

（3）多次测量应标出测量序号，表后留出平均值、标准差和 A 类标准不确定度的空位，以便进一步作数据处理.

（4）如果记录两组相关物理量，一般把作为自变量的数据列在上方，把作为因变量的数据对应列在下方，以便反映出物理量之间的内在关联.

（5）如果在一个实验中有两个以上的数据表，最好在每个表上方标记名称.

列表法也是其他数据处理方法的基础.

例 12 若已知半导体热敏电阻与温度的关系为 $R = R_0 e^{B/T}$，R_0 和 B 为待定参量，T 为热力学温度，则 R 和 T 的关系列在表 2-2-1 中.

表 2-2-1 半导体热敏电阻的电阻与温度的关系

温度 $t/℃$	20.0	25.0	30.0	35.0	40.0	45.0	50.0	55.0	60.0	65.0	70.0
电阻 R/Ω	2 198	1 869	1 530	1 267	1 034	890	737	631	536	462	399
T/K	293.2	298.2	303.2	308.2	313.2	318.2	323.2	328.2	333.2	338.2	343.2
$(1/T)/$ $(10^{-3}\ K^{-1})$	3.411	3.353	3.298	3.245	3.193	3.143	3.094	3.047	3.001	2.957	2.914
$\ln(R/\Omega)$	7.695	7.533	7.333	7.144	6.941	6.79	6.60	6.45	6.28	6.14	5.99

2. 作图法

（1）作图法

选取合适的坐标纸，把两组互相关联的物理量的每一对测量值标记成坐标纸上的一个点，用符号"+"表示，称为数据点．然后根据实验的性质，把这些点连成折线，或拟合成直线或曲线，这就是作图法．对于仪器校准曲线，即用高等级仪器校准低等级仪器，可将直角坐标的横轴作为低级表读数，纵轴作为高级表读数与低级表读数之差．把各校准点连成折线，如图 2-2-1 所示.

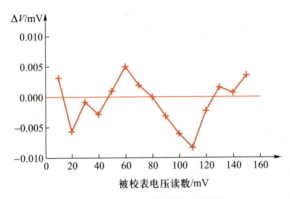

图 2-2-1　电压表的校准曲线

在多数情况下，两个相关物理量之间的关系在一定范围内应是渐变的．因此，应该把各数据点拟合成一条光滑连续的曲线或直线．拟合的原则是最小二乘法，使各数据点（沿纵轴方向）到所拟合的曲线的距离之平方和为最小．根据这个原则，各数据点要均匀分布在曲线的两侧．这是用几何的方法对诸多数据所反映的物理过程的一种"平均化""光滑化"操作．作图法的最大特点是直观.

作图法要注意以下几点：

1）要根据需要选用对应的直角坐标纸、对数坐标纸、半对数坐标纸、极坐标纸等．在直角坐标纸上描述 $V=V_0\mathrm{e}^{-\alpha d}$ 的 V-d 图是一个指数衰减曲线，而在半对数坐标纸上，在对数轴上标记 V，V-d 图就成了一条直线.

2）用数据点拟合非线性关系的曲线时，最好借助云形规（也称曲线板），以使拟合的曲线光滑．随着数据处理软件的普及，手工拟合已经被计算机数据拟合替代.

3）每个图都要在底部或顶部空白处标出图的名称，如"电压表校准曲线""p-V图"等.

4）要画坐标轴，轴上应有标度值，标度值不一定从零开始．习惯上，横轴代表自变量，纵轴代表变量．坐标轴端可画箭头，在箭头外标明该轴所代表的物理量名称及单位（最好都用符号表示，如 $t/℃$）．如果不画箭头，则在轴中部、轴的外侧标记．在纵轴上标记时，应将纸转 90°，即沿着轴的方向书写.

5）各数据点到所拟合的曲线（沿纵轴方向）的距离之平方和应为最小．测量值都有误差，把纵轴所代表的物理量的测量值及其误差用一定长的直线段标在图上是有好处的．这个小线段称为误差杆，杆的中心点对应于测量值，误差杆用"Ɪ""Ɨ"

"⌐" 等表示，其长度代表该测量值的误差范围 $\pm\Delta y_i$. 有时用"误差矩形"标出 Δx_i 和 Δy_i.

例 13 在验证 $V=V_0\mathrm{e}^{-\alpha d}$ 关系并求 α 值的实验中，得到如表 2-2-2 的数据. V 为直流电压，d 为厚度，ΔV 为测量值的误差. 按数字多用表说明书，$\Delta V = 0.04 \times$ 读数 + 末位的 10 个单位. 作 V-d 图.

表 2-2-2

$d/\mu m$	25	50	75	100	125	150	175
V/V	44.26	37.71	31.19	25.79	20.90	18.36	15.00
$\Delta V/V$	1.9	1.6	1.3	1.1	0.9	0.8	0.6

解： 图 2-2-2 描述了 V-d 关系，各点误差杆长度 $\pm\Delta V$ 不相等. 假设测量时误把 31.19 记为 37.19，则作图时会发现有 6 个点可以很好地拟合成一条指数衰减曲线，唯有 (75, 37.19) 这个点有较大偏差. 而若考虑这个点，就无法很好地拟合其他的点. 是否可以舍弃这个点呢？当然，严格地讲应重做实验，但有时无法或没必要重做，我们可以参照不确定度理论中剔除坏值的 3σ 原则来处理. 如果这个点到按其他点所拟合的曲线（沿纵轴方向）的距离大于 3 倍 ΔV（即 1.5 倍误差杆的长度），就可以舍弃该点. 不画误差杆则难以判断. 要注意，曲线拟合是对多组数据统计意义下的操作，若一共只有三四个点，就不能草率地舍弃任何一点了. 从图中可以看出，各数据点误差杆长度不同. 但如果作 $\ln V$-d 图，则纵坐标轴误差杆长度为 $2\dfrac{\Delta V}{V}$，对所有数据点，均近似相等，为 0.08. 可见误差杆长度与坐标选取有关.

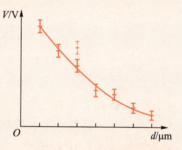

图 2-2-2　V-d 关系图

（2）作图法解实验方程

为简单起见，若数据点拟合成一条直线，则可以进一步求出反映该实验物理规律的解析方程——线性方程. 线性方程的一般形式为

$$y = mx + b \qquad (2\text{-}2\text{-}1)$$

参量 m 为直线的斜率，b 为直线在 y 轴上的截距.

测定某种金属的电阻温度系数实验数据如表 2-2-3，温度计与电阻测量系统的示值标准差分别是 0.3 ℃和 0.10 Ω. R-θ 图为一直线（图 2-2-3）. 在直线上选取两个相距较远的点 (x_1, y_1) 和 (x_2, y_2)，如 (20.0, 32.67) 和 (60.0, 38.55)，则

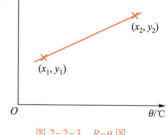

图 2-2-3　R-θ 图

表 2-2-3　某种金属的电阻温度系数实验数据

$\theta/℃$	18.3	30.4	38.3	52.3	62.2
R/Ω	32.55	34.40	35.25	37.15	39.00

$$m = (y_2 - y_1)/(x_2 - x_1) \qquad (2\text{-}2\text{-}2)$$
$$b = (y_1 x_2 - y_2 x_1)/(x_2 - x_1) = y_2 - m x_2 \qquad (2\text{-}2\text{-}3)$$

从图中所选的两个点，我们得到

$$m = \frac{38.55 - 32.67}{60.0 - 20.0} \ \Omega/{}^{\circ}\text{C} = 0.147 \ \Omega/{}^{\circ}\text{C}$$

$$b = (38.55 - 0.147 \times 60.0) \ \Omega = 29.73 \ \Omega$$

作图法求解实验方程，其参量的不确定度与所有测量数据的不确定度都有关，也与坐标纸的种类、大小以及作图者自身的因素有关，如果坐标纸足够大，并忽略描点和作图的误差，则由仪器示值偏差引起的方程参量的不确定度可由式（2-1-15）求得：

$$\frac{\Delta m}{m} = \sqrt{\frac{2(\Delta X)^2}{(X_n - X_1)^2} + \frac{2(\Delta Y)^2}{(Y_n - Y_1)^2}}$$

$$\Delta b = \Delta m \sqrt{(X_n^2 + X_1^2)/2}$$

式中，$\overline{(\Delta X)^2} = \dfrac{1}{n} \sum (\Delta X_i)^2$，$\overline{(\Delta Y)^2} = \dfrac{1}{n} \sum (\Delta Y_i)^2$，电阻温度系数的相对不确定度

$\dfrac{\Delta m}{m} = 0.024$，$\Delta m = 0.003\,5$，故

$$m = 0.147\,0(35) \ \Omega/{}^{\circ}\text{C}$$

$$\Delta b = 0.18 \ \Omega$$

（3）曲线的改直

对一些不是线性关系的物理规律，拟合曲线有一点麻烦。另外，由曲线求解实验方程的参量也比较困难。有时可以通过坐标变换，把曲线改成直线，就容易处理了。

① 幂函数 $y = ax^b$：方程两边取对数，得到 $\lg y = \lg a + b \lg x$ 在直角坐标纸上作 $\lg y\text{-}x$ 图，或在双对数纸上作 $y\text{-}x$ 图，其直线斜率即 b，截距为 $\lg a$（或 a）。

② 指数函数 $y = ae^{bx}$：取自然对数得 $\ln y = \ln a + bx$ 在直角坐标纸上作 $\ln y\text{-}x$ 图，斜率即 b，若用半对数纸，因坐标刻度是常用对数，等效于

$$\lg y = \lg a + \lg e \cdot bx = \lg a + 0.43bx$$

斜率为 $0.43b$。

③ 双曲线 $I\omega = a$（a 为常量）：$I - \dfrac{1}{\omega}$ 图为直线，斜率为 a。

④ 二次函数 $s = v_0 t + \dfrac{1}{2} at^2$：把它改成 $\dfrac{s}{t} = v_0 + \dfrac{1}{2} at$，则 $\dfrac{s}{t}\text{-}t$ 为一直线，斜率为 $\dfrac{1}{2}a$，截距为 v_0。

3. 最小二乘法（应用于线性回归）

以直线方程为例，确定了斜率和截距也就确定了直线。所以线性回归（线性拟

合）就是由实验数据组 (x_i, y_i) 确定 m 和 b 的过程. 最小二乘法认为：若最佳拟合的直线为 $Y=f(x)$, 则所测各 y_i 值与拟合直线上相应的点 $Y_i=f(x_i)$ 之间的偏离的平方和为最小, 即

$$s = \sum (y_i - Y_i)^2 \text{ 最小} \tag{2-2-4}$$

为讨论简便, 不妨假设 x 值是准确的, 所有的误差都体现在 y 上, 将直线方程代入式 (2-2-4), 得

$$s(m, b) = \sum [y_i - (mx_i + b)]^2 \text{ 最小}$$

所以 m 和 b 应是下列方程组的解：

$$\begin{cases} \dfrac{\partial s}{\partial m} = -2 \sum [(y_i - mx_i - b)x_i] = 0 \\ \dfrac{\partial s}{\partial b} = -2 \sum (y_i - mx_i - b) = 0 \end{cases} \tag{2-2-5}$$

即

$$\begin{cases} \sum (y_i x_i) - m \sum x_i^2 - b \sum x_i = 0 \\ \sum y_i - m \sum x_i - nb = 0 \end{cases} \tag{2-2-6}$$

解得

$$m = \frac{n \sum (x_i y_i) - \sum x_i \sum y_i}{n \sum x_i^2 - (\sum x_i)^2} = \frac{l_{xy}}{l_{xx}} \tag{2-2-7}$$

$$b = \sum y_i / n - m \sum x_i / n = \bar{y} - m \bar{x} \tag{2-2-8}$$

式中

$$l_{xy} = \sum (x_i y_i) - \frac{1}{n} \sum x_i \sum y_i = n(\overline{xy} - \bar{x} \cdot \bar{y}) \tag{2-2-9}$$

$$l_{xx} = \sum x_i^2 - \frac{1}{n} (\sum x_i)^2 = n(\overline{x^2} - \bar{x}^2) \tag{2-2-10}$$

$$\bar{x} = \sum x_i / n, \quad \overline{x^2} = \frac{\sum x_i^2}{n} \tag{2-2-11}$$

$$\bar{y} = \sum y_i / n, \quad \overline{y^2} = \frac{\sum y_i^2}{n} \tag{2-2-12}$$

为了检验线性拟合的好坏, 定义相关系数

$$r = l_{xy} / \sqrt{l_{xx} \cdot l_{yy}} = \frac{\overline{xy} - \bar{x} \cdot \bar{y}}{\sqrt{(\overline{x^2} - \bar{x}^2)(\overline{y^2} - \bar{y}^2)}} \tag{2-2-13}$$

其中 $l_{yy} = \sum y_i^2 - \dfrac{1}{n}(\sum y_i)^2$, r 值越接近 1, x 和 y 的线性关系越好.

可以证明, 斜率 m 的标准差为

$$s_m = \sqrt{\left(\frac{1}{r^2} - 1\right) \Big/ (n-2)} \cdot m \tag{2-2-14}$$

截距 b 的标准差为

$$s_b = \sqrt{\overline{x^2}} \cdot s_m \tag{2-2-15}$$

我们以本节中"作图法解实验方程"中金属电阻温度系数实验为例，计算得出

$$m = 0.143 \ \Omega/^{\circ}C$$
$$b = 29.91 \ \Omega$$
$$r = 0.997 \ 302 \ 426$$
$$s_m/m = 0.042 \quad \text{或} \quad s_m = 0.006 \ 0 \ \Omega/^{\circ}C$$
$$s_b = 0.26 \ \Omega$$

所以有

$$m = 0.143 \ 0(60) \ \Omega/^{\circ}C$$
$$b = 29.91(26) \ \Omega$$

注意计算器上显示出相关系数 r 后，不要四舍五入，而直接按式（2-2-14）求 s_m，否则误差会很大. 通过简单操作，计算器会显示出 m、b 以及 $\sum x_i^2$ 的数值. 用计算器进行线性拟合非常方便，但不如作图法直观. 如果有个别数据是坏值，用作图法可以看得很清楚并可剔除它；而用最小二乘法就会带来很大的偏差. 两全的办法是先作图，拟合直线，然后用最小二乘法求解实验方程的参量并计算其误差. 这种计算没有考虑测量值的误差，与坐标纸的大小以及作图者的技能都无关，只反映实验数据的相关程度.

对于指数函数、对数函数和幂函数的最小二乘法拟合，可通过变量替换，使之成为线性关系，再进行拟合；也可用计算器进行相应的回归操作，直接求解实验方程，得到有关参量及其误差. 现在市场上很多函数计算器具有函数回归功能，操作很方便

当自变量等间隔变化，而两个物理量之间又呈线性关系时，还可采用逐差法处理. 由于逐差法未充分利用测量数据，计算机处理数据时，多采用最小二乘法.

利用计算机软件（Origin，MATLAB，Mathematica 等）可以方便快捷地处理实验数据、作图、拟合、计算结果及其标准差等. 相关软件的使用参见本节附录.

随着视频追踪技术的应用，一些高速或无规则运动的实验也可以在教学实验中开展. 应用手机、高速摄像机等设备采集动态视频，再利用视频追踪技术确定每帧图像中物体的运动轨迹，进而可以进行速度测量，研究物体的动力学过程.

4. 思考题

（1）用米尺对一根铜管的长度 l 进行 9 次测量，数据如下（单位：mm）：31.58、31.57、31.55、31.56、31.59、31.56、31.54、31.57、31.57，假设所用米尺的示值误差限（最大允差为 3 倍标准差）$\Delta_l = 0.8$ mm. 求测量模型、平均值、测量列标准差 σ、测量列的 A 类标准不确定度 u、合成标准不确定度 $U_c(l)$ 以及 $P = 0.95$ 和 $P = 0.99$ 的扩展不确定度 U_P.

（2）位移法测凸透镜焦距所用公式为

$$f = \frac{L^2 - l^2}{4L}$$

求测量结果标准差和最大不确定度表达式.

（3）金属丝长度与温度关系为 $L=L_0(1+\alpha t)$，其中 α 为线膨胀系数，测量数据如表 2-2-4 所示，试用作图法和线性回归法求出 α 的值，并分析其不确定度.

表 2-2-4

$t/℃$	10.0	15.0	20.0	25.0	30.0	35.0	40.0	45.0
L/mm	1 003	1 005	1 008	1 010	1 014	1 016	1 018	1 021

（4）在第 30 届国际物理奥林匹克竞赛（1999 年，意大利）中，实验研究物理摆质量分布与摆动周期的关系. 物理摆由一个套管（质量为 m_1）和插入其内并可移动的金属杆（质量 m_2）组成. 已知公式为

$$\frac{k}{4\pi^2}T^2(x)-m_2x^2=-m_2lx+\left(I_1+\frac{m_2}{3}l^2\right)$$

式中，自变量 x 为距离，因变量 T 为周期，m_2 为已知质量，k 为已知常量. 改变 x 得到一系列 T 值. 根据以上表达式，如何求出 l 和 l_1 的值？

参考资料

5. 附录——端度量块的校准

（1）测量问题

一个标称值 50 mm 的端度量块，其长度是通过比较它和已知标准量块（具备相同的标称长度）的长度得到的. 两个量块比较的直接输出是它们的长度差 d：

$$d=l(1+\alpha\theta)-l_s(1+\alpha_s\theta_s) \tag{2-2-16}$$

式中，l 为被测量，即被校准量块在 20 ℃时的长度；l_s 为校准证书上给出的 20 ℃条件下标准量块的长度；α 和 α_s 分别为被校准量块和标准量块的热膨胀系数；θ 和 θ_s 分别为被校准量块和标准量块温度相对于 20 ℃参考温度的偏差.

（2）测量模型

被测量可由式（2-2-17）给出：

$$l=l_s+d+l_s(\alpha_s\theta_s-\alpha\theta)+\cdots \tag{2-2-17}$$

若把被校准量块和标准量块的温差表示为 $\delta\theta=\theta-\theta_s$，热膨胀系数差表示为 $\delta\alpha=\alpha-\alpha_s$，式（2-2-17）变为

$$l=f(l_s,\ d,\ \alpha_s,\ \theta,\ \delta\alpha,\ \delta\theta)=l_s+d-l_s(\delta\alpha\cdot\theta+\alpha_s\cdot\delta\theta) \tag{2-2-18}$$

差值 $\delta\theta$ 和 $\delta\alpha$ 估计值为 0，但它们的不确定度不为零；假设 $\delta\alpha$，α_s，$\delta\theta$ 和 θ 不相关（如果被测量用变量 θ，θ_s，α 和 α_s 表示，就必须考虑 θ 与 θ_s 之间及 α 与 α_s 之间的相关性）.

被测量 l 的估计值可以简单地表示为 $l_s+\bar{d}$，其中 l_s 是校准证书上给出的 20 ℃条件下的标准量块长度，$\bar{d}$ 是 d 的估计值，是 $n=5$ 次独立重复观测的算术平均值. 由式（2-1-15）和式（2-2-18）可以得到 l 的合成标准不确定度 $u_c(l)$，下面将进行

讨论.

（3）有贡献的方差

假设 $\delta\alpha = 0$，$\delta\theta = 0$，可以得到

$$u_c^2(l) = c_{l_s^2}u^2(l_s) + c_{d^2}u^2(d) + c_{\alpha_s^2}u^2(\alpha_s) + c_{\theta^2}u^2(\theta) + c_{\delta\alpha^2}u^2(\delta\alpha) + c_{\delta\theta^2}u^2(\delta\theta)$$

$$(2-2-19)$$

其中

$$c_{l_s} = \partial f/\partial l_s = 1 - (\delta\alpha \cdot \theta + \alpha_s \cdot \delta\theta) = 1$$
$$c_d = \partial f/\partial d = 1$$
$$c_{\alpha_s} = \partial f/\partial \alpha_s = -l_s\delta\theta = 0$$
$$c_\theta = \partial f/\partial \theta = -l_s\delta\alpha = 0$$
$$c_{\delta\alpha} = \partial f/\partial \delta_\alpha = -l_s\theta$$
$$c_{\delta\theta} = \partial f/\partial \delta\theta = -l_s\alpha_s$$

因此

$$u_c^2(l) = u^2(l_s) + u^2(d) + l_{s^2}\theta^2 u^2(\delta\alpha) + l_{s^2}\alpha_s^2 u^2(\delta\theta) \tag{2-2-20}$$

（4）标准量块校准引入的不确定度 $u(l_s)$

校准证书给出了标准量块的扩展不确定度 $U = 0.075~\mu m$，包含因子 $k = 3$，那么标准不确定度为

$$u(l_s) = (0.075~\mu m)/3 = 25~nm$$

（5）测得的长度差引入的不确定度 $u(d)$

在规范化常规测量和单次测量的 A 类标准不确定度小节中说明利用合并实验标准差求有限次测量的标准不确定度. 在本次测量前，曾对两个标准量块的长度差进行 25 次独立重复观测的变异性来确定表征 l 与 l_s 比较时的合并实验标准差，得到其值为 13 nm. 在本次测量中进行了 5 次重复观测，则 5 次读数的算术平均值的标准不确定度为

$$u(\bar{d}) = s(\bar{d}) = (13~nm)/\sqrt{5} = 5.8~nm$$

注：当然，也可以用 5 次观测值通过式（2-1-5）计算标准不确定度，如果只测量一次，其标准不确定度为 13 nm.

根据比较 l 和 l_s 所用的比较仪的校准证书，由于"随机误差"引起的不确定度为 $\pm 0.01~\mu m$，其置信水平为 95%，并由 6 次重复测量得到；这样，对于自由度 $v = 6-1 = 5$，使用 t 因子 $t_{0.95}(5) = 2.57$，得到标准不确定度为

$$u(d_1) = (0.01~\mu m)/2.57 = 3.9~nm$$

校准证书上给出的由于"系统误差"引起的比较仪的不确定度按三倍标准差计为 $0.02~\mu m$，由此引入的标准不确定度为

$$u(d_2) = (0.02~\mu m)/3 = 6.7~nm$$

由估计方差的和得到总的贡献

$$u^2(d) = u^2(\bar{d}) + u^2(d_1) + u^2(d_2) = 93~nm^2$$

或 $u(d) = 9.7~nm$.

（6）热膨胀系数引入的不确定度 $u(\alpha_s)$

标准量块的热膨胀系数为 $\alpha_s = 11.5 \times 10^{-6}\ {}^{\circ}\!C^{-1}$，其不确定性呈矩形分布，区间为 $\pm 2 \times 10^{-6}\ {}^{\circ}\!C^{-1}$，则标准不确定度为

$$u(\alpha_s) = (2 \times 10^{-6}\ {}^{\circ}\!C^{-1})/\sqrt{3} = 1.2 \times 10^{-6}\ {}^{\circ}\!C^{-1}$$

$c_{\alpha_s} = 0$，说明该量对 l 的不确定度不引入一阶贡献，但具有二阶贡献.

（7）量块温度偏差引入的不确定度

报告给出的测试台温度为 $(19.9 \pm 0.5)\ {}^{\circ}\!C$，单次观测时的温度没有记录，说明温度的最大偏差为 $\Delta = 0.5\ {}^{\circ}\!C$，也就是说，在热作用系统下温度的近似周期性变化的幅度为 $0.5\ {}^{\circ}\!C$，这个数值不是平均温度的不确定度，平均温度的偏差值为

$$\bar{\theta} = 19.9\ {}^{\circ}\!C - 20\ {}^{\circ}\!C = -0.1\ {}^{\circ}\!C$$

由于测试台的平均温度的不确定性引起的 $\bar{\theta}$ 的标准不确定度为

$$u(\bar{\theta}) = 0.2\ {}^{\circ}\!C$$

当温度随时间周期变化，将产生温度的 U 形（反正弦）分布，引入的标准不确定度为

$$u(\Delta) = (0.5\ {}^{\circ}\!C)/\sqrt{2} = 0.35\ {}^{\circ}\!C$$

温度偏差 θ 可取为等于 $\bar{\theta}$，则 θ 的标准不确定度为

$$u^2(\theta) = u^2(\bar{\theta}) + u^2(\Delta) = 0.162\,5\ {}^{\circ}\!C^2$$

可得到，$u(\theta) = 0.40\ {}^{\circ}\!C$. $c_\theta = 0$，这一不确定度也对 l 的不确定度不引入一阶贡献，但具有二阶贡献.

标准不确定度分量汇总表见表 2-2-5.

表 2-2-5　标准不确定度分量汇总表

标准不确定度分量 $u(x_i)$	不确定度来源	标准不确定度值 $u(x_i)$	$c_i \equiv \partial f / \partial x$	$u_i(l) \equiv \lvert c_i \rvert u(x_i)$ /nm	自由度
$u(l_s)$	标准量块的校准	25 nm	1	25	18
$u(d)$	测得的量块间的差值	9.7 nm	1	9.7	25.6
$u(\bar{d})$	重复观测	5.8 nm			24
$u(d_1)$	比较仪的随机影响	3.9 nm			5
$u(d_2)$	比较仪的系统影响	6.7 nm			8
$u(\alpha_s)$	标准量块的热膨胀系数	$1.2 \times 10^{-6}\ {}^{\circ}\!C^{-1}$	0	0	
$u(\theta)$	测试台的温度	$0.41\ {}^{\circ}\!C$	0	0	
$u(\bar{\theta})$	测试台的平均温度	$0.2\ {}^{\circ}\!C$			
$u(\Delta)$	室温的周期变化	$0.35\ {}^{\circ}\!C$			
$u(\delta\alpha)$	量块膨胀系数的差异	$0.58 \times 10^{-6}\ {}^{\circ}\!C^{-1}$	$-l_s\theta$	2.9	50
$u(\delta\theta)$	量块的温度差异	$0.029\ {}^{\circ}\!C$	$-l_s\alpha_s$	16.6	2

$$u_c^2(l) = \sum u_i^2(l) = 1\,002\ \text{nm}^2$$

$$u_c(l) = 32\ \text{nm}$$

$$v_{\text{eff}}(l) = 16$$

（8）膨胀系数差异引入的不确定度 $u(\delta\alpha)$

$\delta\alpha$ 的变异性估计限为 $\pm 1\times 10^{-6}$ ℃$^{-1}$，$\delta\alpha$ 的任意值以等概率落在此范围内，其标准不确定度为

$$u(\delta\alpha) = (1\times 10^{-6} \text{ ℃}^{-1})/\sqrt{3} = 0.58\times 10^{-6} \text{ ℃}^{-1}$$

（9）量块的温度差引入的不确定度 $u(\delta\theta)$

标准量块和被校准量块被认为是在同一温度下，但实际上存在着温度差，温度差以等概率落在估计区间 -0.05 ℃到 0.05 ℃内，则标准不确定度为

$$u(\delta\theta) = (0.05 \text{ ℃})/\sqrt{3} = 0.029 \text{ ℃}$$

（10）合成标准不确定度

计算合成标准不确定度 $u_c(l)$，代入所有分项可以得到

$$u_c^2(l) = (25 \text{ nm})^2 + (9.7 \text{ nm})^2 + (0.05 \text{ m})^2\times(-0.1 \text{ ℃})^2\times(0.58\times 10^{-6} \text{ ℃}^{-1})^2 +$$
$$(0.05 \text{ m})^2\times(11.5\times 10^{-6} \text{ ℃}^{-1})^2\times(0.029 \text{ ℃})^2$$
$$= (25 \text{ nm})^2 + (9.7 \text{ nm})^2 + (2.9 \text{ nm})^2 + (16.7 \text{ nm})^2 = 1\,006 \text{ nm}^2$$

或 $$u_c(l) = 32 \text{ nm} \tag{2-2-21}$$

很明显，不确定度的主要分量是标准量块的不确定度 $u(l_s) = 25$ nm.

（11）最终结果

校准证书给出了标准量块 20 ℃时的长度为 $l_s = 50.000\,623$ mm. 被测量块和标准量块的长度差的 5 次重复观测结果的算术平均值 $\bar{d}$ 为 215 nm. $l = l_s + \bar{d}$，则被测量块的长度在 20 ℃时为 50.000 838 mm.

测量的最终结果可以表示为

$$l = 50.000\,838 \text{ mm}$$

合成标准不确定度

$$u_c = 32 \text{ nm}$$

相应的相对合成标准不确定度为

$$u_c(l)/l = 6.4\times 10^{-7}$$

参考资料

6. 附录——温度计的校准

根据测量的需要，研究人员经常参照某种材料物性随温度的变化关系，设计、制备测温装置，制备完成的温度计需与标准测温设备进行校准，对其测温精度进行评价后才能准确使用. 本例说明了使用最小二乘法获取线性校准曲线，以及如何用拟合的参量：截距、斜率和它们的估计方差与协方差，由曲线获得修正值及其标准不确定度.

（1）测量问题

设计制备完成的温度计与已知的参考温度相比较的方法进行校准. 温度计的温度读数为 t_k，进行了 11 次读数，每个读数的不确定度可忽略，相应的已知参考温度

为 $t_{R,k}$，其温度范围为 21 ℃ 到 27 ℃，由此获得读数的修正量为 $b_k = t_{R,k} - t_k$，测得的修正量 b_k 和测得的温度 t_k 是输入量．用最小二乘法对测得的修正值和温度拟合成下式中的直线：

$$b(t) = y_1 + y_2(t - t_0) \tag{2-2-22}$$

式中，参量 y_1 和 y_2 分别代表了校准曲线的截距和斜率．温度 t_0 是准确的参考温度．一旦获得 y_1 和 y_2 以及它们的估计方差和协方差，式（2-2-22）可用于预测温度计任意一个温度值 t 的修正值和修正值的标准不确定度．

（2）最小二乘法拟合

所有测量点与拟合的直线上的对应点的 y 值的差的平方和为 s，见式（2-2-23）：

$$s = \sum_{k=1}^{n} \left[b_k - y_1 - y_2(t_k - t_0) \right]^2 \tag{2-2-23}$$

根据之前的公式可以求出 y_1 和 y_2 及它们的实验方差 $s^2(y_1)$ 和 $s^2(y_2)$，相关系数 $r(y_1, y_2) = \dfrac{s(y_1, y_2)}{s(y_1)s(y_2)}$，其中 $s(y_1, y_2)$ 是估计的协方差．

$$y_1 = \frac{\sum b_k \sum \theta_k^2 - \sum \theta_k \sum b_k \theta_k}{D} \tag{2-2-24}$$

$$y_2 = \frac{n \sum b_k \theta_k - \sum \theta_k \sum b_k}{D} \tag{2-2-25}$$

$$s^2(y_1) = \frac{s^2 \sum \theta_k^2}{D} \tag{2-2-26}$$

$$s^2(y_2) = n \frac{s^2}{D} \tag{2-2-27}$$

$$r(y_1, y_2) = \frac{\sum \theta_k}{\sqrt{n \sum \theta_k^2}} \tag{2-2-28}$$

$$s^2 = \frac{\sum \left[b_k - b(t_k) \right]^2}{n-2} \tag{2-2-29}$$

$$D = n \sum \theta_k^2 - (\sum \theta_k)^2 = n \sum (t_k - \bar{t})^2 \tag{2-2-30}$$

式中，所有的求和都是从 $k=1$ 到 n，$\theta_k = t_k - t_0$，$\bar{\theta} = \dfrac{\sum \theta_k}{n}$，并且 $\bar{t} = \dfrac{\sum t_k}{n}$；$b_k - b(t_k)$ 是在 t_k 温度时测得或观测到的修正值 b_k 与拟合曲线 $b(t) = y_1 + y_2(t - t_0)$ 上在 t_k 时预示的修正值 $b(t_k)$ 之间的差值；方差 s^2 是总的拟合的不确定度的度量，其中因子 $n-2$ 反映了这样一个事实，即由 n 次观测确定两个参量 y_1 和 y_2，s^2 的自由度为 $v = n - 2$．

（3）结果计算

被拟合的观测数据在表 2-2-6 的第二列和第三列给出，取 $t_0 = 20$ ℃ 作为参考温度，可以得到：

$$y_1 = -0.171\ 2\ ℃,\ s(y_1) = 0.002\ 9\ ℃$$
$$y_2 = 0.002\ 18,\ s(y_2) = 0.000\ 67$$
$$r(y_1, y_2) = -0.930,\ s = 0.003\ 5\ ℃$$

斜率 y_2 比其标准不确定度大了 3 倍还多，说明需要一个校准曲线，而不是用一个固定的平均修正值.

表 2-2-6　用最小二乘法得到温度计线性校准曲线时所用的数据

读数序号 k	温度计的读数 $t_k/℃$	观测的修正值 $b_k(=t_{R,k}-t_k)/℃$	预计的修正值 $b(t_k)/℃$	观测值与预计的修正值之差 $[b_k-b(t_k)]/℃$
1	21.521	−0.171	−0.167 9	−0.003 1
2	22.012	−0.169	−0.166 8	−0.002 2
3	22.512	−0.166	−0.165 7	−0.000 3
4	23.003	−0.159	−0.164 6	+0.005 6
5	23.507	−0.164	−0.163 5	−0.000 5
6	23.999	−0.165	−0.162 5	−0.002 5
7	24.513	−0.156	−0.161 4	+0.005 4
8	25.002	−0.157	−0.160 3	+0.003 3
9	25.503	−0.159	−0.159 2	+0.000 2
10	26.010	−0.161	−0.158 1	−0.002 9
11	26.511	−0.160	−0.157 0	−0.003 0

校准曲线可表示为

$$b(t)=-0.171\ 2(29)\ ℃+0.002\ 18(67)(t-20\ ℃) \qquad (2\text{-}2\text{-}31)$$

式中，括号内的数字是标准不确定度数值，与所说明的截距和斜率的结果的最后位数字相对齐，这一公式给出了修正量 $b(t)$ 在任意温度点 t 上的预计值，特别是 $t=t_k$ 时的值 $b(t_k)$，表的第四列给出了这些值. 最后一列给出了测得值与预计值之间的差值 $b_k-b(t_k)$，这些差值的分析可用于检查线性模型的有效性.

（4）预计值的不确定度

修正值的预计值的合成标准不确定度的表达式可由不确定度传播律计算得到.

注意：$b(t)=f(y_1,\ y_2)$，且 $u(y_1)=s(y_1)$，$u(y_2)=s(y_2)$.

$$u_c^2[b(t)]=u^2(y_1)+(t-t_0)^2\,u^2(y_2)+2(t-t_0)u(y_1)u(y_2)r(y_1,\ y_2)$$

$$(2\text{-}2\text{-}32)$$

估计方差 $u_c^2[b(t)]$ 在 $t_{min}=t_0-\dfrac{u(y_1)r(y_1,\ y_2)}{u(y_2)}$ 时为最小，此时 $t_{min}=24.008\ 5\ ℃$.

要求在 $t=30\ ℃$ 时的温度计修正值及其不确定度，但这个温度是在温度计实际校准温度的范围外. 将 $t=30\ ℃$ 代入式（2-2-31）有 $b(30\ ℃)=-0.149\ 4\ ℃$，而式（2-2-32）变为

$$u_c^2[b(30\ ℃)]=(0.002\ 9\ ℃)^2+(10\ ℃)^2\times(0.000\ 67)^2+$$
$$2\times(10\ ℃)\times(0.002\ 9\ ℃)\times(0.000\ 67)\times(-0.930)$$
$$=17.1\times10^{-6}(℃)^2$$

或

$$u_c[\,b(30\ ℃)\,] = 0.004\ 1\ ℃$$

这样，30 ℃时的修正值为$-0.149\ 4\ ℃$，其合成标准不确定度$u_c = 0.004\ 1\ ℃$，自由度$v = n-2 = 9$.

参考资料

2.3 常用数据处理软件简介

在大学物理实验中，实验数据是学生分析实验现象、探索实验规律的基础，实验数据和图像的处理是物理实验的一个重要组成部分. 在传统的物理实验教学中，实验数据的处理一般采用手工制表、手工计算、坐标纸上作图的方法. 当实验数据量较大时，手工数据处理会耗费学生大量的时间和精力，并且很容易出现失误，极大消耗了学生学习的激情和乐趣. 随着实验设备的现代化和数字化，利用计算机处理实验数据变得越来越普遍，已成为一种必不可少的数据处理手段. 在大学物理实验的数据处理中，如误差分析、曲线拟合、作图等，都可以采用计算机数据处理软件辅助学生进行实验数据处理. 计算机的快速和准确可以使学生从繁重的工作中解放出来，大大提高学习的效率和热情，也有利于提升学生的综合能力.

在大学物理实验数据处理中，Excel、Origin 和 MATLAB 是三种较为常用的数据处理软件. Excel 易学易用、不需要编程，非常适合初学者使用. Origin 简单易学、操作灵活、功能强大，利用其进行实验数据统计分析、数据绘图和误差计算等工作不仅准确而且方便，并且在科学研究领域的数据处理中有着广泛的应用，非常适合在大学物理实验中推广. MATLAB 功能全面而强大，具有高效的数值计算及符号计算功能，具有完备的图形处理功能，具有功能丰富的应用工具箱，为用户提供了大量方便实用的处理工具，但其需要通过编写代码来处理和呈现数据，适合对编程比较感兴趣的学生使用.

1. Excel简介

Excel 是微软公司 Microsoft Office 办公软件的组件之一，它集合了数据的编辑、整理、统计分析和图表绘制等功能，可以方便地实现实验数据曲线方程拟合，作图，计算平均值、标准差和不确定度等. 我们用两个简单的实例来展示如何利用 Excel 来进行实验数据处理.

（1）计算平均值、标准差和不确定度

测量圆柱体直径时获得的原始实验数据列在表 2-3-1 中. 我们利用 Excel 来计算圆柱体直径的平均值、标准差和标准不确定度.

表 2-3-1 测量圆柱体直径实验的原始数据

测量次数	1	2	3	4	5	6
直径 D/mm	10.502	10.488	10.516	10.480	10.495	10.470

用 Excel 进行数据处理的步骤如下：

1）将表 2-3-1 中的原始数据输入到 Excel 工作区 B2 到 G2，如图 2-3-1 所示. 从图中我们可以看到软件会自动将最后一位的零舍掉，导致数据的有效数字位数减少. 如将单元表格的数据格式换为文本格式，可以保留最后一位的零，但在后续计算过程中会导致数据错误，故仍采用常规数据格式.

2）利用 AVERAGE() 函数可以计算平均值，在 B4 单元格中输入公式"=AVERAGE(B2: G2)"，按回车键得到圆柱体直径 D 的平均值 $\overline{D} = 10.491\ 8$ mm. 从图中可以看到软件给出的计算结果有效数字位数保留很多，如果需要修改有效数字的保留位数，可以利用 ROUND() 函数. 如在 B4 单元格中输入公式"=ROUND(AVERAGE(B2: G2)，4)"，可将计算结果保留到我们所需的小数点后第四位. 后续计算可进行同样处理.

3）利用 STDEV() 函数可以计算标准差，在 B5 单元格中输入公式"=STDEV(B2: G2)"，按回车键得到圆柱体直径 D 的标准差 $\sigma_D = 0.016\ 3$ mm.

4）计算圆柱体直径 D 的 A 类标准不确定度.

直径 D 的 A 类标准不确定度可用下面的公式来表示，其中 t_P 为修正因子，n 为测量次数.

$$u_A = t_P \frac{\sigma_D}{\sqrt{n}} \tag{2-3-1}$$

查表得到，在置信概率 P 为 0.68、测量次数为 6 次时，修正因子 t_P 为 1.11，将其输入到 B7 单元表格中. 根据式（2-3-1），我们在 C10 单元格中输入公式"=B7 * B5/SQRT(6)"，其中 SQRT() 函数为求平方根函数，按回车键得到圆柱体直径 D 的 A 类标准不确定度 $u_A = 0.007\ 4$ mm.

5）计算圆柱体直径 D 的 B 类标准不确定度.

直径 D 的 B 类标准不确定度可用下面的公式来表示，其中 Δ_D 为仪器允差，C 为置信系数.

$$u_B = \frac{\Delta_D}{C} \tag{2-3-2}$$

由于直径 D 是使用千分尺测量的，其最大允差大小为 0.004 mm，误差分布属于正态分布，故置信系数为 3，将它们分别输入到 B8、F7 和 F8 单元表格中. 根据式（2-3-2），我们在 C11 单元格中输入公式"=F8 * B8/F7"，按回车键得到圆柱体直径 D 的 B 类标准不确定度 $u_B = 0.001\ 3$ mm.

6）计算圆柱体直径 D 的合成标准不确定度.

直径 D 的合成标准不确定度可用下面的公式来表示，

$$u_D = \sqrt{u_A^2 + u_B^2} \tag{2-3-3}$$

根据式（2-3-3），我们在 C12 单元格中输入公式“=SQRT(SUMSQ(C10:C11))”，其中 SUMSQ() 函数为求平方和函数，按回车键得到圆柱体直径 D 的合成标准不确定度 $u_D = 0.008$ mm.

C12　=SQRT(SUMSQ(C10:C11))

	A	B	C	D	E	F	G
1			测量圆柱体直径				
2	直径 D/mm	10.502	10.488	10.516	10.48	10.495	10.47
3							
4	D平均值	10.491833					
5	D标准差	0.0163024					
6							
7	修正因子tp	1.11		置信系数C		3	
8	仪器允差	0.004		置信因子Kp		1	
9							
10	D的A类标准不确定度		0.007388				
11	D的B类标准不确定度		0.001333				
12	D的合成标准不确定度		0.007507				
13							

图 2-3-1　原始数据及统计分析结果

（2）作图、曲线方程拟合

在利用气垫导轨研究匀加速直线运动的实验中，我们将导轨的一边垫高构建一个斜面，让静止的滑块从距离光电门为 s 的位置下滑. 用光电门测出 U 形挡光片通过光电门的时间 Δt（U 形挡光片间距 $\Delta s = 10.00$ mm），即可得到滑块运动速度 $v = \Delta s/\Delta t$. 由力学相关知识我们知道运动方程为 $v^2 = 2as$，a 为滑块的加速度. 实验测量的原始数据见表 2-3-2.

表 2-3-2　匀加速直线运动实验的原始数据

s/m	Δt/ms		
	1	**2**	**3**
0.200	38.15	38.11	38.20
0.300	31.20	31.23	31.23
0.400	26.98	26.99	26.99
0.500	24.24	24.22	24.23
0.600	22.19	22.19	22.20

用 Excel 进行数据处理的步骤如下：

1）将表 2-3-2 中的原始数据输入到 Excel 工作区，如图 2-3-2 所示.

H7　=G7*G7

	A	B	C	D	E	F	G	H
1	s (m)	$2s$ (m)	Δt (ms)			$\overline{\Delta t}$ (ms)	v (m/s)	v^2 ((m/s)^2)
2			1	2	3			
3	0.2	0.4	38.15	38.11	38.2	38.15333333	0.2621003	0.068696566
4	0.3	0.6	31.2	31.23	31.23	31.22	0.3203075	0.102596891
5	0.4	0.8	26.98	26.99	26.99	26.98666667	0.37055336	0.137309792
6	0.5	1	24.24	24.22	24.23	24.23	0.41271151	0.170330794
7	0.6	1.2	22.19	22.19	22.2	22.19333333	0.45058576	0.203027528
8								

图 2-3-2　原始数据及计算结果

2）Δt 测量三次，其平均值为 $\overline{\Delta t}$，滑块运动速度 $v = \Delta s / \overline{\Delta t}$. 利用 Excel 的计算功能可分别得到 $\overline{\Delta t}$、v、v^2 和 $2s$ 的数值. 在求不同 s 下相关参量的数值时，利用 Excel 表格的下拉功能可以实现批量处理. 如求 $\overline{\Delta t}$ 时，只需先设置好 F3 单元表格的计算公式 "= AVERAGE(C3: E3)"，按回车键后即可得到 F3 的数值，此时选中 F3 单元表格的右下角下拉 F7 单元表格，即可直接计算出 F4 到 F7 单元表格的数值.

3）作 v^2-$2s$ 关系图. 选中 B 和 H 两列，选择菜单中的 "插入" - "图表" - "XY（散点图）" 即可绘制出关系图. 再根据需要点击右侧加号添加图表元素，如坐标轴标题、图标标题、网格线等.

4）曲线拟合. 添加图表元素 "趋势线"，在趋势线选项中设置趋势线线型为线性，常用选项有线性、指数、对数、多项式等. 在选项中勾上 "显示公式" 和 "显示 R 平方值"，即可在图上给出拟合的公式参量和相关系数等信息. 最终得到的结果如图 2-3-3 所示.

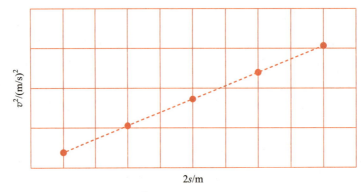

图 2-3-3　v^2-$2s$ 关系图及线性拟合结果

2. Origin 简介

Origin 是由 OriginLab 公司开发的一款科学绘图、数据分析软件. 它是一个具有电子数据表前端的图形化用户界面软件，简单易学，无需编程，直接输入数据就能方便地进行实验数据分析、作图、线性拟合、非线性曲线拟合等，非常适合作为大学物理实验数据处理的计算机辅助工具. 同时它的功能十分强大，也能够满足复杂的数据分析和图形处理需求，在科学研究领域的数据处理中有着广泛的应用，熟练掌握 Origin 的使用方法可以为以后的学习和研究打下基础.

Origin 的工作表（Workbook）是以列（Column）为对象的，每一列具有相应的属性，例如名称、单位以及其他用户自定义标识，在计算时也以列为单元进行计算. Origin 拥有强大的数据交互功能，支持多种格式的数据导入，包括 ASCII、Excel、NITDM、DIADem、NetCDF、SPC 等，同时也支持格式多样的图形输出，例如 JPEG、GIF、EPS、TIFF 等. Origin 支持二维及三维图形绘制、曲线拟合、数学运算、信号处理、光谱分析、统计分析、图像处理、编程与自动化等诸多功能，在大学物理实验中一般涉及的主要是二维图形绘制和曲线拟合，我们继续以上一小节中的实验数据为例子介绍如何利用 Origin 来进行简单的实验数据处理. 如果需要了解其他高级功能或进行系统的学习，可以查阅各种版本的 Origin 软件使用教程.

（1）计算平均值、标准差和不确定度

将表 2-3-1 中的实验数据输入到 Origin 的工作表中，如图 2-3-4 中所示. 选中数据所在的列 A，然后在菜单栏中依次选择"Statistics"-"Descriptive Statistics"-"Statistics on Cloumns"，软件将会给出实验数据的统计结果，包含数据个数、平均值、标准差等数值，如图 2-3-5 所示. 利用这些统计结果就可以进一步计算出圆柱体直径的不确定度.

	A(X)	B(Y)
Long Name		
Units		
Comments		
1	10.502	
2	10.488	
3	10.516	
4	10.48	
5	10.495	
6	10.47	
7		
8		
9		
10		

图 2-3-4 工作表中的实验数据

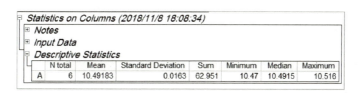

Statistics on Columns (2018/11/8 18:08:34)							
⊞ Notes							
⊞ Input Data							
⊟ Descriptive Statistics							
	N total	Mean	Standard Deviation	Sum	Minimum	Median	Maximum
A	6	10.49183	0.0163	62.951	10.47	10.4915	10.516

图 2-3-5 Origin 给出的统计结果

（2）作图、曲线方程拟合

用 Origin 进行数据处理的步骤如下：

1）将表 2-3-2 中的实验数据输入到 Origin 的工作表中，如图 2-3-6 中所示. 列 A 中存放数据 s，列 C 到列 E 中分别存放 Δt 的三次测量数据.

	A(X1)	B(X2)	C(Y2)	D(Y2)	E(Y2)	F(Y2)	G(Y2)	H(Y2)
Long Name	s	2s	t1	t2	t3	t	v	v^2
Units	m	m	ms	ms	ms	ms	m/s	(m/s)^2
Comments								
1	0.2	0.4	38.15	38.11	38.2	38.15333	0.2621	0.0687
2	0.3	0.6	31.2	31.23	31.23	31.22	0.32031	0.1026
3	0.4	0.8	26.98	26.99	26.99	26.98667	0.37055	0.13731
4	0.5	1	24.24	24.22	24.23	24.23	0.41271	0.17033
5	0.6	1.2	22.19	22.19	22.2	22.19333	0.45059	0.20303
6								

图 2-3-6 Workbook 中的原始实验数据及计算结果

2）选中列 B，然后再单击右键出现的菜单中选择"Set Column Values"，在出现的对话框中输出计算式"2*Col(A)"，在列 B 中就会得到 $2s$ 的数据. 同样可以在列 F 中得到 Δt 的平均值，其计算式为"(Col(C)+Col(D)+Col(E))/3". 可依次利用计算式"10/Col(F)"在列 G 中得到速度 v，利用计算式"Col(G)*Col(G)"在列 H 中得到速度的平方 v^2.

3）作 v^2-$2s$ 关系图. 选中列 B，然后再单击右键出现的菜单中依次选择"Set As"–"X"，将列 B 的数据设定为 X. 选中列 B 和列 H，然后在主菜单栏中依次选择"Plot"–"Symbol"–"Scatter"，软件将会绘制出实验数据的散点图，如图 2-3-7 所示. 双击坐标轴，在出现的对话框中可以修改坐标轴的各种参量，如坐标类型（线性、对数等）、范围、刻度间隔和坐标轴标题等. 双击数据点，在出现的对话框中可以修改数据点的各种参量，如数据点的形状、颜色和大小等.

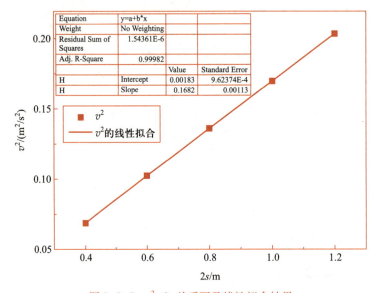

图 2-3-7　v^2-$2s$ 关系图及线性拟合结果

4）线性拟合. 在主菜单栏中依次选择"Analysis"–"Fitting"–"Fit Linear"–"Open Dialog"，在拟合的对话框中选择默认参量然后单击"OK"，软件将会在散点图上绘制出拟合得到的直线，并用表格给出拟合结果，如图 2-3-7 中所示. 拟合得到滑块加速度 a 为 0.168 2 m/s^2，其标准差为 0.001 1 m/s^2.

（3）非线性拟合

由于 $v^2 = 2as$，如果将 v 作为 x 轴，将 s 作为 y 轴，则两者之间满足平方函数关系，利用 Origin 可以进行非线性关系的拟合. 将速度 v 所在的 Column 设定为 X，将距离 s 所在的设定为 Y. 按上面的方法绘制出 s-v 实验数据的散点图，如图 2-3-8 所示.

在主菜单栏中依次选择"Analysis"–"Fitting"–"Nonlinear Curve Fit"–"Open Dialog"，在拟合的对话框中选择拟合参量，其中拟合函数可选择"Polynomial"类中的"Parabola"，其函数关系式为 $y = A + Bx + Cx^2$，在"Parameters"选项中可将拟合参量 A 和 B 固定为 0，点击"Fit"按钮后软件将在图中自动绘制出拟合曲线，并给出参量 C 的拟合结果为 2.937 0，其标准差为 0.008 4.

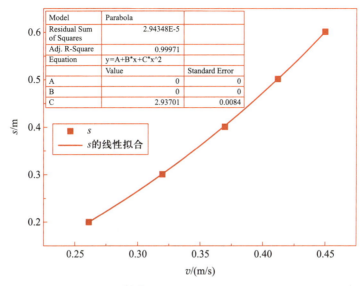

图 2-3-8　v^2-$2s$ 关系图及非线性拟合结果

3. MATLAB 简介

MATLAB 是美国 Math Works 公司出品的一款科学计算软件，它和 Mathematica、Maple 并称为三大数学软件. 它将数值计算、符号运算、科学数据可视化以及非线性动态系统的建模和仿真等诸多强大功能集成在一个易于使用的视窗环境中，为科学研究、工程设计以及必须进行有效数值计算的众多科学领域提供了一种全面的解决方案，已被广泛应用于科学计算、控制设计、信号处理与通信、图像处理、信号检测、建模设计与分析等诸多领域，是国际公认的最优秀的科技应用软件.

MATLAB 的基本数据单元是矩阵，其数值计算功能包括矩阵的创建和保存，数值矩阵代数、乘方运算和分解，数组运算，矩阵操作，多项式和有理分式运算，数理统计分析、差分和数值导数，求积分、优化和微分方程的数值解及功能函数等. 在 MATLAB 环境下求解问题时，其语言表述形式和数学表达形式相同，不需要像 C、Fortran 等通用编程语言那样按传统的方法编程，所以用 MATLAB 来解算问题要简捷得多. 利用 MATLAB 处理实验数据仅需要编写一些非常简练的代码，即用 MATLAB 语言编写数据处理所需的脚本文件，大大降低了对使用者的数学基础和计算机语言知识的要求.

利用 MATLAB 作图也是十分方便的，它有一系列作图函数，并且还可以采用线性坐标、对数坐标、半对数坐标及极坐标等各种坐标系统，在调用作图函数时调整变量就可以绘出不同颜色的点、线、复线或多重线. 如需在图上标出图名，进行 X、Y 轴标注，绘制网格等，也只需调用相应用命令就能完成.

要系统全面地学习和掌握 MATLAB 需要大量的时间，如果只针对处理大学物理实验数据这一基本目的，我们只需了解 MATLAB 在实验数据处理中的概况，在有限的时间内掌握其在数据处理中所用到的基本命令和操作，就能轻松地处理在实验中所获取的数据. 具体的使用方法和实例我们就不在此赘述，有需要的读者可以查阅参考资料中的书籍和文献，如：《计算机辅助物理化学实验》《MATLAB 语言在物理实验数据处理中的应用》《MATLAB 5.x 入门与提高》等.

参考资料

*2.4*__重力加速度的测量

重力加速度 g 是指一个物体受重力作用时具有的加速度，也称自由落体加速度. 20 世纪 70 年代初，国际上通过绝对重力的测量，建立了国际重力标准网（international gravity standardization net，IGSN）. IGSN 在全球共有 1 854 个点，平均精度优于 10^{-7} m/s^2. 表 2-4-1 给出了一些城市的重力加速度值.

表 2-4-1　一些城市的重力加速度

城市	重力加速度（m · s^{-2}）	城市	重力加速度（m · s^{-2}）
新加坡	9.781	广州	9.788
上海	9.794	北京	9.801
纽约	9.803	巴黎	9.809
莫斯科	9.816	北极	9.832

地球上质量为 m 的物体受到万有引力 $F_引$ 的作用，由于地球自转，$F_引$ 的一部分用于提供重力，另一部分用于提供向心力 $F_向$：

$$F_向 = ma_向 = m\omega^2(R+h) \cdot \cos\theta \tag{2\ 4-1}$$

式中地球平均半径 $R = 6\ 370$ km，h 为物体所处的海拔高度，θ 为纬度.

重力加速度 g 与物体所处的纬度、海拔高度及附近的矿藏分布等因素有关，这相继被实验所证实. 纬度越高，重力加速度 g 越大，海拔越高，g 越小，但最大和最小值相差仅约 1/300.

由式（2-4-1）可知，赤道附近海平面处 $a_向 = 0.0337$ m/s^2，因此物体所受的重力 F 约等于万有引力 $F_引$，可得重力加速度 g：

$$g = \frac{Gm_e}{(R+h)^2}$$

式中，G 为引力常数，m_e 为地球质量.

由于地球不是完美的球形，精确测量重力加速度，特别是研究重力加速度的分布，在勘探地下资源、提高导弹和卫星精度等应用领域具有十分重要的意义.

A. 用单摆法测重力加速度

单摆实验是一个经典实验，许多著名的物理学家，如伽利略、牛顿、惠更斯等，都对单摆实验进行过细致的研究. 伽利略发现了摆的等时性原理，指出摆的周期与摆长的平方根成正比，而与摆的质量和材料无关，这为后来摆钟的设计与制造奠定了基础.1673年荷兰科学家惠更斯制造的惠更斯摆钟就运用了摆的等时性原理.摆的等时性原理可应用于时钟上，作为稳定的"定时器"，使机械钟指示出"秒"，从而将计时精度提高了近100倍.现在国际上采用铯原子的跃迁周期作为计时标准，由中国计量科学研究院研制的NIM6铯原子钟，其不确定度优于5.8×10^{-16}，相当于5 400万年不差1 s.

🔍 实验目的

1. 理解经典单摆周期公式成立的前提条件，能够利用单摆测量出当地的重力加速度.

2. 学会利用累积放大法提高测量的精度.

3. 学会应用不确定度均分原理选用适当的仪器和测量方法，以满足测量精度的要求.

4. 掌握完成简单设计性实验的基本方法.

✍ 实验原理

理想的单摆是用一根没有质量、没有弹性的线系住一个没有体积的质点，在真空中由于重力作用而在与地面垂直的平面内做摆角趋于零的自由振动.这种理想的单摆实际上是不存在的.在实际的单摆实验中，摆线是一根有质量（弹性很小）的线，摆球是有质量、有体积的刚性小球，摆角不为零，摆球的运动还受到空气的影响.

单摆的周期公式为

$$T = 2\pi \sqrt{\frac{l}{g}\left[1 + \frac{d^2}{20l^2} - \frac{m_0}{12m}\left(1 + \frac{d}{2l} + \frac{m_0}{m}\right) + \frac{\rho_0}{2\rho} + \frac{\theta^2}{16}\right]}$$

式中，T是单摆的周期，l、m_0是单摆的摆长和摆线的质量，d、m、ρ是摆球的直径、质量和密度，ρ_0是空气密度，θ是摆角.一般情况下，摆球的几何形状、摆线的质量、空气浮力、摆角（$\theta < 5°$）对T的修正都小于10^{-3}.若实验精度要求在10^{-3}以内，则这些修正项都可以忽略不计，反之，则这些因素不可忽略.

在一级近似下，单摆周期公式为

$$T = 2\pi \sqrt{\frac{l}{g}}$$

通过测量周期T、摆长l可求出重力加速度g.

🔬 实验装置

钢卷尺、游标卡尺、螺旋测微器、电子秒表、单摆（带标尺、平面镜；摆线长度可调，其可调的上限约为100 cm）.本实验装置如图2-4-1所示.

各测量仪器的最大允差如下：

游标卡尺$\Delta_卡 \approx 0.002$ cm；螺旋测微器$\Delta_干 \approx 0.001$ cm；秒表$\Delta_秒 \approx 0.01$ s.

用钢卷尺测量单摆摆长时难以将被测物两端与测量仪器的刻线对齐，作为保守

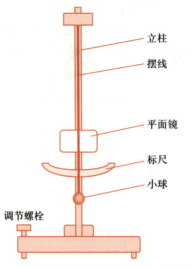

立柱

摆线

平面镜

标尺

小球

调节螺栓

图 2-4-1　用单摆测重力加速度的实验装置

估计，一般可取最大 B 类不确定度 $\Delta_B \approx 0.2$ cm.

根据统计分析，实验人员开启或停止秒表的反应时间为 0.1 s 左右，所以实验人员测量时间的精度近似为 $\Delta_人 \approx 0.2$ s.

开始实验前，应调节螺栓使立柱竖直，并调节标尺高度，使其上沿中点距悬挂点 50 cm.

实验内容

1. 基础内容

（1）测量单摆的摆长和周期，计算当地的重力加速度.

（2）利用累积放大法提高周期的测量精度.

2. 提升内容

对摆长和周期进行多次等精度测量，计算重力加速度测量结果的不确定度.

3. 进阶内容

（1）利用不确定度合成公式，设计单摆摆长和实验测量方案，测量本地的重力加速度 g. 要求测量精度 $\dfrac{\Delta g}{g} < 1\%$.

（2）分析摆球几何形状和质量、空气浮力、摆角等的修正对实验精度的影响.

4. 高阶内容

（1）利用视频追踪技术记录单摆的运动轨迹，研究大摆角（>5°）条件下单摆的运动规律. 对运动轨迹数据进行拟合分析.

（2）利用视频追踪技术研究圆锥摆运动规律.

思 考 题

分析实验测量误差的主要来源，提出可能的改进方案.

B. 用自由落体法测重力加速度

🔍 实验目的

仅在重力作用下，物体由静止开始竖直下落的运动称为自由落体运动. 本实验利用自由落体测量本地的重力加速度 g.

📝 实验原理

根据牛顿运动定律，自由落体的运动方程为

$$h = \frac{1}{2}gt^2 \qquad (2-4-2)$$

其中 h 是下落距离，t 是下落时间. 但在实际工作中，t 的测量精度不高，利用式 (2-4-2) 很难精确测量重力加速度 g.

本实验用卷尺测量 h，采用双光电门法测量 t，其原理见图 2-4-2. 光电门 1 的位置固定，即小球通过光电门 1 时的速度 v_0 保持不变，小球通过光电门 1 与光电门 2 的高度差为 h_i，时间差为 t_i，改变光电门 2 的位置，则有

$$h_1 = v_0 t_1 + \frac{1}{2}g t_1^2$$

$$h_2 = v_0 t_2 + \frac{1}{2}g t_2^2$$

$$\cdots\cdots\cdots\cdots$$

$$h_i = v_0 t_i + \frac{1}{2}g t_i^2$$

两端同时除以 t_i，有

$$\bar{v}_1 = \frac{h_1}{t_1} = v_0 + \frac{1}{2}g t_1$$

$$\bar{v}_2 = \frac{h_2}{t_2} = v_0 + \frac{1}{2}g t_2$$

$$\cdots\cdots\cdots\cdots$$

$$\bar{v}_i = \frac{h_i}{t_i} = v_0 + \frac{1}{2}g t_i$$

测出多组 h_i、t_i，利用线性拟合即可求出当地的重力加速度 g.

🔩 实验装置

自由落体实验装置见图 2-4-2，立柱底座的调节螺栓用于调节竖直，立柱上端有一电磁铁，用于吸住小球. 电磁铁一旦断电，小球即做自由落体运动. 由于电磁铁有剩磁，因此小球下落的初始时间不准确（最大不确定度约为 20 ms）. 立柱上装有

两个可上下移动的光电门，其位置可利用卷尺测量．数字毫秒计显示三个值，分别对应：从电磁铁断电到小球通过光电门 1 的时间差、从电磁铁断电到小球通过光电门 2 的时间差、小球通过两个光电门的时间差，单位均为 ms．

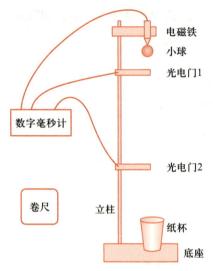

图 2-4-2　用自由落体法则重力加速度

实验内容

　　1. 请利用实验室提供的自由落体实验装置，自己设计原始数据表格，测量所在地的重力加速度 g．要求测 6~8 组数据（光电门 2 置于 6~8 个不同位置）．

　　2. 实验完毕，整理实验装置．

　　3. 利用线性拟合法求出当地的重力加速度 g 及其标准差（作图+最小二乘法拟合）．

思 考 题

　　1. 在实际工作中，为什么利用式（2-4-2）很难精确测量重力加速度 g？

　　2. 为了提高测量精度，光电门 1 和光电门 2 的位置应如何选取？

　　3. 利用本实验装置，你还能提出其他测量重力加速度 g 的实验方案吗？

参考资料

附　　录　　利用不确定度合成公式设计实验测量方案

　　在间接测量中，每个独立测量量的不确定度都会对最终结果的不确定度有贡献．如果已知各物理量之间的函数关系，可写出不确定度合成公式，得到测量结果的总不确定度与各分量不确定度之间的关系，由此分析各物理量的测量方法和使用的仪器，以指导实验．一般而言，对于对测量结果影响较大的物理量，应采用精度较高的仪器，而对于对影响结果影响不大的物理量，就不必追求高精度的仪器．下面以如何测量圆柱体的体积为例，进一步说明如何利用不确定度合成公式设计实验方案.

例 圆柱体的体积 V 可通过分别测量其直径 D 和高度 h 来得到. 由粗测可知，其直径 D 约为 8.0 mm，高 h 约为 32.0 mm. 若要求 $\dfrac{\Delta V}{V} \leqslant 0.5\%$，应怎样选择测量仪器？

解： 由于 $V = \dfrac{\pi}{4}D^2 h$，根据标准不确定度合成公式，有

$$\frac{u(V)}{V} = \sqrt{4\left(\frac{1}{D}\right)^2 u^2(D) + \left(\frac{1}{h}\right)^2 u^2(h)}$$

假设使用螺旋测微器测量直径 D，其最大允差 ΔD 为 0.004 mm，满足正态分布. 若要 $\Delta V/V \leqslant 0.5\%$，即扩展不确定度的置信概率 P 取 0.997 可满足要求，则可近似有

$$3\frac{u(V)}{V} = \frac{\Delta V}{V} \leqslant 0.5\%$$

代入标准不确定度合成公式得

$$3\sqrt{4\left(\frac{1}{D}\right)^2 u^2(D) + \left(\frac{1}{h}\right)^2 u^2(h)} \leqslant 0.5\%$$

即

$$3\sqrt{4\left(\frac{1}{D}\right)^2 \left(\frac{\Delta D}{3}\right)^2 + \left(\frac{1}{h}\right)^2 u^2(h)} \leqslant 0.5\%$$

代入相关数据后

$$3\sqrt{4\left(\frac{1}{8}\right)^2 \left(\frac{0.004}{3}\right)^2 + \left(\frac{1}{32}\right)^2 u^2(h)} \leqslant 0.5\%$$

可求得

$$u(h) \leqslant 0.052 \text{ mm}$$

因此，使用游标卡尺测量高 h 就可以满足实验要求.

若使用游标卡尺测量直径 D，则其最大允差 ΔD 将为 0.02 mm，且满足矩形分布. 上述计算式将变为

$$3\sqrt{4\left(\frac{1}{8}\right)^2 \left(\frac{0.02}{\sqrt{3}}\right)^2 + \left(\frac{1}{32}\right)^2 u^2(h)} \leqslant 0.5\%$$

由于

$$3\sqrt{4\left(\frac{1}{8}\right)^2 \left(\frac{0.02}{\sqrt{3}}\right)^2} > 0.5\%$$

所以这种情况下将无法满足测量精度的要求，因此不能用游标卡尺测量直径.

基本物理量的测量：长度

长度是物理学中的七个基本物理量之一. 对长度的测量广泛应用于日常生产和生活中，其尺度范围小到基本粒子（$<10^{-15}$ m），大到宇宙空间（$>10^{24}$ m），并随着人类探索自然界的步伐而不断得以拓展.

为了方便交流，人们测量长度时需要建立一个标准，在国际单位制中，长度的

单位是米. 1983 年第 17 届国际计量大会通过了米的新标准:

1 米是真空中的光在 (1/299 792 458) 秒内所走过的距离.

人们测量长度实际上就是统一用"米"这把"尺子"去度量空间,并在实践中陆续发明了许多测量长度的工具,如可用于观测原子的原子力显微镜、扫描隧道显微镜,生活中常见的各种刻度尺,进行大尺度测量时常用的激光测距仪等.测量长度的仪器设备种类繁多,在此不一一列举,仅介绍大学物理实验中常用的几种长度测量仪器:游标卡尺、螺旋测微器、读数显微镜.

1. 游标卡尺

游标卡尺是一种测量外径、内径、宽度、厚度、深度等长度量的量具,其量程有 150 mm、300 mm 等几种,结构示意图如图 2-4-3 所示,主体部分由主尺和沿主尺滑动的游标构成.

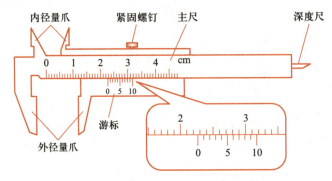

图 2-4-3　游标卡尺示意图

游标卡尺主尺的最小刻度为 1 mm,游标根据分格数的不同可分为十分度、二十分度、五十分度三种.以十分度游标卡尺为例,游标卜有 10 个均匀的刻度分格,总长度为 9 mm,即每个分格与主尺的最小分格相差 0.1 mm,这就是十分度游标卡尺的游标分度值.从主尺刻度与游标的刻度"0"对齐开始向右移动游标,当游标的刻度"1"与主尺的刻度对齐时,游标刚好滑动了 0.1 mm;当游标的刻度"2"与主尺的刻度对齐时,游标刚好滑动了 0.2 mm;依次类推,根据与主尺刻度对齐的游标刻度数乘以游标分度值即可测出 0.1～0.9 mm 的长度量,即十分度游标卡尺精度为 0.1 mm.

类似地,二十分度、五十分度游标卡尺的精度分别为 0.05 mm、0.02 mm.

用游标卡尺测量长度时,以右手持游标卡尺为例,先以游标的刻度"0"为参考,根据其左侧最近邻的主尺刻度值读出待测量的毫米读数,再根据与主尺刻度对齐的游标刻度得到小数读数,最后将二者合起来就是待测的长度值,测量结果不需要估读.

另外,使用游标卡尺前应闭合量爪,检查主尺和游标的刻度"0"能否重合,若不能重合,应在测量时进行零点修正.

2. 螺旋测微器

螺旋测微器也叫千分尺,量程有 25 mm、50 mm、75 mm 等几种,常见的精度为 0.01 mm,加上估读位,可读到千分位,是比游标卡尺更精密的长度测量仪器.

螺旋测微器的结构如图 2-4-4 所示，U 形尺身的一侧有刚性连接的测砧，另一侧是螺纹间距为 0.5 mm 的测微螺杆及与螺杆精密配合的固定套筒，固定套筒上有一条与轴线平行的刻度线，两侧分别标注整毫米和半毫米刻度，同时这条刻度线也充当微分筒的读数基准．微分筒与测微螺杆相连，其边缘是读取整毫米和半毫米值的基准．根据螺旋推进原理，微分筒每转一圈时，测微螺杆刚好移动 0.5 mm，在微分筒圆周表面均匀刻有 50 个分度，每转一个分度，测微螺杆就移动 0.5 mm/50 = 0.01 mm，因此螺旋测微器的分度值为 0.01 mm．

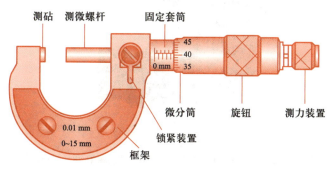

图 2-4-4　螺旋测微器示意图

用螺旋测微器测量长度时，读数可分四步：首先读出整毫米数，可根据固定套筒上与微分筒边缘最邻近的刻度读出该值；然后读半毫米数，若微分筒边缘与最近邻整毫米刻度之间出现了半毫米刻度，则半毫米数取 0.5 mm，反之，半毫米数为 0 mm；接下来读小数值，以固定套筒上的刻度线为基准，读出微分筒上的刻度值（含估读位）并乘以螺旋测微器的分度值，得到小数部分的值；最后，将以上三个读数相加，即为螺旋测微器的测量结果．

需要注意的是，使用螺旋测微器前，应闭合测微螺杆，检查固定套筒上的刻度线与微分筒的"0"刻度能否对齐，若不能对齐，应进行零点修正．此外，为避免损坏测微螺杆的螺纹，只能缓慢转动螺旋测微器末端的测力装置（棘轮旋钮），当听到 2~3 声"吱吱"的声音时，应立即停止转动棘轮，并开始读数．

3. 读数显微镜

读数显微镜是将用于观察的显微镜和用于测量长度的螺旋测微装置结合起来，用于测量长度的精密仪器．

读数显微镜的螺旋测微装置原理与螺旋测微器相同．测微螺杆的螺距为 1 mm，对应测微鼓轮转动一周．测微鼓轮的圆周刻有 100 个分度，因此读数显微镜的分度值为 0.01 mm．使用测微装置时，先从标尺读出整毫米数，再从测微鼓轮读出小数（估读到千分位），二者相加作为测量值．

与测微螺杆配合的套管上装有显微镜，转动测微鼓轮时，显微镜可随螺旋测微装置左右移动．显微镜由物镜、目镜、目镜焦平面的十字叉丝、调焦手轮及反光镜等部分组成，见图 2-4-5．叉丝中的一条平行于显微镜筒的移动方向，另一条垂直于显微镜筒移动方向，作为观测的基准线．

读数显微镜的使用步骤：

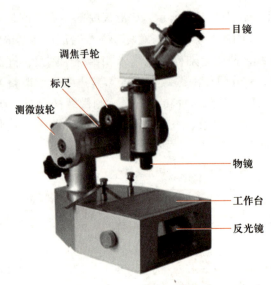

图 2-4-5　读数显微镜

（1）将待测物放置在显微镜工作台上，调整反光镜角度，得到适当的视场亮度.

（2）转动调焦手轮，使待测物成像清晰.

（3）转动测微鼓轮，使叉丝对准待测物上的参考点，并记下此时的读数. 继续转动鼓轮，使叉丝对准下一个参考点，再次记下读数.

（4）两个读数之差即为待测的长度值.

为了避免回程差，测量时应记住鼓轮的转动方向，只能向同一个方向转动，若超过了参考点，应重新测量.

基本物理量的测量：时间

时间是物理学的基本物理量之一，许多物理量的测量都离不开对时间的测量. 在国际单位制中，时间的单位是秒. 1967 年 10 月举行的第 13 届国际计量大会通过了对秒的最新定义，标志着人类进入了原子时. 该定义为：

1 秒是指铯-133 原子基态的两个超精细能级间所对应辐射的 9 192 631 770 个周期的持续时间.

时间包含时刻和时间间隔两个概念. 在大学物理实验中，主要涉及利用电子秒表、数字毫秒计等装置对时间间隔进行测量.

1. 电子秒表

电子秒表是常见的电子计时装置，其机芯由集成电路组成，用石英晶体振荡器作时标，液晶显示窗一般用六位数字显示时间，可连续累积计时 59 min 59.99 s，分辨率为 0.01 s.

2. 数字毫秒计

数字毫秒计主要由集成元件和高频石英晶体振荡器构成，石英晶体作为时间信号发生器，不断产生标准的时基信号，与光电门配合计时，组成较精确的计时装置，其分辨通常为 0.1 ms，计时误差小于 0.5 ms.

力学实验

实验 1 __质量的测量

牛顿第二定律指出，力与加速度成正比，其比例系数就是质量，它表征物体的惯性，称为惯性质量．在万有引力定律中，引力与质量成正比，其中的质量又称为引力质量．匈牙利物理学家厄特沃什从 1890 年起持续做了 25 年的实验，在 10^{-8} 精度范围内证明了惯性质量与引力质量相等，这可以归结成著名的等效原理．质量是国际单位制中 7 个基本物理量之一，具有相对论效应，质量单位是量子化的．在地球表面，由于受到地球引力的作用，物体的质量体现为重量，可以用电子天平精确称量物体的质量．在绕地球高速运动的飞船里，地球引力被飞船的惯性离心力平衡，飞船内部的物体处于失重状态，可采用动力学方法测量失重状态下物体的质量．对于超大质量的黑洞，可根据超大质量黑洞吞噬物质时所爆发辐射的光度来推测黑洞质量．

🔍 实验目的

本实验相关资源

1. 了解物体质量的精确称量方法．
2. 理解匀质规则及不规则物体密度的测量方法．
3. 掌握失重环境中物体质量的测量原理和方法．

✍ 实验原理

在国际单位制（SI）中，质量的单位是千克（kg），1889 年第一届国际计量大会（CGPM）决定，用铂铱合金（$Pt_{0.9}Ir_{0.1}$）制成直径为 39 mm 的正圆柱体国际千克原器，现保存在法国巴黎的国际计量局内，其他一切物体的质量均可通过与国际千克原器的质量进行比较而确定．2018 年 11 月 16 日，第二十六届国际计量大会通过了关于"修订国际单位制（SI）"的 1 号决议．根据决议，国际单位制基本单位中的"千克"改由普朗克常量来定义．

在原子物理中，还常用一种同位素——碳-12（^{12}C）原子质量的 1/12 作为质量单位，称为原子质量单位（u）．

$$1\ u = 1.660\ 540\ 2 \times 10^{-27}\ kg$$

关于质量，在牛顿力学中有以下两个定义：

（1）根据万有引力定律，地球表面的物体受到地球的万有引力与其质量成正比，该质量为引力质量，记为 m_g，引力方向指向地心，其数学表达式为

$$F_{引} = \frac{Gm_g m_e}{R^2} = gm_g \tag{1-1}$$

式中 G 是引力常量，m_e 是地球质量，R 是地球半径，g 是重力加速度．

（2）根据牛顿第二定律，质量是物体惯性大小的量度，称为惯性质量，以 m_i 表示，其数学表达式为

$$F_{惯} = m_i a \tag{1-2}$$

式中 a 是加速度，对同一物体，可用式（1-1）或式（1-2）分别测量它的引力质量和惯性质量．那么，引力质量 m_g 和惯性质量 m_i 有什么关系？19 世纪末，厄特沃什

设计了扭摆实验，测量得到 $\dfrac{m_g}{m_i}=1$，实验精度达到了 3×10^{-8}，此后不断有人改进厄特沃什的实验，使测量精度不断提高，1960—1964 年，迪克等人的测量精度达到了 1.3×10^{-11}，1972 年布拉金斯基的测量精度达到了 9×10^{-13}.

1. 用电子天平测量质量

天平是测量质量的常用仪器. 随着技术的进步，电子天平逐渐取代物理天平. 电子天平使用各种压力传感器将压力变化转换为电信号输出，放大后再通过 A/D 转换器直接用数字显示出来. 电子天平的原理框图如图 1-1 所示. 它由传感器、位置检测器、PID 调节器、放大器、低通滤波器、A/D 转换器和微型计算机等构成. 电子天平使用方便，操作简单. 普通电子天平分度值为 10 mg，精密电子天平的分度值为 1 mg，电子分析天平的分度值达到 0.1 mg.

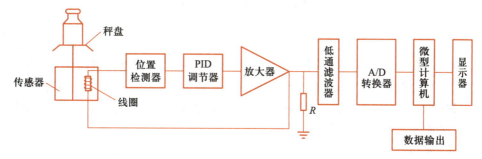

图 1-1　一种电子天平原理框图

2. 用牛顿运动定律测量质量

在太空失重环境中，物体的质量就不能再用天平直接称量了. 为了测量失重环境中物体的质量，可采用动力学方法和能量守恒法进行质量的间接测量，动力学方法和能量守恒法都基于牛顿运动定律.

（1）动力学方法

在水平放置的气垫导轨上，通过对弹簧振子简谐振动的周期测量，可间接地测量出弹簧振子的质量. 对于弹性系数为 k、质量为 m_0 的弹簧振子，其周期为

$$T_0=2\pi\sqrt{\dfrac{m_0}{k}} \tag{1-3}$$

若弹簧振子的质量变为 m，则周期变为

$$T=2\pi\sqrt{\dfrac{m}{k}} \tag{1-4}$$

由式（1-3）和式（1-4），可得

$$m=\dfrac{T^2}{T_0^2}m_0 \tag{1-5}$$

通过测量已知质量（质量为 m_0）弹簧振子的简谐振动周期 T_0 和待测质量（质量为 m）弹簧振子的振动周期 T，由式（1-5）可间接测量出待测质量.

（2）能量守恒法

在水平放置的气垫导轨上，弹簧振子作简谐振动. 设弹簧振子在 x_1 处的速度为 v_1，在 x_2 处的速度为 v_2，则由机械能守恒定律，有

$$\frac{1}{2}kx_1^2+\frac{1}{2}mv_1^2=\frac{1}{2}kx_2^2+\frac{1}{2}mv_2^2 \tag{1-6}$$

式中，m 为弹簧振子质量，k 为弹簧的弹性系数.

由式（1-6）可得弹簧振子的质量为

$$m=\frac{x_1^2-x_2^2}{v_2^2-v_1^2} \tag{1-7}$$

如果测量出弹簧振子在不同位置处的速度大小，通过式（1-7）可确定弹簧振子的质量.

3. 物体密度的间接测量方法

若匀质物体的质量为 m、体积为 V，则该物体的密度

$$\rho=\frac{m}{V} \tag{1-8}$$

对几何形状简单且规则的物体，可用电子天平准确测定物体的质量 m，用游标卡尺或螺旋测微器等量具测量并计算出其体积 V，由式（1-8）可求出待测物的密度. 对几何形状不规则的物体、液体或不溶于液体介质的小块固体（或粉末颗粒状物体）的密度，可采用下列方法测量.

（1）流体静力称衡法

对几何形状不规则的物体，其体积无法用普通测长量具测定，为了克服这一困难，可利用阿基米德原理，先测量物体在空气中的质量 m，再将物体浸没在密度为 ρ_0 的某液体中，该物体所受浮力 F 等于所排开液体的重量 m_0g，即

$$F=\rho_0Vg=m_0g \tag{1-9}$$

m、m_0 均可用电子天平精确测定，此物体的密度可由下式确定：

$$\rho=\frac{m}{V}=\frac{m}{m_0}\rho_0 \tag{1-10}$$

液体的密度随温度变化，在某一温度下的密度，通常可从物理学常量表中查出，本实验附录中列出了不同温度时纯水的密度.

如果把该物体浸入到另一待测液体中，物体所受浮力 F' 等于所排开液体的重量 $m'g$，则该液体的密度

$$\rho'=\frac{m'}{m_0}\rho_0 \tag{1-11}$$

（2）比重瓶法

用比重瓶法能够准确地测定液体、不溶于液体介质的小块固体或粉末颗粒状物体的密度. 假设空比重瓶质量为 m_0，比重瓶加待测固体的总质量为 m_1，比重瓶中加待测固体且加满液体时的总质量为 m_2，比重瓶仅盛满液体时的质量为 m_3，则待测固体的密度可由下式求出

$$\rho=\frac{m_1-m_0}{m_3-m_2+m_1-m_0}\rho_0 \tag{1-12}$$

实验装置

本实验所用电子天平如图 1-2 所示，由以下几个部分组成：（1）称量盘，用于装载测定的物品；（2）称量室，用于防止风的影响；（3）玻璃门 3 个，在往称量室装取测定物时打开；（4）防对流圈，用于减小空气对流对测定的影响；（5）显示部，用于显示测定结果、功能设定等信息；（6）水平仪，用于观察天平是否水平；（7）水平调节螺丝，用于调节天平保持水平；（8）键开关部，用于执行去皮重、功能设定、灵敏度校正等指令；（9）主体；（10）标牌.

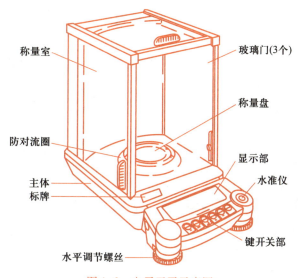

图 1-2　电子天平示意图

实验内容

1. 基础内容

（1）掌握物体质量的精确称量方法.

用电子天平测量匀质规则及不规则物体的质量.

（2）测量金属圆柱体的密度.

1）用电子天平测量金属圆柱体的质量，用游标卡尺测量金属圆柱体的直径和高度. 计算金属圆柱体的密度，并确定其不确定度.

2）用流体静力称衡法测量金属圆柱体的密度，并确定其不确定度.

2. 提升内容

（1）用比重瓶法测定小块固体（如锌粒）的密度.

计算小块固体（如锌粒）的密度，并确定其不确定度.

（2）用流体静力称衡法测定不规则石蜡的密度.

计算不规则石蜡的密度，并确定其不确定度.

3. 进阶内容

（1）用流体静力称衡法和比重瓶法测定液体（酒精或甘油）的密度.

计算液体（酒精或甘油）的密度，并确定其不确定度.

（2）比较用流体静力称衡法和比重瓶法测量密度的适用条件和方法．

4. 高阶内容

为测量失重环境中物体的质量，可采用动力学方法和能量守恒法进行质量的间接测量．

（1）用动力学方法测量物体的质量．

模拟太空失重环境，设计一个合理的实验方案，用动力学方法间接测量物体（小滑块）的质量，并进行误差分析．

（2）用能量守恒法测量物体的质量．

设计实验方案，用能量守恒法间接测量物体（小滑块）的质量，并进行误差分析．

（3）查阅文献，了解系外行星质量或超大质量黑洞质量的间接测量实验方案．

思考题

1. 预习思考题

（1）引力质量和惯性质量有什么关系？

（2）如何自制秤？试举例说明．

（3）如何用流体静力称衡法测量物体的密度？

（4）如何用比重瓶法测量液体的密度？

2. 实验过程思考题

（1）在使用电子天平测量前应进行哪些调节？

（2）如何测量失重环境中物体的质量？

3. 实验报告思考题

（1）比较几种测量物体密度的方法，说明各自的适用范围和特点．

（2）测量不规则固体密度时，若固体浸入水中时表面吸附有气泡，则所得密度值是偏人还是偏小？为什么？

（3）若待测不规则物体的密度比水小，如何测量其密度？

（4）如何测量大米的密度？

参考资料

附　录

表 1-1　不同温度时纯水的密度 ρ

温度 $t=t_1+t_2$，单位：g/cm^3

t_2/℃	t_1/℃			
	0	**10**	**20**	**30**
0.0	0.999 867	0.999 727	0.998 229	0.995 672
0.5	0.999 899	0.999 681	0.998 124	0.995 520

$t_2/℃$	$t_1/℃$			
	0	**10**	**20**	**30**
1.0	0.999 926	0.999 632	0.998 017	0.995 366
1.5	0.999 949	0.999 580	0.997 907	0.995 210
2.0	0.999 968	0.999 524	0.997 795	0.995 051
2.5	0.999 982	0.999 465	0.997 680	0.994 891
3.0	0.999 992	0.999 404	0.997 563	0.994 728
3.5	0.999 993	0.999 339	0.997 443	0.994 564
4.0	1.000 000	0.999 271	0.997 321	0.994 397
4.5	0.999 998	0.999 200	0.997 196	0.994 263
5.0	0.999 992	0.999 126	0.997 069	0.994 058
5.5	0.999 982	0.999 049	0.996 940	0.993 885
6.0	0.999 968	0.998 969	0.996 808	0.993 711
6.5	0.999 951	0.998 886	0.996 674	0.993 534
7.0	0.999 929	0.998 800	0.996 538	0.993 356
7.5	0.999 904	0.998 712	0.996 399	0.993 175
8.0	0.999 876	0.998 621	0.996 258	0.992 993
8.5	0.999 844	0.998 527	0.996 115	0.992 808
9.0	0.999 808	0.998 430	0.995 969	0.992 622
9.5	0.999 769	0.998 331	0.995 822	0.992 434
10.0	0.999 727	0.998 229	0.995 672	0.992 244

实验 2——用气垫导轨研究匀加速运动与碰撞

伽利略（Galileo Galilei, 1564—1642）是历史上第一个对自由落体运动进行定量研究的科学家，建立了平均速度、瞬时速度和加速度等概念，用它们来描述物体的运动，并把实验和逻辑推理有机结合起来，开创了用实验检验猜想和假设的科学方法，从而有力地推进了科学的发展. 他设计斜面实验调控加速度，并指出物体沿斜面的运动与物体垂直下落的运动具有相似的特征，精妙地将匀加速运动和自由落体运动联系起来，得出了"力是改变运动状态的原因"这一重要结论，斜面实验是力学史上具有里程碑意义的实验.

牛顿第二定律以简单优美的形式，揭示了物体加速度、作用力和质量之间的关系. 加速度的测量伴随着我们生活的方方面面，如手机的运动传感、汽车的姿态感应，还可用于在太空微重力环境下的加速度测量，能够帮助飞船精准把握速度和位置.

　　"碰撞"在物理学中表现为两粒子或物体间极短的相互作用. 碰撞前后的参与物都会发生速度、动量或能量的改变. 物体在不受外力的条件下，碰撞前后总动量守恒，这就是动量守恒定律. 这是自然界中最重要、最普遍的守恒定律之一，既适用于低速运动物体，也适用于高速运动物体，既适用于宏观物体，例如天舟一号和天宫二号的对接，也适用于微观粒子，例如卢瑟福散射. 在生活中，飞机的着陆、打台球、锤锻、打桩、火车车厢挂钩的连接、汽车的碰撞测试，都与碰撞过程息息相关. 通过实验，人们可以验证动量守恒定律，定量研究动量损失和动能损失，并了解动量损失和动能损失在工程技术中的重要意义.

本实验相关资源

🔍 实验目的

　　1. 利用气垫导轨测定物体在直线运动中的平均速度、瞬时速度以及加速度.

　　2. 通过物体沿斜面的自由下滑来研究匀加速运动的规律并获得当地的重力加速度.

　　3. 研究一维碰撞的三种情况，验证动量守恒和动能守恒定律.

　　4. 验证牛顿第二定律.

✍ 实验原理

1. 平均速度和瞬时速度的测量

　　作直线运动的物体在 Δt 时间内的位移为 Δs，则物体在 Δt 时间内平均速度为

$$\bar{v} = \frac{\Delta s}{\Delta t} \tag{2-1}$$

当 $\Delta t \to 0$ 时，平均速度趋近于一个极限，即物体在该点的瞬时速度. 我们用 v 来表示瞬时速度：

$$v = \lim_{\Delta t \to 0} \frac{\Delta s}{\Delta t} \tag{2-2}$$

实际上直接利用式（2-2）测量经过某点的瞬时速度是很困难的，一般用极短的 Δt 内的平均速度代替瞬时速度：

$$v \approx \bar{v} \approx \frac{\Delta s}{\Delta t} \tag{2-3}$$

2. 匀加速直线运动

　　若滑块受一恒力，它将作匀加速直线运动，我们可以在导轨一端加一滑轮，通过滑轮悬挂一重物在滑块上实现，也可以把气垫导轨一端垫高成一斜面来实现. 采用第一种方式可改变外力，不但可测得加速度，还可以验证牛顿第二定律. 若采用第二种方式，由于在测量过程中受外界干扰较小，测量误差较小，在测量加速度的基础上，还可以测量当地的重力加速度. 匀加速运动方程如下：

$$v = v_0 + at \tag{2-4}$$

$$s = v_0 t + \frac{1}{2} at^2 \tag{2-5}$$

$$v^2 = v_0^2 + 2as \tag{2-6}$$

式中，v_0 为初速度，v 为末速度，a 为加速度，t 为运动时间，s 为位移. 物体在斜面上从同一位置由静止开始下滑，可以测得不同位置处的速度为 v_1，v_2，v_3，…，相应的时间为 t_1，t_2，t_3，…，则以 t 为横坐标，v 为纵坐标作 v-t 图，如果图线是一条直线，证明物体作匀加速直线运动，图线的斜率即为加速度 a，截距为 v_0. 如果把 v_1，v_2，v_3，… 对应处的 s_1，s_2，s_3，…同时测出，作 $\dfrac{s}{t}$-t 图和 v^2-s 图，若图线是直线，则物体作匀加速直线运动，斜率分别为 $\dfrac{1}{2}a$ 和 $2a$，截距分别为 v_0 和 v_0^2.

3. 重力加速度的测定

如图 2-1 所示，h 为垫块的高度，L 为斜面长，在小角度下，滑块沿斜面下滑的加速度为

$$a = g\sin\theta = g\frac{h}{L} \tag{2-7}$$

$$g = \frac{a}{h}L \tag{2-8}$$

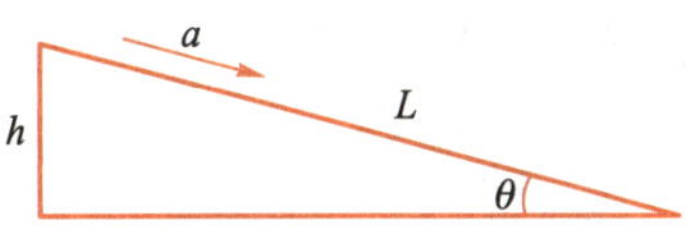

图 2-1 导轨垫起的斜面

4. 碰撞中守恒定律的研究

如果一个力学系统所受合外力为零或在某方向上的合外力为零，则该力学系统总动量守恒或在某方向上守恒，即

$$\sum m_i \boldsymbol{v}_i = 常量 \tag{2-9}$$

实验中我们用两个质量分别为 m_1、m_2 的滑块进行碰撞（图 2-2），若忽略气流阻力，根据动量守恒有

$$m_1 \boldsymbol{v}_{10} + m_2 \boldsymbol{v}_{20} = m_1 \boldsymbol{v}_1 + m_2 \boldsymbol{v}_2 \tag{2-10}$$

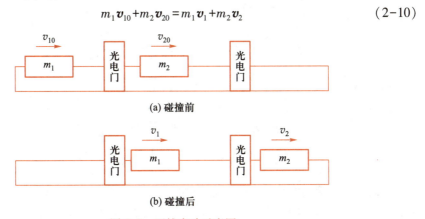

图 2-2 碰撞实验示意图

一般来说，根据两个物体在碰撞前后的相对速度可以把碰撞分成下列几类：(1) 物体在碰撞前后的相对速度相等的碰撞，称为完全弹性碰撞；(2) 碰撞后的相对速度为 0（即碰撞后两物体以同一速度运动）的碰撞，称为完全非弹性碰撞；(3) 碰撞后的相对速度小于碰撞前的相对速度的碰撞称为非完全弹性碰撞或一般碰撞.

对于完全弹性碰撞，要求两个滑块的碰撞面装有由弹性良好的弹簧组成的缓冲

器，我们利用钢圈作为缓冲器；对于完全非弹性碰撞，碰撞面可以用尼龙粘扣或橡皮泥；一般碰撞可以用金属如合金、铁搭扣等. 无论用哪种碰撞面，都必须保证是对心碰撞.

当两滑块在水平的导轨上做对心碰撞时，若忽略气流阻力，且不受其他任何水平方向外力的影响，这两个滑块组成的力学系统在水平方向动量守恒. 由于滑块做一维运动，所以式 (2-10) 中矢量 $\boldsymbol{v}$ 可改成标量 v，v 有正负，设与所选取的坐标轴方向相同则取正号，反之则取负号.

（1）完全弹性碰撞

完全弹性碰撞的标志是碰撞前后动量守恒，动能也守恒，即

$$m_1 v_{10} + m_2 v_{20} = m_1 v_1 + m_2 v_2 \tag{2-11}$$

$$\frac{1}{2} m_1 v_{10}^2 + \frac{1}{2} m_2 v_{20}^2 = \frac{1}{2} m_1 v_1^2 + \frac{1}{2} m_2 v_2^2 \tag{2-12}$$

由式 (2-11)、式 (2-12) 可解得碰撞后的速度为

$$v_1 = \frac{(m_1 - m_2) v_{10} + 2 m_2 v_{20}}{m_1 + m_2} \tag{2-13}$$

$$v_2 = \frac{(m_2 - m_1) v_{20} + 2 m_1 v_{10}}{m_1 + m_2} \tag{2-14}$$

如果 $v_{20} = 0$，则有

$$v_1 = \frac{(m_1 - m_2) v_{10}}{m_1 + m_2} \tag{2-15}$$

$$v_2 = \frac{2 m_1 v_{10}}{m_1 + m_2} \tag{2-16}$$

动量损失率为

$$\frac{\Delta p}{p_0} = \frac{p_0 - p_1}{p_0} = \frac{m_1 v_{10} - (m_1 v_1 + m_2 v_2)}{m_1 v_{10}} \tag{2-17}$$

动能损失率为

$$\frac{\Delta E}{E_0} = \frac{E_0 - E_1}{E_0} = \frac{\frac{1}{2} m_1 v_{10}^2 - \left(\frac{1}{2} m_1 v_1^2 + \frac{1}{2} m_2 v_2^2 \right)}{\frac{1}{2} m_1 v_{10}^2} \tag{2-18}$$

理论上，动量损失和动能损失都应为零，但在实验中，由于空气阻力和气垫导轨本身的原因，不可能完全为零，故在一定误差范围内可认为是基本守恒的.

（2）完全非弹性碰撞

碰撞后，两个滑块粘在一起以 v 同一速度运动，即为完全非弹性碰撞. 在完全非弹性碰撞中，系统动量守恒，动能不守恒.

$$m_1 v_{10} + m_2 v_{20} = (m_1 + m_2) v \tag{2-19}$$

在实验中，让 $v_{20} = 0$，则有

$$m_1 v_{10} = (m_1 + m_2) v \tag{2-20}$$

$$v = \frac{m_1 v_{10}}{m_1 + m_2} \qquad\qquad (2\text{-}21)$$

动量损失率

$$\frac{\Delta p}{p_0} = 1 - \frac{(m_1 + m_2)v}{m_1 v_{10}} \qquad\qquad (2\text{-}22)$$

动能损失率

$$\frac{\Delta E}{E_0} = \frac{m_2}{m_1 + m_2} \qquad\qquad (2\text{-}23)$$

（3）一般碰撞

在一般情况下，两物体碰撞后，一部分机械能将转化为其他形式的能量，机械能守恒在此情况已不适用. 牛顿总结实验结果并提出了碰撞定律：碰撞后两物体的分离速度 $v_2 - v_1$ 与碰撞前两物体的接近速度成正比，比值称为恢复系数，即

$$e = \frac{v_2 - v_1}{v_{10} - v_{20}} \qquad\qquad (2\text{-}24)$$

恢复系数 e 由碰撞物体的材料决定. 一般情况下 $0 < e < 1$，当 $e = 1$ 时，为完全弹性碰撞；当 $e = 0$ 时，为完全非弹性碰撞.

🎏 实验装置

气垫导轨、气源、数字毫秒计（接光电门）、物理天平、大滑块、小滑块、游标卡尺、卷尺、弹簧钢圈、尼龙粘扣、金属碰撞器、固定小螺丝、U 形挡光片.

📖 实验内容

1. 基础内容：匀加速运动中速度与加速度的测量

（1）将气垫导轨调平

在每次使用前，必须重新对气垫导轨的纵、横两个方向进行调节水平. 通常使用静态调平法调节纵向：打开气源，将压缩空气送入导轨，将滑块轻轻置于导轨上，调节导轨一端的单个底脚螺丝，直到滑块不动或有微小滑动，但无一定的方向为止，即可完成纵向调平. 横向水平调节一般要求不高，可调节气轨一端的双底脚螺丝，直到滑块两侧气隙宽度相同. 实际操作中，气隙宽度的区别并不容易观察，可以借助于气泡水准仪进行调平.

（2）测量匀加速运动中速度与加速度

本实验假设被研究的物体（滑块）在导轨上运动时的摩擦阻力接近于零. 滑块上装一定宽度 Δs 的挡光片（如附录中图 2-3 所示）. 滑块移动 Δs 所用时间 t 用数字毫秒计测量. 计时选用 S2 挡，即当遮光板 b_1 的左边（或 b_2 的右边）进入光电门中（刚刚遮住射入光电管的光线），数字毫秒计开始计时，一直到遮光板 b_2 的左边（或 b_1 的右边）再进入光电门，计时终止. 从数字毫秒计中显示通过遮光板 Δs 的时间 Δt，只要 Δs 足够小，近似地得到该点的瞬时速度为 $v \approx \bar{v} = \frac{\Delta s}{\Delta t}$.

1）将垫块垫在单底脚螺丝下，构成斜面，使滑块从距光电门 $s = 20.00\ \text{cm}$ 处以初

速度为零做匀加速运动,记下挡光片经过光电门时的挡光间隔 Δt,记录在表 2-1 中.

2)再改变 s 分别为 30.00 cm、40.00 cm、50.00 cm、60.00 cm,进行多次测量.

3)选取合适的测量工具,测量 Δs、垫块高 h 及斜面长 L.

4)对以上数据用最小二乘法拟合 v^2-$2s$ 的关系,求出斜面运动的加速度 a 和重力加速度 g,并与本地重力加速度进行比较.

表 2-1　测量斜面上的匀加速运动的速度与加速度

	Δt/ms	s/cm				
		20.00	30.00	40.00	50.00	60.00
次数	1					
	2					
	3					
	平均值					
	Δs/mm					
	h/cm			L/cm		

2. 提升内容:研究三种碰撞状态下的守恒定律

(1)将数字毫秒计的功能键设置在"碰撞"挡.取两滑块 m_1、m_2,且 $m_1>m_2$,用物理天平称 m_1、m_2 的质量(包括挡光片及附件).将两滑块分别装上弹簧钢圈,滑块 m_2 置于两光电门之间(考虑光电门之间的距离如何设置),使其静止,用 m_1 碰撞 m_2,分别记下 m_1 通过第一个光电门的时间 Δt_{10} 和经过第二个光电门的时间 Δt_1,以及 m_2 通过第二个光电门的时间 Δt_2,重复多次,将记录和计算所测的数据填入表 2-2 中.

(2)分别在两滑块上换上尼龙粘扣,重复上述测量并记录、计算所测的数据.

(3)分别在两滑块上换上金属碰撞器,重复上述测量并记录、计算所测的数据.

表 2-2　完全弹性碰撞验证动量守恒定律

次数	t_{10}/ms	v_{10}/(m/s)	t_1/ms	v_1/(m/s)	t_2/ms	v_2/(m/s)	$\Delta p/p$	$\Delta E/E$	e
1									
2									
3									
4									
5									
Δs_1/mm		Δs_2/mm		m_1/g		m_2/g			

3. 进阶内容:验证牛顿第二定律

(1)方案一(利用气垫导轨)

使气垫导轨处于水平状态,用细线将砝码盘通过滑轮与滑块相连.若滑块质量

为 m_0，砝码盘和盘中砝码的质量为 m_n，滑轮等效质量 m_e（约为 0.30 g），砝码盘、盘中砝码和滑块上的砝码的总质量为 m，则此时牛顿第二定律方程为

$$F_n = m_n g = (m_0 + m + m_e) a_n \qquad (2\text{-}25)$$

改变 F_n，使 m_n 分别为 5.00 g，10.00 g，15.00 g，20.00 g，25.00 g（每次剩余砝码要放在滑块上），保持滑块初始释放位置和光电门位置均不变，即位移 s 确定，测量在不同力的作用下，通过光电门的瞬时速度 v_n，再由 $v_n^2 = 2a_n s$，求出 a_n. 作 F_n-a_n 曲线，由斜率求出物体的总质量.

（2）方案二（利用其他装置）

不用气垫导轨，构建一个非重力或微重力作用系统，如弹簧系统，设计一匀加速运动过程，改变系统弹力，用力传感器测量合外力，利用如数字毫秒计、光栅测速仪、加速度传感器（压力式或电容式）等加速度测量仪器测量当该系统质量发生一系列改变后的加速度值，验证牛顿第二定律.

4. 高阶内容

（1）用 Tracker 软件研究与分析速度和加速度，如平抛运动、二维平面内的碰撞过程.

（2）调研、了解多种测量速度与加速度的方法及其优缺点，如多普勒测速、用Phyphox（手机物理工坊）软件测量加速度、望远镜测速、视频追踪测速、飞行器测速等并设计实验进行测试.

思 考 题

1. 预习思考题

本实验中平均速度如何测量？

2. 实验过程思考题

（1）本实验中滑块运动的位移 s 如何确定？起点与终点分别在哪里？

（2）碰撞实验中，两个光电门的间距需要注意什么？被撞小滑块的初始位置与光电门之间的关系如何安排比较合适？

3. 实验报告思考题

（1）如何判断气垫导轨是否调平？

（2）气垫未调平对 v、a 的测量结果有何影响？

（3）恢复系数 e 的大小取决于哪些因素？

参考资料

附 录　　　　　　　**气 垫 技 术**

在物理实验中可采用气垫技术，使物体在气垫导轨上运动，由于气垫可以把物体托浮起来，使运动的接触摩擦大大减小，从而可以进行一些较精确的定量研究并验证某些物理规律. 气垫导轨是一个一端封闭的中空长直导轨，导轨表面有很多小

气孔，压缩空气从小孔中喷出，在滑块和导轨间可以产生 $0.05 \sim 0.20$ mm 厚的空气层，依靠空气层和大气的压强差将滑块托起，使滑块在气轨上做近似无摩擦的运动。整套气垫导轨设备包括导轨、气源和计时系统三大部分，下面分别介绍它们的原理和结构。

1. 导轨

导轨采用角铝合金型材，为了加强刚性，使之不易变形，将角铝合金型材固定在工字钢上。导轨长度在 $1.2 \sim 2.0$ m 之间，导轨面宽度为 40 mm，上面钻有两排等距离排列的小孔，孔距为 $20 \sim 25$ mm，孔径为 $0.5 \sim 0.9$ mm，在供气量充足的情况下，孔径越大，喷气量也越大，浮重和浮高性能也越好。

2. 气源

气源是向气垫导轨管腔内输送压缩空气的设备。气源要求具有气流量大、供气稳定、噪声小、能连续工作等特点。一般实验室宜采用小型气源。气垫导轨的进气口用橡皮管和气源相连，进入导轨内的压缩空气由导轨表面上的小孔喷出，从而托起滑块，托起的高度一般在 0.1 mm 以上。专用小型气源电动机转速较高，容易发热，不能长时间连续使用。

3. 计时系统

计时系统由光电门和数字毫秒计构成。光电门包括光电元件（发光二极管）和小聚光灯泡。安装方式有门式结构和单边式结构。门式结构是把光敏二极管和小灯泡通过一门式框架横跨在导轨两侧，这种结构的制造、安装都很方便，但缺点是有时挡光后会把光电门碰倒，撞在导轨上造成划痕，影响导轨精度和使用寿命。单边式结构是把光电门安装在导轨一侧带有刻度的滑尺上，光敏二极管和小灯泡分别安装在上下位置，这种结构比较合理，便于测量。

数字毫秒计是一种由单片机控制的智能仪器，如图 2-3 所示，可以用于计时、计数、测速、测频等，具有存储、查看多组实验数据的功能。P1 和 P2 是光电门信号的输入端口，提取数据时也显示相应的光电门端口。仪器的气垫导轨等实验数据处理程序，将所测时间直接转换为速度、加速度值，由数字显示屏显示各测量结果，并由指示灯显示出对应的单位，主要功能与使用方法如下。

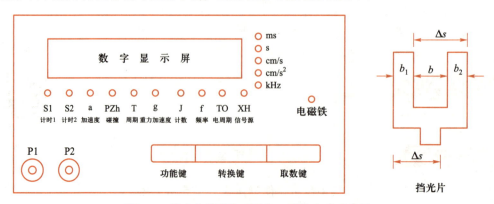

图 2-3　数字毫秒计的面板和 U 形挡光片示意图

（1）面板按键

功能键：功能选择、数据清零。按功能键，可将当前数据清零复位，即显示"0.00"。每按一次功能键，仪器将按顺序依次转换一种功能；连续按下，将循环显示"计时 1（S1）、计时 2（S2）、加速度（a）、碰撞（PZh）"等十种功能，由发光二极管指示相应的功能。

转换键：测量数据单位转换；设定挡光片宽度值 Δs、简谐振动周期值。在计时、加速度、碰撞功能时，每按一次转换键，显示测量值在时间或速度之间转换，而速度值是根据时间、设定挡光片宽度值 Δs 自动运算显示的。每次开机，挡光片宽度自动设定为 1 cm，如需重新设定挡光片宽度可按此键。

取数键：查看仪器内存储的实验数据，在计时 1、计时 2、加速度、碰撞、周期和重力加速度功能时，仪器会自动保留若干组实验测量值。按取数键，显示屏依次显示各数据。

（2）仪器部分功能

计时 1（S1）：可以测量对 P1 或 P2 端口光电门的挡光时间。

计时 2（S2）：可以测量对 P1 或 P2 端口光电门的两次挡光之间的时间间隔及滑块通过光电门的速度值。

加速度（a）：可以测量滑块通过每个光电门的时间、速度，通过相邻光电门的时间或者这段路程的加速度。

碰撞（PZh）：碰撞实验中，可以测量两滑块通过 P1 和 P2 端口光电门的速度。

周期（T）：测量简谐振动中若干周期的时间。

4. 使用气垫导轨时的注意

（1）小型专用气源功率小，电机容易发热，不宜长时间连续使用，不测量时要把气源关掉，以免烧坏电机。

（2）不要在导轨表面加压以防止导轨变形及划伤，导轨不通气时不要将滑块在导轨上滑动，以免磨损。导轨表面要常用酒精棉球轻擦，保证导轨表面的清洁度和光滑度，不用时加防尘罩。

（3）导轨的滑块内表面经过精密加工，配合密切，使用时要轻拿轻放，切勿使滑块跌落。

实验 3 用拉伸法测量金属丝的弹性模量

弹性模量是表征刚性材料在弹性限度内抗压或拉伸性能的物理量。1807 年因英国物理学家托马斯·杨（Thomas Young，1773—1829）研究的结果而命名，也称杨氏模量。它仅取决于材料本身的物理性质，与样品的尺寸大小、外形和外加力的大小无关。弹性模量的大小标志材料的刚性程度，弹性模量越大，发生形变越难。弹性模量的测定对研究金属、半导体、聚合物、陶瓷、橡胶等各种材料的力学性质有着重要意义，是工程技术中常用的重要力学参量。

🔍 实验目的

1. 掌握用拉伸法测量金属丝弹性模量的方法.
2. 理解光杠杆光学放大法测量长度微小变化的原理.
3. 掌握两种数据处理方法（最小二乘法和作图法）.
4. 学会计算物理量的不确定度.

✒️ 实验原理

在材料弹性限度内，应力 F/S（即法向力与力所作用的面积之比）和应变 $\Delta L/L$（即长度的变化与原长之比）相比是一个常量，即

$$E=(F/S)/(\Delta L/L)=FL/S\Delta L \tag{3-1}$$

式中 E 称为材料的弹性模量，本实验研究如何用拉伸法测量金属丝的弹性模量.

因为刚性材料在外力拉伸下一般伸长量 ΔL 很小，可采用光杠杆通过光学放大法测量 ΔL.

光杠杆（如图 3-1 所示）是一个带有可旋转平面镜的支架，平面镜的镜面基本垂直于刀口和杠杆支脚的足尖所决定的平面，杠杆支脚的足尖与被测物接触. 当金属丝受到向下拉力 F 作用时，足尖将随被测物下降微小距离 ΔL，平面镜镜面的法线将转过一个 θ 角，此时从望远镜中看到的标尺刻度是标尺经过平面镜反射所成的像，从尺子发出的入射线和反射线的夹角为 2θ，如图 3-2 所示，当 θ 很小时，

$$\theta\approx\tan\theta=\Delta L/l \tag{3-2}$$

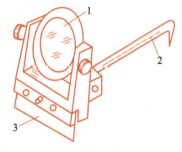

1—平面镜；2—杠杆支脚；3—刀口

图 3-1　光杠杆结构图

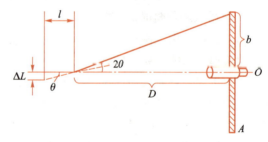

图 3-2　光杠杆原理图

式中 l 是支脚尖到刀口的垂直距离（也叫光杠杆的臂长）. 由图 3-2 可知

$$2\theta\approx\tan 2\theta=\frac{b}{D} \tag{3-3}$$

式中 D 为镜面到标尺的距离，b 为在拉力 F 作用下标尺读数的改变.

由式（3-2）和式（3-3）得到

$$\frac{\Delta L}{l}=\frac{b}{2D}$$

由此得

$$\Delta L=\frac{bl}{2D} \tag{3-4}$$

由式（3-1）和式（3-4）得

$$E = \frac{2DLF}{Slb} \qquad (3-5)$$

式中 $2D/l$ 称为光杠杆的放大倍数. 测出 D、L、l 和金属丝直径 d（$S = \pi d^2/4$）及一系列的 F 与 b 之后, 由式（3-5）即可计算出金属丝的弹性模量 E.

实验装置

弹性模量测量仪实验装置如图 3-3 所示. 待测金属丝长约 1 m, 其上端夹紧, 悬挂于支架顶部, 穿过中空的圆柱形管制器后, 下端被管制器底部夹紧, 支架中部有一平台, 平台中一圆孔, 管制器能在孔中上下自由移动, 砝码加在管制器下的砝码托上, 金属丝因受到拉力而伸长.

砝码加在砝码托上, 拉伸金属丝, 金属丝伸长后带动管制器下降, 杠杆支脚的足尖随之下降. 从望远镜中观察标尺读数的变化, 并记录.

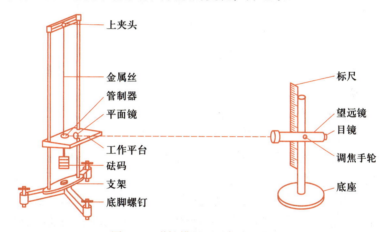

图 3-3　弹性模量测量仪实验装置

实验内容

1. 基础内容

（1）预习

1）理解弹性模量的物理意义及定义.

2）理解光杠杆的放大原理.

3）初步了解弹性模量实验仪的工作原理.

（2）实验过程

1）调节仪器.

① 调节支架底脚螺钉, 确保平台的水平; 调节平台的上下位置, 使管制器顶部与平台的上表面共面; 调节管制器后部螺母松紧, 使管制器可以上下自由移动, 而左右只能小幅度转动.

② 光杠杆的调节: 光杠杆和镜尺组是测量金属丝伸长量 ΔL 的关键部件. 调节光杠杆处于正常工作状态.

③ 镜尺组的调节: 调节望远镜、标尺和光杠杆三者之间的相对位置, 调节望远

镜目镜及物镜焦距，使标尺像清晰，见图3-3.

2）测量.

① 砝码托的质量为 m_0，记录望远镜中标尺的初始读数 b_0 作为金属丝的起始长度.

② 在砝码托上逐次加相同质量的砝码，记录每增加一个砝码时望远镜中标尺上的读数 b_i，然后再将砝码逐次减去，记下对应的读数 b_i'，取相同砝码的两组数据的平均值 $\overline{b_i}$.

③ 选用合适的仪器测量金属丝的长度 L，平面镜与标尺之间的距离 D，光杠杆的臂长 l，金属丝直径 d.

（3）数据处理要求

把式（3-5）改写为

$$\overline{b_i} = 2DLF_i/(SlE) = MF_i \tag{3-6}$$

其中 $M = 2DL/(SlE)$，在一定的实验条件下，M 是一个常量，作 $\overline{b_i}$-F_i 关系图，其斜率为 M. 得到 M 的数据后可由式（3-7）计算弹性模量

$$E = 2DL/(SlM) \tag{3-7}$$

用最小二乘法对数据进行线性拟合，并作图，求出弹性模量及其不确定度.

2. 提升内容

测量弹性模量实验的难点在于测量金属丝长度的微小变化量 ΔL，可利用光的单缝衍射法对 ΔL 进行测量，把长度微小变化的测量转变成衍射斑点宽度变化的测量.

如图3-4所示，激光照射在狭缝上，在远处屏幕上产生衍射斑点，关注零极斑点的长度. 当金属丝在外力作用下被拉长，狭缝变窄，衍射斑点长度也随之变化，因为衍射斑点长度的变化比金属丝长度变化大得多，从而实现微小长度的放大. 测量方法可参考本实验的参考资料［8］，请自主设计实验方案，搭建实验装置，测量金属丝的弹性模量.

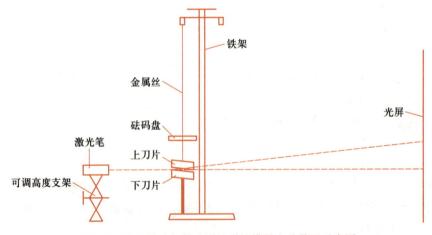

图3-4　光的单缝衍射法测量弹性模量实验装置示意图

3. 进阶内容

较长的金属丝在外力作用下，长度会发生微小变化，但横截面积几乎不变，电

阻因此变大. 利用非平衡电桥测量电阻的微小变化, 得到金属丝长度的微小变化, 进而测量金属丝的弹性模量. 详细内容可参考本套书第二册实验 1 测量康铜丝的杨氏模量和泊松比.

自主设计实验方案, 画出实验电路图, 自主搭建非平衡电桥电路, 测量并记录在逐渐变化的外力下, 电阻渐变的值, 利用作图法及最小二乘法处理数据, 得到金属丝的弹性模量.

4. 高阶内容

杨氏模量测量方法较多, 同学们可以探讨弯梁法、共振法、超声法、RLC 电路法、霍尔传感器法等测量弹性模量的原理和方法, 自主设计并搭建装置, 测量弹性模量.

请分析上述力学、电磁学及光学的测量方法, 比较各种方法的优缺点及在实际工程中的应用.

思考题

1. 预习思考题

（1）什么是材料的弹性模量, 它和材料的长度、横截面积是否有关?

（2）光杠杆放大原理是什么, 它的放大倍数由哪些量决定?

2. 实验过程思考题

（1）实验过程中, 如果从望远镜中看到的标尺不清晰是为什么? 如何调节才能使得标尺读数清晰?

（2）实验过程中, 当从望远镜看到标尺的初始值较大, 调节什么仪器可以使得初始值较小, 以免加砝码后读数溢出?

（3）如何准确测量光杠杆的臂长?

3. 实验报告思考题

（1）利用光杠杆, 把测量微小长度 ΔL 转变成测量标尺读数 b, 光杠杆的放大率为 $M = 2D/l$, 根据此式能否以增加 D 减小 l 来提高放大率, 这样做有无好处? 有无限度? 应怎样考虑这个问题?

（2）实验中, 各个长度量用不同的仪器来测量是怎样考虑的, 为什么?

（3）材料拉伸的同时, 一般径向会收缩, 请查阅文献去了解, 如果同时考虑纵向拉伸和径向收缩, 如何定义物理量描述材料的这种性质?

参考资料

附录

1. 激光杠杆及其放大作用

用激光器作光杠杆的方法有以下两种.

第一种方法: 激光器出光口装有十字形光阑, 将其取代原来光杠杆的反射平面镜, 置于弹性模量的管制器上, 调节十字光斑位置使其直接照射到标尺上, 激光器随着管制器高度变化仰角发生变化, 读取标尺上读数, 直接利用光杠杆原理, 通过

改变 D 的大小而任意调节放大倍数，此实验装置简单，思路清晰，便于调节.

第二种方法：用前端装有十字形光阑的激光器取代原实验装置上的望远镜，将十字光斑经平面镜反射后照射到标尺上而读数. 此方法原理清晰，实验装置简单，操作方便.

2. 固体线膨胀系数的测量

在一定的温度范围内，固体受热后，其长度会增加. 不同的材料受热后热胀冷缩的相对长度变化是不同的. 我们用线膨胀系数 α 来描述材料的这种特性. 线膨胀是指棒状固体材料在受热膨胀时，忽略横向膨胀，在纵向上的一维伸长.

（1）实验原理

设棒状固体原长为 L，由初温 t_1 加热升温至末温 t_2，长度变化为 ΔL，则有

$$\Delta L = \alpha L(t_2 - t_1) \tag{3-8}$$

上式表明，物体受热后其伸长量与温度的增加量和原长成正比，也和物体本身的线膨胀系数 α 有关：

$$\alpha = \Delta L / \left[L(t_2 - t_1) \right] \tag{3-9}$$

利用本实验原理部分中介绍的光杠杆的实验原理，可以测量物理受热后固体材料伸长的微小量 $\mathrm{d}L$，可得

$$\alpha = bl / \left[2\mathrm{d}L(t_2 - t_1) \right] \tag{3-10}$$

（2）实验内容

1）基础内容

设计实验测量金属材料的线膨胀系数.

① 测量金属棒的长度.

② 多次测量直径并计算其不确定度.

③ 检查棒不同位置的温度均匀性.

④ 利用光杠杆测量棒伸长量与温度的关系.

⑤ 利用式（3-10）计算待测金属棒的线膨胀系数.

2）提高内容

① 研究棒的长径比对线膨胀系数的测量结果的影响.

② 选择材料相同、长径比不同的金属棒，测量对应的线膨胀系数，分析长径比对测量精度的影响.

3）进阶内容

① 研究测量梯度对测量结果的影响.

② 加热过程中，由于对流、热辐射及热传导的影响，棒在不同位置处会产生温度梯度，现引入三个热电偶测量金属棒上、中、下三个位置的温度，考虑温度梯度的影响，建立测量模型，根据测量的实验数据，计算材料的膨胀系数.

4）高阶内容

① 同时考虑长、径向两个方向的膨胀，引入类似泊松比的参量，建立一模型，通过电阻随温度的变化，实现线膨胀系数的测量.

② 设计一个装置，利用热膨胀实现某一具体功能.

③ 如果材料受热收缩，表现出负膨胀特性（常见于磁性材料），用 X 射线衍射仪测量其晶胞参量随温度的变化，研究其膨胀特性．设计一装置，测量材料在低温下的膨胀系数．

实验 4__切变模量的测量

材料的杨氏模量、切变模量以及断裂强度等宏观量是材料的重要力学性能指标．切变模量是材料在弹性变形比例极限范围内，切应力与切应变的比值，又称剪切模量或刚性模量，它表征材料抵抗切应变的能力．模量越大，材料发生剪切形变越难．

金属材料中的切变模量，常用于评估材料的高速切削、振动、冲击等方面的性能．测量切变模量的方法有扭摆法、超声脉冲法、二次全息法等．本实验采用的是扭摆法．

🔍 实验目的

本实验相关资源

1. 学会物理量等效置换法，提高实验精度的测量方法．
2. 掌握用扭摆法测量钢丝的切变模量和扭转模量．
3. 了解影响钢丝切变模量及扭转模量的参量．

📝 实验原理

实验对象是一根均匀而细长的钢丝，如图 4-1 所示的细长的圆柱体，其半径为 R、长度为 L. 将其上端固定，而使其下端面发生扭转．扭转力矩使圆柱体各截面小体积元均发生切应变．在弹性限度内，切应变 γ 正比于切应力 τ：

$$\tau = G\gamma \qquad (4-1)$$

这就是剪切胡克定律，比例系数 G 即为材料的切变模量．

钢丝下端面绕中心轴线 OO' 转过角 φ（即点 P 转到了 P' 的位置）．相应的，钢丝各横截面都发生转动，其单位长度的转角 $\dfrac{\mathrm{d}\varphi}{\mathrm{d}l} = \dfrac{\varphi}{L}$. 分析这细圆柱中长为 $\mathrm{d}l$ 的一小段，其上截面为 A，下截面为 B（如图 4-2 所示）．由于发生切变，其侧面上的线 ab 的下端移至 b'，即 ab 转过了一个角度 γ，$bb' = \gamma \mathrm{d}l = R\mathrm{d}\varphi$，即切应变

$$\gamma = R\frac{\mathrm{d}\varphi}{\mathrm{d}l} \qquad (4-2)$$

在钢丝内部半径为 ρ 的位置，其切应变为

$$\gamma_\rho = \rho\frac{\mathrm{d}\varphi}{\mathrm{d}l} \qquad (4-3)$$

由剪切胡克定律 $\tau_\rho = G\gamma_\rho = G\rho\dfrac{\mathrm{d}\varphi}{\mathrm{d}l}$，可得横截面上距轴线 OO' 为 ρ 处的切应力．这个切应力产生的恢复力矩为

$$\tau_\rho \cdot \rho \cdot 2\pi\rho \cdot \mathrm{d}\rho = 2\pi G\rho^3 \frac{\mathrm{d}\varphi}{\mathrm{d}l} \cdot \mathrm{d}\rho \qquad (4-4)$$

截面 A、B 之间的圆柱体，其上下截面相对切变引起的恢复力矩 M 为

$$M = \int_0^R 2\pi G \rho^3 \mathrm{d}\rho \cdot \frac{\mathrm{d}\varphi}{\mathrm{d}l} = \frac{\pi}{2} G R^4 \frac{\mathrm{d}\varphi}{\mathrm{d}l} \qquad (4\text{-}5)$$

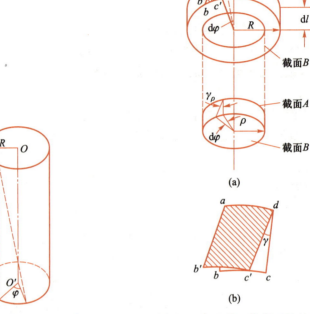

图 4-1　金属丝扭转形变示意图　　　图 4-2　细丝某一横截面的运动状态

因钢丝总长为 L，总扭转角为 $\varphi = L \dfrac{\mathrm{d}\varphi}{\mathrm{d}l}$，所以总恢复力矩

$$M = \frac{\pi}{2} G R^4 \frac{\varphi}{L} \qquad (4\text{-}6)$$

所以

$$G = \frac{2ML}{\pi R^4 \varphi} \qquad (4\text{-}7)$$

于是，求切变模量 G 的问题就转化成求钢丝扭矩（即其恢复力矩）的问题. 为此，在钢丝下端悬挂一圆盘，它可绕中心线自由扭动，成为扭摆. 扭摆转过的角度 φ 与所受的扭力矩成正比：

$$M = D\varphi \qquad (4\text{-}8)$$

D 为金属丝的扭转模量. 将式（4-8）代入式（4-7）后有

$$G = \frac{2DL}{\pi R^4} \qquad (4\text{-}9)$$

由转动定律

$$M = I_0 \frac{\mathrm{d}^2 \varphi}{\mathrm{d}t^2} \qquad (4\text{-}10)$$

I_0 为摆的转动惯量，再由式（4-8）和式（4-10）可得

$$\frac{\mathrm{d}^2\varphi}{\mathrm{d}t^2}+\frac{D}{I_0}\varphi=0 \qquad (4\text{-}11)$$

这是一个简谐振动微分方程，其角频率 $\omega=\sqrt{\dfrac{D}{I_0}}$，周期为

$$T_0=2\pi\sqrt{\frac{I_0}{D}} \qquad (4\text{-}12)$$

作为扭摆的圆盘上带有一个夹具，这给测量或计算 I_0 带来困难. 为此，可将一个金属环对称地置于圆盘上. 设环的质量为 m，内外半径分别为 $r_内$ 和 $r_外$，转动惯量为 $I_1=\dfrac{1}{2}m(r_内^2+r_外^2)$. 这时扭摆的周期

$$T_1=2\pi\sqrt{\frac{I_0+I_1}{D}} \qquad (4\text{-}13)$$

由式（4-12）、式（4-13）可得

$$I_0=I_1\frac{T_0^2}{T_1^2-T_0^2} \qquad (4\text{-}14)$$

$$D=\frac{4\pi}{T_0^2}I_0=4\pi\frac{I_1}{T_1^2-T_0^2}=\frac{2\pi^2 m(r_内^2+r_外^2)}{T_1^2-T_0^2} \qquad (4\text{-}15)$$

$$G=\frac{4\pi L m(r_内^2+r_外^2)}{R^4(T_1^2-T_0^2)} \qquad (4\text{-}16)$$

实验装置

扭摆（装置如图 4-3 所示）、米尺、游标卡尺、螺旋测微器、秒表.

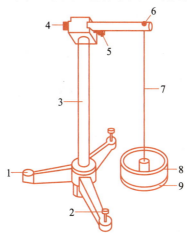

1—底座；2—底座上的调平螺丝；3—支杆；
4—固定横杆的螺母；5—连接支杆和横杆的螺丝；
6—固定金属丝的螺丝；7—待测金属丝；8—金属环；9—金属悬盘.

图 4-3 扭摆的结构示意图

📖 实验内容

1. 基础内容

（1）调节扭摆，使钢丝与作为扭摆的圆盘面垂直，圆环应能方便地置于圆盘上.

（2）用螺旋测微器测钢丝直径，用游标卡尺测环的内外径，用米尺测钢丝的有效长度.

（3）写出相对误差公式，请据此估算，应测多少个周期较合适？

（4）计算钢丝的切变模量 G 和扭转模量 D，分析误差.

2. 提高内容

改变扭转角的大小，使 γ 在 0 到 0.15° 的范围内变化，测量不同扭转角时的切变模量，研究钢丝的切变模量与其扭转角度的关系.

3. 进阶内容

（1）更换直径大小不同的钢丝，测量其切变模量的大小，研究钢丝切变模量和钢丝直径的关系.

（2）利用扭摆测量物体的转动惯量，与用三线摆测量转动惯量的方法进行比较.

4. 高阶内容

（1）用智能手机拍摄扭摆摆动视频，用 Track 软件追踪扭摆的运动轨迹，研究有非切向力时，扭摆周期的变化情况及对切变模量测量的影响.

（2）设计一台扭秤称量相距 0.1 m 的 1 kg 铅球之间的引力大小. 根据式（4-6），为了提高扭秤的灵敏度，对悬丝的直径 R、长度 L 和切变模量 G 应该有何要求？

思考题

1. 预习思考题

（1）试比较圆盘和圆环的质量，说明两者在质量相同的情况下，转动惯量不同的原因.

（2）切变模量和杨氏模量同为表征物体力学性质的弹性常量，它们的物理意义有什么不同？它们之间有无联系？

（3）为提高测量精度，本实验在设计上做了哪些安排？在具体测量时又要注意什么问题？

2. 实验过程思考题

（1）每个直接测量量的不确定度对测量结果的不确定度都是有贡献的，在什么情况下，我们可以忽略直接测量量的不确定度？

（2）在本实验中，每个直接测量量测多少次比较合适？为什么？

3. 实验报告思考题

（1）实验中，扭转角度对结果有何影响？

（2）摆长对实验结果有何影响？

（3）如何测量任意形状的物体的转动惯量？实际测量时该怎样设计实验？

参考资料

实验 5 __液体黏度的测量

一种液体相对于其他固体、气体、液体运动，或同种液体内各部分之间有相对运动时，接触面之间存在摩擦力. 这种性质称为液体的黏性，这种摩擦力也称为黏性力. 黏性力的方向平行于接触面，且使速度较快的部分减速，其大小与接触面面积以及接触面处的速度梯度成正比，比例系数 η 称为黏度，表征液体黏性的强弱. 黏度与液体的性质、温度和流速有关.

对液体黏性的研究在物理学、化学化工、生物工程、医疗、航空航天、水利、机械润滑和液压传动等领域有广泛的应用. 现代医学发现，许多心血管疾病都与血液黏度的变化有关，血液黏度的增大会使流入人体器官和组织的血流量减少，血液流速减缓，使人体处于供血和供氧不足的状态，可能引发多种心脑血管疾病和许多其他身体不适症状. 因此，黏度是人体血液健康的重要标志之一. 在液体的传输方面，石油在封闭管道中长距离输送时，其输运特性与黏性密切相关. 因而在设计管道前，应该测量石油的黏度. 自来水、汽油、热水供暖等也都要考虑黏性.

测定黏度常用方法有以下几种：落球法、毛细管法、旋转法、扭摆法等.

对黏度较大的流体，如蓖麻油、机油等透明（或半透明）液体，常用落球法. 对于黏度较小的流体，如水、乙醇、血液等，常用毛细管法.

🔍 实验目的

本实验相关资源

1. 理解黏性力产生的机理.
2. 了解液体黏度与温度的关系.
3. 掌握落球法、毛细管法、旋转法、扭摆法等测量液体黏度的常用方法.
4. 用落球法测量液体的黏度，理解斯托克斯公式适用条件和修正方法.

✏️ 实验原理

1. 落球法

（1）斯托克斯公式

一个在静止液体中缓慢下落的小球受到三个力的作用：重力、浮力和黏性阻力. 黏性阻力是液体密度、温度和运动状态的函数. 如果小球在液体中下落时的速度很小，球的半径也很小，且可以认为液体在各方向上都是无限广阔的，则从流体力学的基本方程出发可导出著名的斯托克斯公式：

$$F = 6\pi\eta vr \tag{5-1}$$

式中，F 为小球所受到的黏性阻力；v 为小球的下落速度；r 为小球的半径；η 为液体的黏度，国际单位制中，η 的单位是 $\mathrm{Pa \cdot s}$. 斯托克斯公式是由黏性液体普遍的运动方程导出的.

如图 5-1 所示，当质量为 m、体积为 V 的小球在密度为 ρ_0 的液体中下落时，作用在小球上的力有三个. 球开始下落时，速度很小，阻力不大，小球做加速下降. 随着速度的增加，阻力逐渐加大，速度达一定值时，阻力和浮力之和将等于重力，那

时物体运动的加速度等于零，小球开始匀速下落，即

$$mg = \rho_0 Vg + 6\pi\eta vr \qquad (5-2)$$

此时的速度称为终极速度.

$$\eta = \frac{(m - \rho_0 V)g}{6\pi vr} \qquad (5-3)$$

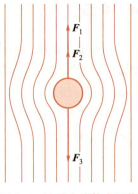

图 5-1　小球在液体中下落

（2）雷诺系数的影响

液体各层间相对运动速度较小时，呈现稳定的运动状态，如果给不同层内的液体添加不同色素，就可以看到一层层颜色不同的液体各不相扰地流动，这种运动状态叫层流. 如果各层间相对运动较快，就会破坏这种层流，逐渐过渡到湍流，甚至出现漩涡. 我们定义一个量纲为 1 的参量——雷诺数 Re 来表征液体运动状态的稳定性. 设液体在圆形截面的管中的流速为 v，液体的密度为 ρ_0，黏度为 η，圆管的直径为 $2r$，则

$$Re = \frac{2\pi\rho_0 r}{\eta} \qquad (5-4)$$

当 $Re < 2\,000$ 时，液体处于层流状态；当 $Re > 3\,000$ 时，液体呈现湍流状态；当 Re 介于上述两值之间时，液体处于层流、湍流过渡阶段.

奥西恩-果尔斯公式反映出了液体运动状态对斯托克斯公式的影响：

$$F = 6\pi\eta rv\left[1 + \frac{3}{16}Re - \frac{19}{1\,080}(Re)^2 + \cdots\right] \qquad (5-5)$$

式中 $\dfrac{3Re}{16}$ 项和 $\dfrac{19(Re)^2}{1\,080}$ 项可以看作斯托克斯公式的第一和第二修正项. 若 $Re = 0.1$，则零级解［即式（5-1）］与一级解［即式（5-5）中取一级修正］相差约 2%，二级修正项约 2×10^{-4}，可略去不计；若 $Re = 0.5$，则零级解与一级解相差约 9%，二级修正项约 0.4%，仍可略去不计；但当 $Re = 1$ 时，则二级修正项约 2%，随着 Re 的增大，高次修正项的影响变大.

（3）容器壁的影响

在一般情况下，小球在容器半径为 R、液体的高度为 h 的液体内下落，液体在各方向上都是无限广阔的这一假设条件是不成立的. 因此，考虑到容器壁的影响，式（5-5）修正为

$$F = 6\pi\eta rv\left(1 + 2.4\frac{r}{R}\right)\left(1 + 3.3\frac{r}{h}\right)\left[1 + \frac{3}{16}Re - \frac{19}{1\,080}(Re)^2 + \cdots\right] \qquad (5-6)$$

式（5-6）含 R 和 h 的因子即反映了这一修正.

（4）η 的表示

前面讨论了黏性阻力 F 与小球的速度、几何尺寸、液体的密度、雷诺数、黏度等参量之间的关系，但在一般情况下黏性阻力 F 是很难测定的. 因此，还是很难得到黏度 η. 为此，考虑一种特殊情况：

小球的液体中下落时，重力方向向下，而浮力和黏性阻力向上，黏性阻力随着

小球速度的增加而增加. 显然, 小球从静止开始做加速运动, 当小球的下落速度达到一定值时, 这三个力的合力等于零, 这时, 小球将匀速下落, 由式 (5-6) 得

$$\frac{4}{3}\pi r^3(\rho-\rho_0)g=6\pi\eta rv\left(1+2.4\frac{r}{R}\right)\left(1+3.3\frac{r}{h}\right)\left[1+\frac{3}{16}Re-\frac{19}{1\,080}(Re)^2+\cdots\right] \quad (5-7)$$

式中, ρ 是小球的密度, g 为重力加速度, 由式 (5-7) 得

$$\begin{aligned}
\eta &=\frac{2}{9}\frac{(\rho-\rho_0)gr^2}{v\left(1+2.4\dfrac{r}{R}\right)\left(1+3.3\dfrac{r}{h}\right)\left[1+\dfrac{3}{16}Re-\dfrac{19}{1\,080}(Re)^2+\cdots\right]}\\
&=\frac{1}{18}\frac{(\rho-\rho_0)gd^2}{v\left(1+2.4\dfrac{d}{2R}\right)\left(1+3.3\dfrac{d}{2h}\right)\left[1+\dfrac{3}{16}Re-\dfrac{19}{1\,080}(Re)^2+\cdots\right]}
\end{aligned} \quad (5-8)$$

式中 d 是小球的直径.

由对 Re 的讨论, 我们得到以下三种情况:

1) 当 $Re\leqslant0.1$ 时, 可以取零级解, 则式 (5-8) 就成为

$$\eta_0=\frac{1}{18}\frac{(\rho-\rho_0)gd^2}{v\left(1+2.4\dfrac{d}{2R}\right)\left(1+3.3\dfrac{d}{2h}\right)} \quad (5-9)$$

即为小球直径和速度都很小时, 黏度 η 的零级近似值.

2) $0.1<Re<0.5$ 时, 可以取一级近似解, 式 (5-8) 就成为

$$\eta_1\left(1+\frac{3}{16}Re\right)=\frac{1}{18}\frac{(\rho-\rho_0)gd^2}{v\left(1+2.4\dfrac{d}{2R}\right)\left(1+3.3\dfrac{d}{2h}\right)} \quad (5-10)$$

它可以表示成零级近似解的函数:

$$\eta_1=\eta_0-\frac{3}{16}dv\rho_0 \quad (5-11)$$

3) 当 $Re\geqslant0.5$ 时, 还必须考虑二级修正, 则式 (5-8) 变成

$$\eta_2\left[1+\frac{3}{16}Re-\frac{19}{1\,080}(Re)^2\right]=\frac{1}{18}\frac{(\rho-\rho_0)gd^2}{v\left(1+2.4\dfrac{d}{2R}\right)\left(1+3.3\dfrac{d}{2h}\right)}$$

或

$$\eta_2=\frac{1}{2}\eta_1\left[1+\sqrt{1+\frac{19}{270}\left(\frac{dv\rho_0}{\eta_1}\right)^2}\right] \quad (5-12)$$

在实验完成后, 进行数据处理时, 必须对 Re 进行验算, 确定它的范围并进行修正, 得到符合实验要求的黏度值.

2. 毛细管法

(1) 泊肃叶定律

实际液体在水平细圆管中流动时, 因黏性而呈分层流动状态, 各流层均为同轴圆管. 由泊肃叶定律可知

$$Q = \frac{\pi r^4 \Delta p}{8\eta L} \tag{5-13}$$

式中，Q 为细圆管的流量；L 为细圆管长度；r 为细圆管半径；Δp 为两端的压强差；η 为液体的黏度，国际单位制中，η 的单位是 Pa·s.

（2）用毛细管法测液体黏度的原理

本实验通过测量一定体积的液体流过毛细管的时间来计算黏度，即

$$Q = \frac{V}{t} = \frac{\pi r^4 \Delta p}{8\eta L} \tag{5-14}$$

式中 V 即为 t 时间内流过毛细管的液体体积.

当毛细管沿竖直位置放置时，应考虑液体本身的重力作用. 因此，式（5-14）可表示为

$$V = \frac{\pi r^4 (\Delta p + \rho g L)}{8\eta L} \cdot t \tag{5-15}$$

本实验所用的毛细管黏度计如图 5-2 所示，它是一个 U 形玻璃管，设毛细管内液体的流速为 v，由伯努利方程可知流管中各处的压强、流速与位置之间的关系为

$$\frac{1}{2}\rho v^2 + \rho g h + p = 常量 \tag{5-16}$$

对于图 5-2 中所示的 C 处和 A 处，若取 $h_A = 0$，则有

$$\rho g h_1 + \frac{1}{2}\rho v_C^2 + p_0 = \frac{1}{2}\rho v^2 + p_A \tag{5-17}$$

其中 C 处流速 $v_C \approx 0$，p_0 为大气压强，p_A 为 A 处压强. 所以有

$$p_A = p_0 + \rho g h_1 - \frac{1}{2}\rho v^2 \tag{5-18}$$

同理，对 B 处与 D 处应用伯努利方程，可得 B 处压强

$$p_B = p_0 - \rho g h_2 - \frac{1}{2}\rho v^2 \tag{5-19}$$

v 为毛细管内的流体流速. 由此，毛细管两端压强差为

$$\Delta p = p_A - p_B = \rho g (h_1 + h_2) = \rho g (H - L) \tag{5-20}$$

将式（5-20）代入式（5-15）得

$$V = \frac{\pi r^4 \rho g H}{8\eta L} \cdot t \tag{5-21}$$

在实际测量时，毛细管半径 r、毛细管长度 L 和 A、C 两刻线所划定的体积 V 都很难准确地测出，液面高度差 H 又随液体流动时间而改变，并非固定值，因此，直接使用式（5-21）计算黏度相当困难. 下面介绍比较测量法，即使用同一支毛细管黏度计，测两种不同液体流过毛细管的时间. 测量时，如果对密度分别为 ρ_1、ρ_2 的两种液体取相同的体积，则在测量开始和测量结束时的液面高度差 H 也是相同的，分别测出两种液体的液面从 C 降到 A（体积为 V）所需的时间 t_1 和 t_2，由于 r、V、L 都是定值，因此可得下式

$$\frac{V}{t_1} \propto \frac{\rho_1}{\eta_1} \quad 和 \quad \frac{V}{t_2} \propto \frac{\rho_2}{\eta_2} \tag{5-22}$$

式（5-22）中 $\frac{V}{t_1}$ 和 $\frac{V}{t_2}$ 分别是体积为 V 的两种液体流过毛细管的平均流量. 式（5-22）中的两式相比可得

$$\eta_2 = \eta_1 \frac{\rho_2 t_2}{\rho_1 t_1} \tag{5-23}$$

式中 η_1 和 η_2 分别为两种不同液体的黏度，若已知一种液体的黏度和 ρ_1、ρ_2，只要测出 t_1 和 t_2 就可求出第二种液体的黏度. 这种方法就称为比较测量法.

🛠 实验装置

1. 落球法：电子天平、螺旋测微器、带有刻度的玻璃筒、蓖麻油、不同规格的小球、温度计、密度计、直尺、游标卡尺、镊子.

2. 本实验的内容是测量筒内的蓖麻油的黏度，实验装置如图 5-3 所示. 油内置有温度计和密度计，注意密度计的读数原理.

3. 液体密度计

密度计是用来测定液体密度的一种仪器. 密度计是根据阿基米德定律和物体浮在液面上平衡的条件制成的，它由一根密闭的玻璃管组成. 当密度计浮在液体中时，其本身的重力跟它排开的液体的重力相等. 在不同的液体中浸入不同的深度，所受到的压力不同，密度计就是利用这一关系标度的.

4. 毛细管黏度计

毛细管黏度计如图 5-2 所示，A 与 B 之间为一毛细管，左边上部的管泡两端各有一刻痕 C 和 A，右边为一粗玻璃管，还有一管泡. 实验时将一定量的液体注入右管，用吸球将液体吸至左管. 保持黏度计竖直，然后让液体经毛细管流回右管. 设左

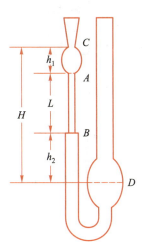

图 5-2　毛细管黏度计

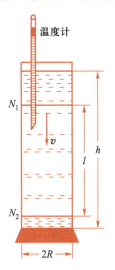

R—容器内径；h—液体高度；

l—匀速下落距离；v—匀速下落速度

图 5-3　用落球法测定液体的黏度装置图

管液面在 C 处时，右管中液面在 D 处，两液面高度差为 H，C、A 间高度差为 h_1，B、D 间高度差为 h_2. 因为液面在 CA 及 BD 两部分中下降及上升得极其缓慢（管泡半径远大于毛细管半径），液体内摩擦损耗极小，故可近似视为理想液体，且流速近似为零.

实验内容

1. 基础内容

（1）理解用落球法测量液体黏度的基本原理，了解斯托克斯公式的适用条件，了解液体密度计的原理和使用方法.

（2）用落球法测量液体的黏度.

1）设计寻找小球匀速下降区域的方法，测出其长度 l.

2）用螺旋测微器测定 6 个同类小球的直径，并且利用电子天平称其质量，分别取其直径和质量的平均值.

3）将一个小球在量筒中央尽量接近液面处轻轻投下，使其进入液面时初速度为零，测出小球通过匀速下降区 l 的时间 t，重复 6 次，取平均值，然后求出小球匀速下降的速度.

4）用相应的仪器测出 R、h、液体密度 ρ_0 及液体的温度 T（各测量三次），温度 T 应取实验开始时的温度和实验中间及实验结束时的温度的平均值. 应用式（5-9）计算 η_0.

5）计算雷诺数 Re，并根据雷诺数的大小，进行一级或二级修正.

6）选用三种不同直径的小球进行实验，每种测 6 个.

注意：量筒内的待测油需经长时间的静止放置，以排除气泡. 要使液体始终保持静止状态，在实验过程中不可捞取小球扰动液体.

2. 提升内容

（1）研究黏度随温度的变化关系，测量不同温度下的液体黏度，绘制黏度-温度曲线.

（2）根据 Andrade 公式，将黏度-温度曲线指数曲线用直线拟合.

3. 进阶内容

（1）了解用旋转法、毛细管法（比较法）、扭摆法测量黏度、测量黏度-温度曲线的原理和方法，分别测量液体的黏度.

（2）根据测量的黏度-温度曲线，用不同数学形式对曲线进行拟合.

4. 高阶内容

设计利用加速度传感器、无线通信、自动数据采集等方法测量非透明液体的黏度.

思考题

1. 预习思考题

（1）落球法和毛细管法所采用的测液体黏度的方法分别对哪些液体适用？

（2）什么是雷诺数？说明其物理意义.

2. 实验过程思考题

（1）用落球法测液体黏度时，可能引起误差的因素有哪些？

（2）设容器内 N_1 和 N_2 之间为匀速下降区域，那么对于同样材质但直径较大的球，该区间也是匀速下降区域吗？反过来呢？

3. 实验报告思考题

假设在水下发射直径为 1 m 的球形水雷，速度为 10 m/s，水温为 10 ℃，$\eta = 1.3 \times 10^{-4}$ Pa·s，试求水雷附近海水的雷诺数.

参考资料

附　录

表 5-1　蒸馏水的黏度

温度/℃	黏度/(10^{-3} Pa·s)	温度/℃	黏度/(10^{-3} Pa·s)	温度/℃	黏度/(10^{-3} Pa·s)
0	1.787	11	1.271	22	0.955
1	1.728	12	1.235	23	0.932
2	1.671	13	1.202	24	0.911
3	1.618	14	1.169	25	0.890
4	1.567	15	1.139	26	0.870
5	1.519	16	1.109	27	0.851
6	1.472	17	1.081	28	0.833
7	1.428	18	1.053	29	0.815
8	1.386	19	1.027	30	0.798
9	1.346	20	1.002		
10	1.307	21	0.987		

注：如测出的温度有小数部分，常用内插法进行处理.

表 5-2　酒精在不同温度时的黏度

温度/℃	黏度/(10^{-3} Pa·s)	温度/℃	黏度/(10^{-3} Pa·s)
0	1.730	25	1.096
5	1.623	30	1.003
10	1.466	35	0.914
15	1.332	40	0.834
20	1.200		

表 5-3 蓖麻油在不同温度时的黏度

温度/℃	黏度/(Pa·s)	温度/℃	黏度/(Pa·s)
0	5.300	25	0.621
5	3.760	30	0.451
10	2.418	35	0.312
15	1.514	40	0.231
20	0.950		

实验 6__表面张力系数的测量

为什么少量水银在干净的玻璃板上会收缩成球冠状，而水则会扩展开来？为什么朝霞里青草上会洒满晶莹的露珠？其原因在于液体和所接触的固体界面附近分子的相互作用. 当液体和固体接触时，若固体和液体分子间的吸引力大于液体分子间的吸引力，液体就会沿固体表面扩展，这种现象叫润湿. 若固体和液体分子间的吸引力小于液体分子间的吸引力，液体就不会在固体表面扩展，叫不润湿. 液体具有尽量缩小其表面的趋势，好像液体表面是拉紧了的橡皮膜一样. 把这种沿着表面的、收缩液面的力称为表面张力. 表面张力描述了液体表层附近分子力的宏观表现. 表面张力的存在能说明物质处于液态时所特有的许多现象，比如泡沫的形成、润湿和毛细现象等. 在船舶制造、水利学、化学化工、凝聚态物理、生物学、医学中，它有着广泛的应用.

天宫课堂的液桥演示实验中，水在表面张力作用下将两个塑料板连接起来，在太空可用液体搭一座桥. 此外相关的实验还有"天宫二号"里的液桥热毛细对流实验装置（2016 年），中国空间站"天宫"太空授课——水膜张力，粉色的表面张力之花（2021 年）. 液体界面间存在着表面张力，这种表面张力让液体表面如同有一层很薄的弹性薄膜. 水在地面上只能形成的小液滴，到了空间站，重力消失后，在表面张力的作用下形成大的液球.

测量液体（例如水）的表面张力系数有多种方法，常用的有拉脱法（约利弹簧秤拉脱法和力敏传感器拉脱法）、毛细管法，除此之外还有滴重法、悬滴法、卧滴法、液桥法、最大泡压法以及激光衍射表面毛细波法等.

 实验目的　　　　　　　　　　　　　　　　　　　本实验相关资源

1. 了解表面张力系数的测量方法、背景、发展历程.
2. 掌握表面张力系数测定仪的结构、原理及使用方法.
3. 学习拉脱法、毛细管法等测定液体的表面张力系数的原理；
了解滴重法、悬滴法、卧滴法、液桥法、最大泡压法以及激光衍射表面毛细波法等测量方法.
4. 学会用作图法或最小二乘法处理数据.

实验原理

1. 润湿和不润湿现象

当液体和固体接触时，若固体和液体分子间的吸引力大于液体分子间的吸引力，液体就会沿固体表面扩展，这种现象叫润湿. 若固体和液体分子间的吸引力小于液体分子间的吸引力，液体就不会在固体表面扩展，叫不润湿. 润湿与否取决于液体、固体的性质，如纯水能完全润湿干净的玻璃，但不能润湿石蜡；水银不能润湿玻璃，却能润湿干净的铜、铁等. 润湿性质与液体中杂质的含量、温度以及固体表面的清洁度密切相关，实验中要予以特别注意.

2. 液体表面张力

在空气中，液体表面层（其厚度等于分子的作用半径）内的分子所处的环境跟液体内部的分子是不同的. 表面层内的分子合力垂直于液面并指向液体内部，所以分子有从液面挤入液体内部的倾向，并使液体表面自然收缩.

液体表层内分子力的宏观表现，使液面具有收缩的趋势. 想象在液面上划一条线，表面张力就表现为直线两侧的液体以一定的拉力相互作用，如图 6-1 所示. 这种张力垂直于该直线且与线的长度成正比，比例系数称为表面张力系数，即

$$F' = \sigma l \qquad (6\text{-}1)$$

式中，F' 为表面张力，l 是液面上画一条线的长度，σ 为表面张力系数，单位是 N/m.

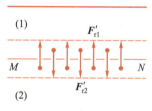

图 6-1　液面上的表面张力

表面张力系数与液体的性质有关，密度较小而易挥发的液体 σ 较小，反之 σ 较大. 表面张力系数还与杂质和温度有关，液体中掺入某些杂质可以增加 σ，而掺入另一些杂质可能会减小 σ，温度升高，表面张力系数 σ 将减小.

把金属丝 AB 弯成如图 6-2（a）所示的形状，并将其悬挂在灵敏的测力计上，然后把它浸到液体中. 当缓缓提起测力计时，金属丝就会拉出一层与液体相连的液膜，由于表面张力的作用，测力计的读数逐渐达到一最大值 F（超过此值，膜即破裂）. 则 F 应当是金属丝重力 mg 与薄膜拉引金属丝的表面张力之和. 由于液膜有两个表面，若每个表面的力为 F'，则由

$$F = mg + 2F' \qquad (6\text{-}2)$$

得

$$F' = \frac{F - mg}{2}$$

而

$$F' = \sigma l$$

得到

$$\sigma = \frac{F - mg}{2l} \qquad (6\text{-}3)$$

测定表面张力系数的关键是测量表面张力 F'. 用普通的弹簧很难迅速测出液膜即将

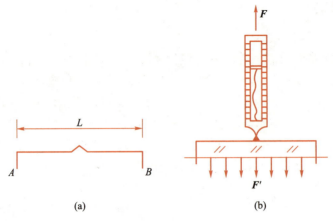

(a)   (b)

图 6-2 表面张力示意图

破裂时的 F，用约利弹簧秤则克服了这一困难，可以方便地测量表面张力 F'.

3. 约利弹簧秤

约利弹簧秤由固定在底座上的秤框、可升降的金属杆和锥形弹簧秤等部分组成，如图 6-3 所示. 在秤框上固定有下部可调节的平台、平衡指示玻璃管和作弹簧伸长量读数用的游标；升降杆位于秤框内部，其上部有刻度，用以读出高度，框顶端带有螺旋，供固定锥形弹簧秤用，杆的上升和下降由位于秤框下端的升降钮控制；锥形弹簧秤由锥形弹簧、带小镜子的金属挂钩及砝码盘组成. 带镜子的挂钩从平衡指示玻璃管内穿过，且不与玻璃管相碰.

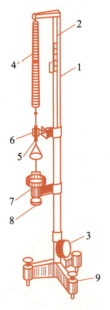

1—秤框；2—升降金属杆；3—升降钮；4—锥形弹簧；

5—带小镜子的挂钩；6—平衡指示玻璃管；7—平台；

8—平台调节螺丝；9—底脚螺丝.

图 6-3 约利弹簧秤装置图

约利弹簧秤和普通的弹簧秤有所不同：普通的弹簧秤是固定上端，通过下端移动的距离来称衡，而约利弹簧秤则是在测量过程中保持下端固定在某一位置，靠上端的位移大小来称衡. 由于约利弹簧秤的特点，在使用中应保持让小镜中的指示横线、平衡指示玻璃管上的刻度线及其在小镜中的像三者对齐，简称三线对齐，作为弹簧下端的固定起算点.

4. 毛细管法测定表面张力系数

把几根内径不同的细玻璃管插入水中，可以看到管内的水面比容器里的水面高，管子的内径越小，管内的水面越高. 把这些细玻璃管插入水银中，发生的现象正好相反，管内的水银面比容器里的水银面低，管子的内径越小，管内的水银面越低. 我们把液体在管内升高和降低的现象称为毛细现象. 毛细现象是液体表面张力的一种表现形式.

现将毛细管插入水中，水面沿管壁上升. 又由于表面张力存在使液面收缩，结果管内液体达到一个新的平衡位置，如图 6-4 所示，液面呈凹弯月面.

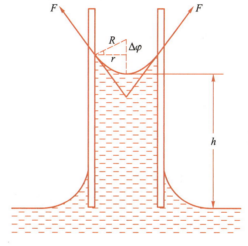

图 6-4　实验原理示意图

管中液柱受力平衡的条件为

$$F_1+mg-F_2-F\cos \Delta\varphi=0 \tag{6-4}$$

式中，F_1 为液柱上端大气压力，F_2 为液柱下端液体向上的托力，F 为表面张力，$\Delta\varphi$ 为接触角.

因为液柱下端与管外水面等高，其压力即为大气压力，故 $F_1=F_2$，mg 为液柱的重力，等于 $\rho gh\pi r^2$，而 $F=\sigma \cdot 2\pi r$，纯净水和洁净玻璃间 $\Delta\varphi=0$，故综合上述结果，式（6-4）变为

$$\rho gh\pi r^2=\sigma \cdot 2\pi r \tag{6-5}$$

$$\sigma=\frac{1}{2}\rho ghr \tag{6-6}$$

式中，ρ 为液体的密度；h 为管内液柱上端凹面的最低点到管外液面之间的高度差；r 为毛细管的半径；σ 称为表面张力系数，单位是 N/m.

上式中的 h 是从管内液柱上端凹面的最低点到管外液面之间的高度差，而在凹面的最低点以上凹面周围还有少量液体. 当 $\Delta\varphi=0$ 时，凹面为半球状，凹面周围液体的体积等于半径为 r，高为 r 的液柱体积与半径为 r 的半球体积之差 $(\pi r^2)r - \frac{1}{2}\left(\frac{4}{3}\pi r^3\right) = \frac{r}{3}\pi r^2$. 这就相当于管中 $r/3$ 高的液柱体积，因此上式中的 h 值应增加 $r/3$ 的修正值，于是式（6-6）修正为

$$\sigma = \frac{1}{2}\rho gr\left(h + \frac{r}{3}\right) \tag{6-7}$$

由此，只要精确测出毛细管的半径 r 和液柱高度 h，并查出室温下液体的密度 ρ，即可求出表面张力系数 σ.

实验装置

1. 约利弹簧秤拉脱法

约利弹簧秤、砝码、游标卡尺、金属丝、烧杯.

2. 毛细管法

毛细管、温度计、读数显微镜、烧杯、玻璃皿、升降台、支架、蒸馏水、洗涤液、样品.

实验内容

1. 基础内容

约利弹簧秤拉脱法：测量弹簧弹性系数，进而根据拉膜过程中弹簧的伸长量及胡克定律求出拉力，计算表面张力系数.

（1）确定约利弹簧秤上锥形弹簧的弹性系数

在力 F 作用下弹簧伸长 Δl，根据胡克定律可知，在弹性限度内 $F = k\Delta l$，将已知重量的砝码加在砝码盘中，测出弹簧的伸长量，由上式即可计算该弹簧的 k 值，由 k 值就可计算外力 F.

1）把锥形弹簧、带小镜子的挂钩和小砝码盘依次安装到秤框内的金属杆上. 调节支架底座的底脚螺丝，使秤框竖直，小镜子应正好位于玻璃管中间，挂钩上下运动时不能与管摩擦.

2）逐次在砝码盘内放入砝码，每次增量 0.5 g 的砝码，从 0.5~5 g 范围内增加. 每次操作都要调节升降钮，做到三线对齐. 记录升降杆的位置读数.

（2）测量自来水的表面张力系数

1）用游标卡尺测量金属丝两脚之间的距离 s.

2）取下砝码，在砝码盘下挂上已清洗过的金属丝，仍保持三线对齐，记下此时升降杆读数 l_0.

3）把盛有自来水的烧杯放在约利弹簧秤的秤台上，调节平台的微调螺丝和升降钮，使金属丝浸入水面以下.

4）缓慢地旋转平台微调螺丝和升降钮，注意烧杯下降和金属杆上升时，始终保持三线对齐. 当液膜刚要破裂时，记下金属杆的读数. 测量 5 次，取平均值.

（3）测量肥皂水的表面张力系数．在测完水的表面张力情况后，应将金属丝擦干，将自来水换成肥皂水溶液，然后重复上述（2）中的步骤3）和步骤4）即可．

（4）用作图法、最小二乘法进行数据处理，计算溶液的表面张力系数，与约定真值对比，求相对误差．

（5）分析测量误差来源，进行不确定度分析．

2. 提升内容

（1）力敏传感器拉脱法：对力敏传感器进行标定，测量拉力-电压关系曲线并拟合得到力敏传感器转换系数；测量圆环的拉脱前后的电压，根据电压差计算表面张力系数．研究传感器拉力随液膜长度的变化关系，讨论拉脱过程中力的变化，探讨最佳取值．分析测量误差来源，进行不确定度分析．

（2）毛细管法：使用毛细管上升法进行液体表面张力系数测定，搭建装置，测量毛细管直径和上升高度，测量水温．对水在毛细管中的上升高度进行修正，考虑毛细管是有限截面容器，对毛细管内外压强差进行修正．分析测量误差来源，进行不确定度分析．

3. 进阶内容

（1）针对各种拉脱法、毛细管法，更换样品，测定其表面张力系数．

（2）最大泡压法：了解最大泡压法测量表面张力系数的原理，能够自己动手组建负压法装置并进行测量．了解实验室中可以采用精度低、成本低的 U 形计或者高精度的压力计进行压力差读数．可以通过气泵改进实验装置为正压法测量．

（3）滴重法：了解理想情况下滴落的液滴重量与管径以及表面张力系数的关系；搭建滴重法实验装置，测量管径，多个液滴质量求平均，得到管径与液滴体积决定的修正系数，并利用修正方法求解表面张力系数．

（4）悬滴法：掌握利用特征长度来表征液滴形状的一种方法，通过拍摄悬停的液滴形状，进行图像识别，计算其形状因子与特征长度的比值，通过查表得到液体的表面张力系数．

（5）提高设计实验能力，了解图像分析相关知识．

4. 高阶内容

（1）运用各种拉脱法、毛细管法，增加温控装置，研究温度与表面张力系数的关系．

（2）掌握悬滴法、液桥法、卧滴法的形貌识别方法．

（3）激光衍射表面毛细波法．利用表面波的色散关系，改变信号发生器频率，测量衍射条纹间距，拟合频率和光斑间距，求解液体的表面张力系数．探究表面张力系数与液体的其他物性参量，例如黏度的关系．

（4）根据表面张力系数相关知识，研究生活中常见的物理现象：铝箔小船实验；曲别针、图钉、硬币漂浮实验；托里拆利规律探究中的表面张力系数测定．通过查阅资料等方式进行其他设计等．

（5）设计新的实验仪器，例如接触角测量仪、旋转滴法表面张力系数测量仪．

1. 预习思考题

（1）约利弹簧秤法测定液体的表面张力有什么优点？

（2）毛细管法测定液体表面张力系数的方法对哪些液体适用？

2. 实验过程思考题

（1）约利弹簧秤的弹簧为什么做成锥形？

（2）毛细管法测定液体表面张力系数存在哪些误差？

3. 实验报告思考题

有人利用润湿现象设计了一个毛细管永动机（图6-5）. A 管中液面高于 B 管，由连通器原理，B 管下端应当滴水，而滴水可以做功，水又回到槽内，成为永动机. 试分析其谬误所在.

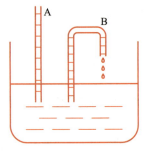

图 6-5 毛细管永动机

参考资料

附 录

表 6-1 不同温度下与空气接触纯水的表面张力系数

$t/℃$	$\sigma/(10^{-3}\ \mathrm{N\cdot m^{-1}})$	$t/℃$	$\sigma/(10^{-3}\ \mathrm{N\cdot m^{-1}})$
0	75.64	21	72.59
5	74.92	22	72.44
10	74.22	23	72.28
11	74.07	24	72.13
12	73.93	25	71.97
13	73.78	26	71.82
14	73.64	27	71.66
15	73.49	28	71.50
16	73.34	29	71.35
17	73.19	30	71.18
18	73.05	35	70.38
19	72.90	40	69.56
20	72.75	45	68.74

实验 7——驻波实验

通常，我们通过前进的波和反射波叠加得到驻波. 在和音叉相连接的一根拉紧的弦线上，可以直观而清楚地了解弦振动时驻波形成的过程. 用它可以研究弦振动的基频与张力、弦长的关系，从而测量在弦线上横波的传播速度，并由此求出音叉的频率.

弦振动的原理在音乐上有广泛应用，比如小提琴共有四根弦，空弦音频分别是 196.00 Hz、293.66 Hz、440 Hz 和 659.26 Hz，搭配指法改变弦的振动长度，每根琴弦能奏出的音域都在两个八度左右. 此外，琴弦的材质、粗细对音色也有很大的影响，羊肠、尼龙、钢丝等材质做成的琴弦，音色各具特点. 研究不同材质、粗细的弦线震动对音色的影响，可以体会音乐中蕴含的物理学原理.

本实验相关资源

🔍 实验目的

1. 了解弦振动现象与弦乐器间的联系，理解弦振动的传播规律.
2. 掌握利用驻波性质测量均匀弦上的波速 v 及弦线的线密度 ρ 的方法.
3. 理解测量振动幅频特性的方法，计算阻尼系数和品质因数.
4. 探索非线性受迫阻尼振动幅频特性和振幅分叉.

📖 实验原理

1. 弦线上横波的传播速度

在拉紧的弦线上，横波沿 x 轴正方向传播，为求波的传播速度，我们取 $|AB| = \mathrm{d}s$ 的微元加以讨论. 如图 7-1 所示，设弦线的线密度为 ρ，则此微元段弦线 $\mathrm{d}s$ 的质量为 $\rho\mathrm{d}s$. 在 A、B 处受到左右邻段的张力分别为 F_{T1}、F_{T2}，其方向沿弦线的切线方向，与 x 轴分别成 α_1、α_2 角.

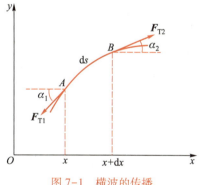

图 7-1　横波的传播

由于弦线上传播的横波在 x 方向无振动，所以作用在微元段 $\mathrm{d}s$ 上的张力的 x 分量应该为零，即

$$F_{T2}\cos \alpha_2 - F_{T1}\cos \alpha_1 = 0 \qquad (7-1)$$

根据牛顿第二定律，在 y 方向微元段的运动方程为

$$F_{T2}\sin \alpha_2 - F_{T1}\sin \alpha_1 = \rho\mathrm{d}s\frac{\mathrm{d}^2 y}{\mathrm{d}t^2} \qquad (7-2)$$

对于小的振动，可取 $\mathrm{d}s \approx \mathrm{d}x$，而 α_1、α_2 都很小，因此 $\cos \alpha_1 \approx 1$，$\cos \alpha_2 \approx 1$，$\sin \alpha_1 \approx \tan \alpha_1$，$\sin \alpha_2 \approx \tan \alpha_2$. 又从导数的几何意义可知 $\tan \alpha_1 = \left(\dfrac{\mathrm{d}y}{\mathrm{d}x}\right)_x$，$\tan \alpha_2 = \left(\dfrac{\mathrm{d}y}{\mathrm{d}x}\right)_{x+\mathrm{d}x}$. 式（7-1）变为 $F_{T2} - F_{T1} = 0$，即 $F_{T1} = F_{T2} = F_T$，表示张力不随时间和地点而

变，为一定值. 将式（7-2）进行泰勒级数展开得

$$\frac{\mathrm{d}^2 y}{\mathrm{d}t^2} = \frac{F_\mathrm{T}}{\rho}\left(\frac{\mathrm{d}^2 y}{\mathrm{d}x^2}\right)_x \tag{7-3}$$

将式（7-3）与简谐波的波动方程 $\frac{\mathrm{d}^2 y}{\mathrm{d}t^2} = v^2 \frac{\mathrm{d}^2 y}{\mathrm{d}x^2}$ 相比较可知，在线密度为 ρ、张力为 F_T 的弦线上有

$$v = \sqrt{\frac{F_\mathrm{T}}{\rho}} \tag{7-4}$$

2. 振动频率 f 与横波波长、弦线张力以及线密度 ρ 的关系

如图 7-2 所示，将细弦线的一端点 A 固定在电振音叉的一个叉子顶端上，另一端点 B 绕过滑轮挂上砝码. 当音叉振动时，弦线也在音叉的带动下振动，并将其振动沿弦线向滑轮一端传播，形成横波. 当横波到达点 B 后产生反射，反射波与入射波频率、振幅和传输速度均相同，传输方向相反；当弦长为半波长的整数倍时，可以在弦线上形成驻波. 适当调节砝码重量和弦长，在弦上将出现稳定强烈的振动，即弦与音叉共振. 弦共振时，驻波的振幅最大，音叉端为驻波振动的节点，若此时弦上有 n 个半波区，则 $\lambda = 2l/n$，弦上的波速 v 为

$$v = \frac{2l}{n}f \tag{7-5}$$

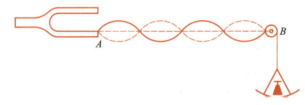

图 7-2　音叉棉线驻波实验

将式（7-5）代入式（7-4）有

$$f = \frac{n}{2l}\sqrt{\frac{F_\mathrm{T}}{\rho}} = \frac{n}{2l}\sqrt{\frac{mg}{\rho}} \tag{7-6}$$

式（7-6）表明以一定频率 f 振动的弦，其波长 λ 将因张力 F_T 或线密度 ρ 的变化而变化. 对于弦长 l、张力 F_T、线密度 ρ 一定的弦，其自由振动的频率不只一个，而是包括 $n = 1，2，3，\cdots$ 的 $f_1，f_2，f_3，\cdots$ 等多种频率，$n = 1$ 的频率称为基频，$n = 2，3$ 的频率称为第一、第二谐频，但基频较其他谐频强得多，因此它决定了弦的频率. 振动体有一个基频和多个谐频的规律不只是弦线上存在，而是普遍的现象.

当弦线在频率为 f 的音叉策动下振动时，适当改变 F_T、l，和音叉发生共振的不一定是基频，也可能是各级的谐频，这时弦上出现 1，2，3，$\cdots$ 个半波区，如图 7-3 所示.

3. 驻波的形成和特点

振动沿弦线的传播形成了行波，当在传播方向上遇到障碍后，波被反射并沿着相反方向传播，反射波与入射波的振动频率相同，振幅相同，故他们是一对相干

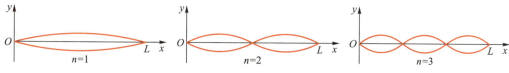

图 7-3　基频和不同谐频的驻波示意图

波，入射波与反射波的相位差为 π，在弦线上产生了稳定的驻波，并在反射出形成波节.

设向右传播的波的波动方程为

$$y_1 = A\cos\left[2\pi\left(\frac{t}{T} - \frac{x}{\lambda}\right)\right] \tag{7-7}$$

该行波在端点被反射，相位改变 π 后向左传播，方程为

$$y_2 = A\cos\left[2\pi\left(\frac{t}{T} + \frac{x}{\lambda}\right) + \pi\right] \tag{7-8}$$

两列波合成得

$$y = y_1 + y_2 = \left(2A\sin\frac{2\pi}{\lambda}x\right)\sin\frac{2\pi}{T}t \tag{7-9}$$

由上式可以看出，当 x 一定时，各质点都在做同周期的简谐运动，而振幅等于 $\left|2A\sin\frac{2\pi x}{\lambda}\right|$，即随着与原点距离 x 不同，各点的振幅也不同. 由式（7-9）可知，当

$$x = (2k+1)\frac{\lambda}{4} \quad (k = 0,\ \pm1,\ \pm2,\ \cdots) \tag{7-10}$$

时，振幅 $\left|2A\sin\frac{2\pi x}{\lambda}\right|$ 等于 $2A$，这些点叫波腹，而当

$$x = k\frac{\lambda}{2} \quad (k = 0,\ \pm1,\ \pm2,\ \cdots) \tag{7-11}$$

时，振幅 $\left|2A\sin\frac{2\pi x}{\lambda}\right|$ 为 0，这些点叫波节，相邻两个波节或者波腹之间的距离都是半个波长. 任意点 x 处的质点都在独立地振动，没有能量传播.

4. 电磁铁驱动的钢弦振动实验

搭建参考文献［4］的装置，利用信号发生器向传感器（结构相当于电磁铁）传输一定频率的正弦信号，使之产生周期性变化的磁场，从而驱动钢弦的振动. 如图 7-4 所示，1 为驱动传感器，2 为钢弦（吉他弦），3 为接收传感器，4 为砝码，5 为信号发生器，6 为示波器. 装置使用传感器连接示波器探测弦的振动，还可以将 CCD 装置与测微目镜组合对弦的局部区域的振动进行精细的观测. 钢弦的一端固定，另一端通过滑轮连接着悬挂砝码的托盘控制弦的张力.

改变信号发生器的输出频率和传感器（电磁铁）的位置，当振动频率接近钢弦的固有频率时，可以观察到弦的振动呈类似驻波的波形. 类似音叉驱动的弦线装置，改变砝码的重量可以调节钢弦的张力 $F_T = mg$，改变钢弦固定端点（劈尖）可以调节钢弦的长度 l，驻波的波数 n、振动频率 f、钢弦线密度 ρ 之间也满足式（7-6）.

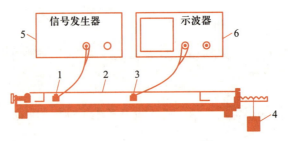

图 7-4　实验装置示意图[4]

在弦张力等其他物理量不变的情况下，调节电磁驱动器（信号发生器）的输入电流频率，可以使钢弦的振动频率发生连续变化. 弦的振动频率越接近其固有频率，弦的振动幅度越大，反之则振动幅度迅速衰减. 而改变驱动传感器（电磁铁）的输入电流的频率，可以得到钢弦振动频率随输入电流的频率（即磁场频率）的变化关系，理论推导和实验结果指出，电磁铁驱动下钢弦的受迫振动频率是电磁铁输入电流频率的两倍[4].

5. 克拉尼图形

德国物理学家和音乐家克拉尼（F.Chladni）在实验中发现，把沙粒洒在贴着乐器的金属平板上，沙粒在不同的频率形成明显不同的图形，他给出一个公式，可以预测振动金属圆板上的沙粒图形，其结果发表在著作《声音理论的发现》中. 而不同形状的金属平板，比如自由边界条件下方形平板的受迫振动，也可以通过理论计算得到振动波节线图，并和实验观察到的克拉尼图形十分吻合，如图 7-5 所示.

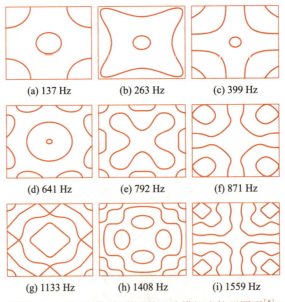

(a) 137 Hz　(b) 263 Hz　(c) 399 Hz

(d) 641 Hz　(e) 792 Hz　(f) 871 Hz

(g) 1133 Hz　(h) 1408 Hz　(i) 1559 Hz

图 7-5　9 种不同的频率下的理论模拟克拉尼图形[5]

实验装置

电振音叉（频率约为 100 Hz）、弦线、滑轮、砝码、钢卷尺、电子天平、示波器、电磁驱动器、钢弦（吉他弦）、信号发生器、测微目镜、CCD、金属板、喇叭、沙粒等.

实验内容

1. 基础内容

（1）按图 7-2 将装置调好，砝码盘中加一定砝码，检查滑轮是否转动自如.

（2）接通电源，使音叉振动，通过移动音叉改变弦线长度 l，使弦线上出现稳定的振幅最大的驻波.

（3）改变砝码质量，微调弦线长度，使弦线产生稳定的驻波，此时有 $l=n \cdot \dfrac{\lambda}{2}$，在每一固定力 F_T 的作用下，重复测量 l 数次，每次微调弦线长度，再重新调好稳定的驻波，然后测量.

（4）每次增加 10 g 砝码，测至少五组数据，分别测出 n 个半波长的弦线长 l.

（5）使用最小二乘法计算弦线密度和波速.

（6）用合适的张力拉紧弦线，并用称重法测量弦线线密度.

2. 提升内容

（1）使用电磁铁驱动的钢弦振动装置，固定电流改变频率，调节并测量驻波波长.

（2）使用最小二乘法计算弦线密度，并计算波速.

（3）用称重法测量钢弦线密度.

3. 进阶内容

（1）采用吉他等弦乐器，倾听调弦、拨弦的声音，用 SPEAR 频谱分析软件采集、分析频谱，并观察拨弦位置、弦长变化对频谱分布的影响，具体可以参见本实验参考资料 [6].

（2）探索不同材质的弦线震动对音色的影响.

（3）在频谱峰附近观察测量线性驱动阻尼共振幅频特性曲线，计算的共振半高宽、阻尼系数和品质因数 [6].

4. 高阶内容

（1）利用 CCD 测量钢弦振幅，研究钢弦振幅随时间和驱动频率变化的规律.

（2）在较大的驱动电流下，观察测量钢弦在驻波状态频率附近的振幅分叉行为，即非线性振动下的混沌现象，具体可以参考本实验资料 [7].

（3）使用示波器、沙粒、喇叭和金属板研究不同形状的金属板在不同频率下形成的克拉尼图形.

思考题

1. 预习思考题

（1）驻波有什么特点？

（2）利用弦振动演奏的乐器有哪些？

2. 实验过程思考题

（1）音叉弦振动实验装置中悬挂的砝码不能摆动，否则波节会相应移动，为什么？

（2）当弦长、频率一定时，想调节出较多的波腹，弦线应紧些还是松些?

3. 实验报告思考题

（1）弦线的共振频率和波速与哪些条件和因素有关?

（2）当弦线的线密度加大时，应如何做才能使波的传播速度不变?

参考资料

实验 8__声速的测量

　　声音是人类最早研究的现象之一，从 17 世纪伽利略研究单弦振动与发出声音的关系并提出频率的概念，到 18～19 世纪克拉尼和泊松对板和膜振动的研究，这一过程也贯穿着数学的发展进步. 20 世纪，由于电子学的发展，电声换能器和电子仪器设备可以产生、接收各种频率、各种波形和各种强度的声音，使得声学研究又发展出建筑环境声学、电声学、超声学、语言声学、水声学等众多分支. 而声音的传播问题很早就受到了人们的重视——声波是一种能够在所有物质中（除真空外）传播的纵波. 人耳能感知频率从 20 Hz 到 20 kHz 的纵波振动，称为可闻声波；频率高于 20 kHz，称为超声波. 超声波具有波长短，易于定向发射等优点，在水下通信、生物工程、超声波诊断、牙科和碎石诊疗等工业、农业、军事、医疗等领域具有非常广泛的应用. 在生活中，人们最熟悉的超声波应用莫过于利用多普勒效应的 B 超诊断.

　　超声波在介质中的传播速度与介质的特性及状态等因素有关. 通过介质中声速的测定，可以了解介质的特性或状态变化，如声波定位、探伤、测距、测流体流速、测量弹性模量、测量气体或溶液的浓度、密度以及输油管中不同油品的分界面等，在无损检测、探伤、流体测速、定位等声学检测中声速的测量尤为重要. 本实验用压电陶瓷超声换能器来测定超声波在气体、液体和固体中的传播速度，它是非电学量电学测量方法的一个例子.

本实验相关资源

实验目的

　　1. 了解声波和超声波的概念及特点.

　　2. 了解驻波的特点.

　　3. 理解压电陶瓷换能器的工作原理及非电学量的电学测量技术.

　　4. 学习用驻波法、相位比较法和时差法测量固体、液体、气体三种介质中声速的方法.

实验原理

1. 声波在空气中的传播速度

声波在理想气体中的传播速度

$$v = \sqrt{\frac{\gamma R T}{M}} \qquad (8-1)$$

式中，γ 是气体的定压比热容和定容比热容之比 $\left(\gamma = \frac{c_p}{c_V}\right)$，$R$ 是摩尔气体常量，M 是气体的摩尔质量，T 是热力学温度. 由式（8-1）可知，空气中声速是温度和摩尔质量的函数. 如果忽略空气中的水蒸气和其他夹杂物的影响，在 0 ℃（$T_0 = 273.15$ K，$p = 101.3$ kPa）时干燥的理想空气的声速

$$v_0 = \sqrt{\frac{\gamma R T_0}{M}} = 331.45 \text{ m/s} \qquad (8-2)$$

在摄氏温度 t 时的声速

$$v_t = v_0 \sqrt{1 + \frac{t}{273.15}} \qquad (8-3)$$

若同时考虑空气中水蒸气的影响，校准后声速公式为

$$v_t = 331.45 \sqrt{\left(1 + \frac{t}{273.15}\right)\left(1 + \frac{0.319\,2 p_w}{p}\right)} \text{ m/s} \qquad (8-4)$$

式中 p_w 为水蒸气的分压强，p 为大气压强. 而 $p_w = p_s H$，其中 p_s 为测量温度下空气中水蒸气的饱和蒸气压（可以从饱和蒸气压和温度的关系表中查出），H 为相对湿度，可以从干湿度温度计上读出.

2. 声速测量的实验方法

（1）利用声速与频率、波长的关系测量

根据波动理论，声波各参量之间的关系为

$$v = \lambda \cdot f \qquad (8-5)$$

式中，v 为波速，λ 为波长，f 为频率.

在实验中，可以通过测定声波的波长 λ 和频率 f 求声速. 声波的频率 f 等于声源的电激励信号频率，该频率可由数字频率计测出，或由低频信号发生器上的频率直接给出，而声波的波长则常用共振干涉法（驻波假设下）和相位比较法（行波近似下）来测量.

1）用共振干涉法（驻波法）测声速

实验装置如图 8-1 所示，S_1、S_2 为压电换能器，S_1 为声波发射源，S_2 为声波接收器，S_1 与 S_2 的表面平行. 当 S_2 的接收表面直径较大时，将会反射部分和声源同频率的声波. 入射波和反射波传播方向相反、频率相同而发生相干叠加，S_1 前进波和 S_2 反射波在 S_1 和 S_2 之间多次往返反射，当 S_1 和 S_2 相互平行时且接收器位置固定在某些位置时，两个波相互干涉叠加，发生共振，形成"驻波"，声场中将会形成稳定的强度分布，在示波器上观察到的是这两个相干波在 S_2 处合成振动的情况. 如果接收器沿着入射波传播的方向移动时，由声学理论可知，接收器处的声压信号会出现准周期性的变化，平均间距为 $\lambda/2$.

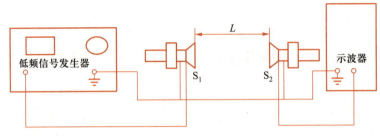

图 8-1　驻波法测量声速实验装置

在驻波场中，空气质点位移的图像是不能直接观察到的，而声压却可以通过仪器加以观测．所谓声压就是空气中由声扰动引起的超出静态大气压强的那部分压强，它通常用 p 表示．根据声学理论，在声场中空气质点位移为波腹的地方，声压最小；而空气质点位移为波节的地方，声压最大．由纵波的性质可以证明，当发生共振时，接收器 S_2 反射端面位置近似为振幅的"波节"，声压最大，接收到的声压信号最强．连续改变距离 L，示波器可显示声压在最大值和最小值之间呈周期性变化，如图 8-2 所示．当 S_1、S_2 之间的距离变化量 ΔL 为半波长 $\lambda/2$ 的 n 倍（n 为整数）时，出现稳定的驻波共振现象，S_2 处声压最大，即

$$n \frac{\lambda}{2} = \Delta L_{n-1} = |L_{n+1} - L_1|, \quad \lambda_i = \Delta L_{i+2} = |L_{i+2} - L_i| \qquad (8-6)$$

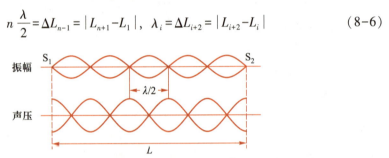

图 8-2　声压的变化与 L 之间的关系

2）用相位比较法测量声速

实际上，在发射器（声源处）和接收器（刚性平面处）之间存在的是驻波与行波的叠加．由于接收器的反射面不是理想的刚性平面，它对入射声波能量有吸收以及空气对声波的吸收作用，声波振幅将随传播距离而衰减．所以，还可以通过比较声源处声波的相位来测定声速．这称为相位比较法或行波法．

波是振动状态的传播，它不仅传播振幅，也进行相位的传播，沿传播方向上的任意两个空气质点，如果其振动状态相同，则这两点同相位，或者说其相位差为 2π 的整数倍，这两点间的距离即为波长的整数倍．

实验装置接线如图 8-3 所示，将示波器功能置于 X-Y 方式．当 S_1 发出的平面超声波通过介质到达接收器 S_2 时，发射端 S_1 接示波器的 X 端口，接收器 S_2 接示波器的 Y 端口．发射器处振动的相位与接收器处之间相位差，在示波器上由李萨如图形显示出来．移动 S_2，即改变 S_1 和 S_2 之间的距离 L，相当于改变了发射波和接收波之间的相位差，示波器上的图形也随 L 不断变化．显然，若 S_1、S_2 之间距离改变半个波长，$\Delta L = \lambda/2$，则 $\Delta \varphi = \pi$，每当相位差改变 2π 时，示波器上的李萨如图形相应变化一个周期. 见图8-4, 随着振动的相位差从0到π的变化, 李萨如图形从斜率为正的直线变为椭圆, 再变为斜率为负的直线. 因此, 每移动半个波长, 就会重复出现斜率符号相反的直线, 这样就可以测得波长λ, 根据式 $v = \lambda \cdot f$ 即可计算出声音传播的速度.

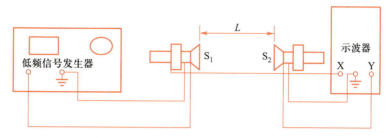

图8-3 用相位比较法测量声速的实验装置

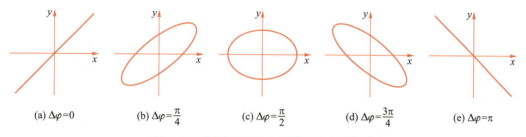

(a) $\Delta\varphi = 0$ (b) $\Delta\varphi = \dfrac{\pi}{4}$ (c) $\Delta\varphi = \dfrac{\pi}{2}$ (d) $\Delta\varphi = \dfrac{3\pi}{4}$ (e) $\Delta\varphi = \pi$

图8-4 李萨如图形与两垂直振动的相位差

对于多数空气声速测量装置, 保持发射器频率一定时移动接收器位置, 既能看到接收器与发射器信号等相位现象周期性地出现, 也能看到接收器声压极大值信号周期性地出现. 前者的位移平均周期为λ, 后者为λ/2. 依次测量出一系列等相位点或振幅极值点的位置 l_j (对应序号为 j), 求出以下直线方程的斜率 b_i, 即可求出波长λ, 进而根据频率求出声速.

$$l_j = b_0 + b_i j \qquad (8-7)$$

（2）利用声波传播时间和传播距离计算声速〔时差法（脉冲法）〕

以上两种方法测量空气中的声速, 是用示波器观察波峰和波谷, 或者观察两个波的相位差, 原理是正确的, 但是测量精度欠佳. 测量固体中声速常采取较精确的时差法. 时差法在工程中有广泛的应用. 如图8-5所示, 它是将脉冲调制的电信号加到发射换能器上, 声波在介质中传播, 记录此时的距离值 L_{i-1} 和显示的时间值 t_{i-1},

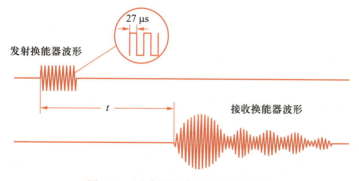

图8-5 用时差法测量声速的波形图

移动 S_2，再记录下这时的距离值 L_i 和显示的时间值 t_i，则可以用以下公式求出声波在介质中传播的速度

$$v = (L_i - L_{i-1})/(t_i - t_{i-1}) \tag{8-8}$$

实验装置

信号源、声速测试仪（含水槽）、双踪示波器、非金属（有机玻璃棒）、金属（黄铜棒）、游标卡尺等.

实验内容

1. 基础内容

（1）调整仪器时系统处于最佳工作状态.

1）按照图 8-1 接好线，S_1 接低频信号发生器，S_2 接示波器 Y 轴，调节 S_1、S_2 使两端面相互平行，且与移动方向相垂直.

2）测量谐振频率 f（谐振频率范围 $f = 35 \sim 38$ kHz）.

只有当换能器发射面 S_1 和接收面 S_2 保持平行时才有较好的接收效果. 为了得到较清晰的接收波形，需要将外加的驱动信号频率调节到发射换能器 S_1 谐振频率点 f 处，才能较好地进行声能与电能的相互转化，以提高测量精度，得到较好的实验效果.

在 S_1 和 S_2 之间保持一定间距的情况下，观察接收波的电压幅度变化，调节正弦信号频率，当在某一频率点处电压幅度最大时，此频率即为压电换能器 S_1、S_2 的相位匹配频率点，记下该谐振频率 f.

（2）用共振干涉法（驻波法）测波长和声速.

从 S_1 和 S_2 相距 5 cm 开始移动 S_2，观察波的干涉现象，当示波器上出现振幅最大信号时，记下 S_2 的位置 L_0. 由近而远改变接收器 S_2 的位置，可以观察到正弦波的幅度发生周期性的变化，逐个记下振幅最大的波腹的位置，共 12 个点，用最小二乘法求得波长，并求出声速及其不确定度（$P = 0.95$）.

（3）记下室温 t，计算理论值 v_t，与测量值比较.

（4）用相位比较法测量空气中的声速.

按照图 8-3 接好实验装置，S_1 接低频信号发生器，并连接示波器 X 轴，S_2 接示波器 Y 轴，将示波器置于"X-Y"垂直振动合成模式，此时可以看到示波器上出现椭圆或斜直线的李萨如图形. 从 S_1 和 S_2 相距 5 cm 开始缓慢移动 S_2，观察图形，依次测出李萨如图形斜率正、负变化的直线出现时 S_2 的位置 L_i，共取 12 个值，用作图法求出波长，进而求出声速.

2. 提升内容

用相位比较法测量不同无色散液体介质（如水、酒精等）中的声速. 在储液槽中装入液体至刻度线，将换能器置于储液槽中，观察李萨如图形，用相位比较法记录 10 个值，测出声波在该液体中传播的波长.

3. 进阶内容

（1）用时差法分别测量无色散固体介质中的声速，选取至少两种材料（如黄铜

棒和有机玻璃棒）进行测量.

1）将专用信号源上的"测试方法"调至"脉冲波"的位置，"传播介质"按测试材质的不同，调至"非金属"或"金属"的位置.

2）先将发射换能器尾部的连接插头拔出，将待测的测试棒一端面的小螺柱旋入接收换能器的中心螺孔内，再将另一端面的小螺柱也旋入能旋转的发射换能器，使固体棒的两端面与两换能器的平面可靠、紧密地接触. 旋紧时应用力均匀，不可以用力过猛，以免损坏螺纹，拧紧程度要求两只换能器端面与被测棒两端紧密接触即可. 调换测试棒时，要先拔出发射换能器尾部的连接插头，然后旋出发射换能器的一端，再旋出接收换能器的一端.

3）把发射换能器尾部的连接插头插入接线盒的插座中，即可开始测量.

4）用游标卡尺测量两根待测测试棒的长度差 L_1-L_2，记录信号源测出的这两根测试棒的时间读数差 t_1-t_2，单位为 μs.

5）利用公式 $v=(L_1-L_2)/(t_1-t_2)$，即可计算出不同材质测试棒中的声速.

（2）利用共振干涉原理（驻波法），用声压极小值测声速，并与用极大值测得的结果分析比较.

（3）发射换能器与接收换能器间距一定时的变频测量法.

当发射换能器与接收换能器间距 L 一定时，改变发射信号频率，根据接收信号特征点（等相或振幅极值点），找出频率特征值，进而求出空气中的声波波长和声速.

（4）分析影响不同介质中声速测量的因素并讨论不确定度的来源.

4. 高阶内容

（1）利用声光衍射法测定液体中的声速.

（2）利用多普勒效应测定声速.

（3）观察声悬浮现象并测量空气中的声速.

（4）结合手机 Phyphox（手机物理工坊）软件中"声音频谱"模块设计实验测量空气中的声速.

思 考 题

1. 预习思考题

（1）声速与哪些因素有关？为什么选择用超声波测量声速？

（2）什么是驻波法、相位比较法和时差法？

（3）为什么不测量单个的 $\lambda/2$ 或 λ？

2. 实验过程思考题

（1）实验中为什么要在超声换能器的谐振状态下测量？如何找到谐振频率？

（2）为什么在实验过程中改变 S_1、S_2 间距离时，压电换能器 S_1 和 S_2 两表面初始距离要大于 5 cm？为什么应使它们保持互相平行且正面相对？不平行会产生什么问题？

（3）共振干涉假设中，若只考虑发射换能器的单次发射和接收换能器的单次反射是否可行？对实验结果有何影响？

（4）换能器内的压电陶瓷片作为超声信号源时，其与换能器表面的距离及换能器的厚度，对于测量结果有何影响？

（5）用时差法测量固体中的声速时，为什么要对至少两根待测棒进行测量？

3. 实验报告思考题

（1）定性分析用驻波法测量时，声压振幅极大值随距离变长而减小的原因.

（2）声速测量中驻波法、相位比较法、时差法有何异同？

（3）各种气体中的声速是否相同？为什么？

参考资料

附　录　　　　　　　　　　压电陶瓷换能器

　　声速测试仪上的发射换能器和接收换能器的关键部件是压电陶瓷片. 压电陶瓷片是由一种多晶结构的压电材料（如石英、锆钛酸铅陶瓷等），在一定温度下经极化处理制成的. 它具有压电效应，即受到与极化方向一致的应力 T 时，在极化方向上产生一定的电场强度 E 且具有线性关系：$E=gT$，即力→电，称为正压电效应，其中 g 为比例系数. 当与极化方向一致的外加电压 U 加在压电材料上时，材料的伸缩形变 S 与 U 之间有简单的线性关系：

$$S=dU \tag{8-9}$$

即电→力，称为逆压电效应，d 为压电常量，与材料的性质有关. 由于 E 与 T、S 与 U 之间有简单的线性关系，所以我们就可以将正弦交流电信号变成压电陶瓷片的纵向伸缩，即产生振动，使压电陶瓷片成为超声波的波源. 反之，也可以使声压变化转化为电压变化，即用压电陶瓷片作为音频信号的接收换能器. 本实验中的两个压电陶瓷片的性质、形状是相同的.

　　根据压电陶瓷换能器的工作方式，可分为纵向（振动）换能器、径向（振动）换能器及弯曲振动换能器. 图 8-6 所示为纵向换能器的结构简图.

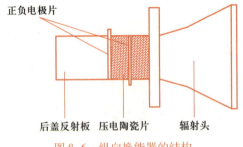

图 8-6　纵向换能器的结构

第四章

热学实验

实验 9　固体比热容的测量

18 世纪，英国物理学家、化学家布莱克（J.Black）发现质量相同的不同物质，上升相同温度所需的热量不同，并提出了比热容的概念. 19 世纪，随着工业文明的建立与发展，特别是蒸汽机的诞生，量热学有了巨大的进展. 经过多年的实验研究，人们精确地测定了热功当量，逐步认识到不同性质的能量（如热能、机械能、电能、化学能等）之间的转化和守恒是自然界物质运动的最根本的定律之一.

比热容是单位质量的物质升高（或降低）单位温度所吸收（或放出）的热量. 比热容的测定对研究物质的宏观物理现象和微观结构之间的关系有重要意义. 固体比热容的测量的方法有混合法、冷却法等，本实验采用混合法测固体（锌粒）的比热容. 在热学实验中，系统与外界的热交换是难免的，因此要努力创造一个热力学孤立体系，同时对实验过程中的其他吸热、散热做出校正，尽量使二者相互抵消，以提高实验的精度.

🔍 实验目的

本实验相关资源

1. 了解测量比热容的原理和方法.
2. 掌握量热学实验的最基本方法——混合法.
3. 了解量热实验误差的产生原因及修正方法.

✒️ 实验原理

1. 混合法测比热容

按照能量守恒定律，一个热力学孤立体系中有 n 种物质，其质量分别为 m_i，比热容为 $c_i (i=1, 2, \cdots, n)$. 开始时体系处于平衡态，温度为 T_1，与外界发生热量交换后又达到新的平衡态，温度为 T_2. 若体系中无化学反应或相变发生，则该体系获得（或放出）的热量为

$$Q = (m_1 c_1 + m_2 c_2 + \cdots + m_n c_n)(T_2 - T_1) \tag{9-1}$$

假设量热器的质量为 m_1、比热容为 c_1，搅拌器的质量为 m_2、比热容为 c_2，开始时量热器与其内质量为 m、比热容为 c 的水具有共同温度 T_1，把质量为 m_x、比热容为 c_x 的待测物加热到 T' 后放入量热器内，最后这一系统达到热平衡，终温为 T_2. 如果忽略实验过程中的散热或吸热，则有

$$m_x c_x (T' - T_2) = (mc + m_1 c_1 + m_2 c_2 + 2.0V\ \text{J} \cdot \text{K}^{-1} \cdot \text{cm}^{-3})(T_2 - T_1) \tag{9-2}$$

式中，$2.0V$ J·K⁻¹·cm⁻³ 代表温度计的热容，其中 V 是温度计浸入水中的体积.

2. 系统误差的修正

在量热学实验中，由于无法避免系统与外界的热交换，实验结果总是存在系统误差，有时系统误差甚至很大，以至无法得到正确结果. 所以，校正系统误差是量热学实验中很重要的问题. 为此可采取如下措施：

（1）尽量减少系统与外界的热量交换，使系统近似为孤立体系. 此外，量热器不要放在电炉旁和阳光直射处，也不要在空气流通太快的地方进行实验.

（2）采取补偿措施，就是在被测物体放入量热器之前，先使量热器与水的初始

温度低于室温，但避免在量热器外生成凝结水滴．先通过估算，使初始温度与室温的温差与混合后末温与室温的温差大致相等．这样混合前量热器从外界吸热与混合后向外界放热近乎相等，极大地降低了系统误差．

（3）缩短操作时间，将被测物体从沸水中取出，然后倒入量热器筒中并盖好盖子的整个过程，动作要快而不乱，减少热量的损失．

（4）严防有水附着在量热筒外面，以免水蒸发时带走过多的热量．

（5）校正沸点．在实验中，我们是取水的沸点为被测物体加热后的温度，但压强不同，水的沸点也有所不同．为此需用大气压强计测出当时的气压，再由气压与沸点的关系通过表 9-1 查出沸点的温度．

表 9-1　水的沸点 T（单位：℃）随压强（p_1+p_2）的变化

$p_1/(133 \text{ Pa})$	$p_2/(133 \text{ Pa})$									
	0	**1**	**2**	**3**	**4**	**5**	**6**	**7**	**8**	**9**
730	98.88	98.92	98.95	98.99	99.03	99.07	99.11	99.14	99.18	99.22
740	99.26	99.29	99.33	99.37	99.41	99.44	99.48	99.52	99.58	99.59
750	99.63	99.67	99.70	99.74	99.78	99.82	99.85	99.89	99.93	99.96
760	100.00	100.04	100.07	100.11	100.15	100.18	100.22	100.26	100.29	100.33
770	100.36	100.40	100.44	100.47	100.51	100.55	100.58	100.62	100.65	100.69

在采取以上措施后，散热的影响仍难以完全避免．被测物体放入量热器后，水温达到最高温度前，整个系统还会向外散热．所以理论上的末温是无法得到的．这就需要通过实验的方法进行修正：在被测物体放入量热器前 4~5 min 就开始测度量热器中水的温度，每隔 1 min 读一次．当被测物体放入后，温度迅速上升，此时应每隔 0.5 min 测读一次．直到升温停止后，温度由最高温度均匀下降时，每分钟记录一次温度，直到第 15 min 为止．由实验数据作出温度和时间的关系 T-t 曲线（图 9-1）．

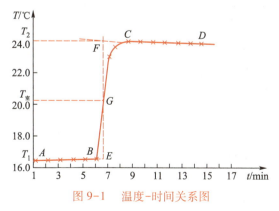

图 9-1　温度-时间关系图

为了推导出式（9-2）中的初温度 T_1 和末温 T_2，在图 9-1 中，对应于室温 $T_{室}$ 曲线上的点 G 作一垂直与横轴的直线．然后将曲线上升部分 AB 及下降部分 CD 延长，与此垂线分别相交于点 E 和点 F，这两个交点的温度坐标可看成是理想情况下

的 T_1 和 T_2，即相当于热交换无限快时水的初温与末温.

实验装置

量热器（带搅拌器）、温度计、天平、烧杯、量筒、试管（带橡胶塞）、秒表、漏斗、气压计、电饭锅.

实验内容

1. 基础内容

（1）称出质量为 m_x 的锌粒，放入试管中隔水加热（注意：水不能溅入）. 在沸水中至少 15 min，才可以认为锌粒与水同温. 水沸腾后测出大气压强 p.

（2）在锌粒加热的同时，称出量热器内筒质量 m_1 及搅拌器质量 m_2，然后倒入适量的水，并加入冰屑使水温降低到比室温低 3~4 ℃（注意：不能使筒外表有水凝结），利用式（9-2）估算出水的质量 m 后，称出质量 m_1+m_2+m.

（3）在倒入锌粒前，一边用棒轻轻搅动，一边每隔一分钟测一次水温（注意：一定要待冰屑全部融化后才能开始测温），计时 5 min 后将加热完成的锌粒迅速而准确地倒入量热器内（注意：不能使量热器中的水溅出，且切勿碰到温度计），立即将盖子盖好并继续搅拌（注意：搅拌不能太用力），同时，每隔半分钟测一次水温，至水温均匀下降，每隔一分钟测一次水温，连续测量 10 次左右.

（4）温度计浸没在水下的体积可用一个小量筒测得. 先将水注入小量筒中，记下其体积 V_1，然后将温度计插入水中，使温度计插入水中的体积与在量热器中没入水中的体积相同（以从量热器中取出的温度计上的水印为准），读出液面升高后的体积 V_2，则温度计插入量热器后没入水中的体积为

$$V=V_2-V_1$$

（注意：实验中温度计中的水银泡一定要没入水中，但又不能碰到锌粒.）

（5）查表 9-1，得到实验气压条件下水的沸点 T'，即作为锌粒加热后的温度.

（6）作温度-时间曲线，求出 T_1 和 T_2.

（7）根据式（9-2）求出锌的比热容 c_x，并和锌的标准比热容 0.386 J/（g·K）比较，求出相对误差.

2. 提高内容

利用现有仪器测量冰的熔化热.

3. 进阶内容

用冷却法测量金属的比热容.

4. 高阶内容

设计一种测量液体比热容的方法.

思考题

1. 预习思考题

（1）实验中采取哪些措施减小系统误差？

（2）实验中为何要先估算水的质量？

（3）锌粒的质量如何称量？称量几次合适？为什么？

2. 实验过程思考题

（1）实验中质量的测量采用了精度较低的物理天平，为什么测量温度却采用分度值为 0.1 ℃的精密水银温度计？

（2）为什么加冰屑使水降温时不能使筒外有水凝结？

（3）将加热好的锌粒迅速倒入量热器内后，怎么操作才能保证温度计不碰到锌粒？

（4）实验过程中，在搅拌器中搅拌时为何不能太用力？

3. 实验报告思考题

（1）为使混合前量热器从外界吸收的热量与混合后向外界放出的热量大体相抵，你采取了哪些措施？结果怎样？

（2）为何水的沸点不取 100 ℃，而要通过测大气压求出？

（3）请另外设计一种测量金属比热容的方法.

参考资料

实验 10__空气比热容比的测量

定压比热容 c_p 是指将一定量的气体，在压强恒定条件下加热，使之升高 1 K 所需的热量. 定容比热容 c_V 是在体积恒定条件下，使气体升高 1 K 所需的热量. 气体的比热容比 γ 是二者之比 $\gamma = c_p/c_V$，又叫泊松比，是描述气体热力学性质的一个重要参量. 在实际工作中，常用绝热膨胀法求气体的 γ. 另外，封闭在某种气体容器中的活塞振子的共振频率与该气体的泊松比有关. 通过测量振子的共振频率，也可以间接求出这种气体的泊松比.

实验目的

本实验相关资源

1. 了解热力学系统的状态和过程特征，掌握实现等值过程的方法.

2. 了解压力传感器和温度传感器的工作原理及使用方法.

3. 掌握用绝热膨胀法测定空气的比热容比.

4. 学习气体压强传感器和电流型集成温度传感器的原理及使用方法.

实验原理

理想气体的绝热过程方程为

$$pV^{\gamma} = C \tag{10-1}$$

式中的指数 γ 为气体的比热容比或泊松比.

在压强不太高、温度不太低时（比如在标准状况下），空气的性质近似于理想气体.

这里我们用绝热膨胀法测定空气的比热容比，在实验中采用气体压强传感器和温度传感器精确测量容器内空气的压强和温度.

测量 γ 值的仪器如图 10-1 所示. 储气瓶的容积为 V_2, 瓶塞上有两个气体通道, 分别接旋塞式气阀 C_1 和 C_2, 还有电缆密封在其内, 分别将瓶内的压强传感器、温度传感器与仪器相连接.

实验开始时, 首先打开气阀 C_2, 使容器与大气相通, 这时瓶内的压强和温度与环境相同, 分别记为 p_0 与 θ_0. 然后关闭 C_2, 开启 C_1, 用打气球向瓶内充气, 这时瓶内空气量略增加, 压强、温度均有所增加. 关闭 C_1, 待瓶内气体平衡并与环境有热交换后, 气体达到环境温度, 压强增加到 p_1. 这时的气体状态记为状态 I (p_1, θ_0, V_1). 然后迅速开启 C_2, 当瓶内空气压强降至环境大气压强 p_0 时 (放气声结束), 立刻关闭 C_2. 由于放气过程较快, 瓶内气体来不及与外界进行热交换, 可以近似认为这是一个绝热膨胀的过程, 瓶内温度会下降至 θ_1, 压强为 p_0, 瓶内空气以及放出的气体的体积记为 V_2, 这时气体达到状态 II (p_0, θ_1, V_2).

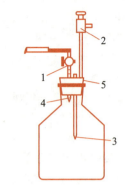

1—进气阀 C_1；2—放气阀 C_2；
3—温度传感器；4—压强传感器；
5—703 胶黏剂.

图 10-1　用绝热膨胀法测空气比热容比的装置图

绝热过程方程为

$$p_1 V_1^{\gamma} = p_0 V_2^{\gamma} \tag{10-2}$$

经过一段时间的热交换, 瓶内气体又恢复到环境温度 θ_0, 此时瓶内气体压强也随之增大为 p_2, 体积 (包括释放出的极少量气体) 仍为 V_2, 状态为 III (p_2, θ_0, V_2), 从状态 II 到状态 III 的过程可以视为一个等容吸热的过程.

比较相同质量的气体状态 I 和 III, 温度相同, 应有

$$p_1 V_1 = p_2 V_2 \tag{10-3}$$

由式 (10-2) 和式 (10-3) 可得到

$$\gamma = \frac{\lg p_1 - \lg p_0}{\lg p_1 - \lg p_2} \tag{10-4}$$

利用式 (10-4) 可以通过测量 p_0、p_1 和 p_2 的值, 求得空气的比热容比 γ.

🔬 实验装置

直流电源、储气瓶、温度传感器、压强传感器、打气球、气阀等.

📖 实验内容

1. 基础内容

(1) 用压强传感器测量大气压强 p_0, 用温度传感器测量环境温度 θ_0 (室温).

(2) 把放气阀 C_2 关闭, 将 C_1 打开, 用打气球把空气挤压到储气瓶内, 然后再关闭 C_2. 稍稳定后, 用压强传感器和温度传感器分别测量瓶内空气的压强 p_1 和温度 θ_0.

(3) 迅速打开放气阀 C_2, 当储气瓶的空气压强降至环境大气压强 p_0 时 (这时放气声消失), 关闭 C_2.

(4) 待瓶内外达到热平衡, 瓶内空气的温度上升至室温 θ_0 时, 记下瓶内气体的

压强 p_2.

（5）实验过程重复进行若干次，比较多次测量中气体的状态变化有何异同.

（6）每次测出一组压强值 p_0、p_1 和 p_2，利用式（10-4）计算空气的比热容比 γ. 重复多次，计算 γ 的平均值. 将测得的 γ 的平均值和理论值 1.402 进行比较，求测量值和理论值的相对误差.

2. 提高内容

提早或推迟关闭放气阀 C_2，计算空气的比热容比，与正常关闭时的计算结果进行比较，分析提早或推迟关闭放气阀 C_2 对测量结果的影响.

3. 高阶内容

气体受热易膨胀，体积变大，气体体积变化对比热容影响较大. 气体的比热容和气体的热膨胀有密切关系，在体积恒定和压强恒定时不同，造成测得的数据有一定的误差. 人为操作难以精确捕捉到气体的细微变化，设计一方案，精确测量体积的变化.

4. 进阶实验

（1）设计另外一种方法测量空气的比热容比.

（2）搭建一实验装置，通过测量封闭在某种气体容器中的活塞振子的共振频率，测量该气体的比热容比.

思 考 题

1. 预习思考题

（1）控制放气时间的目的是什么？

（2）影响本实验的重要的因素有哪些？如何减少它们的影响？

2. 实验过程思考题

（1）关闭气阀、停止放气后，若发现压强并不稳定为大气压强，而是上升的，这能否说明放气时间控制不准？为什么？

（2）实验时若放气不充分，所得 γ 值是偏大还是偏小？为什么？若放气时间过长呢？

（3）本实验研究的热力学系统是指哪部分气体？

3. 实验报告思考题

（1）本实验中容器与外界有热交换，为什么还可以说是用"绝热法"测量的？

（2）气体定律描述的是一定量的气体在热力学过程中压强、温度与体积三者之间的关系. 本实验中容器内空气的量有变化，为什么也可应用这些公式？

（3）本实验为什么要用温度传感器？温度传感器有何优点？能否用水银温度计来替代？

（4）用抽气的方法测量 γ 是否可行？式（10-4）是否适用？

参考资料

实验 11 ___液体比汽化热的测量

比汽化热是指在标准大气压（101.325 kPa）下，使单位质量的液态物质在一定温度下转化成同温度气体所需要的热量，是液体的一个重要的热学参量，在制冷效率、节能研究及工业生产中有着重要的作用.

本实验相关资源

实验目的

1. 了解比汽化热的物理意义.
2. 掌握液体比汽化热的测量方法.
3. 了解影响实验测量精度的因素及消除方法.

实验原理

物质由液态向气态转化的过程称为汽化，液体的汽化有蒸发和沸腾两种形式. 不管是哪种汽化过程，它的物理过程都是液体中一些热运动动能较大的分子飞离表面成为气体分子，而随着这些动能较大分子的逸出，液体的温度将要下降，若要保持温度不变，在汽化过程中就要供给热量. 物质由气态转化为液态的过程称为液化. 在同一条件下液化过程所放出的热量与汽化过程所吸收的热量相等，因而可以通过测量液化时放出的热量来测量液体汽化时的比汽化热.

本实验采用混合法测定水的比汽化热，方法是将烧瓶中 100 ℃的水蒸气，经管子通入到量热器内筒的水中. 如果水和量热器内筒的初始温度为 θ_1，而质量为 m 的水蒸气进入量热器中被液化成水，当水和量热器内杯温度相同时，其温度值为 θ_2，那么水的比汽化热可由下式得到：

$$m'L + m' \cdot c_w \cdot (\theta_3 - \theta_2) = (mc_w + m_1c_1 + m_2c_2) \cdot (\theta_2 - \theta_1) \qquad (11-1)$$

其中，c_w 为水的比热容，m' 为原先在量热器中的水的质量，c_1 和 c_2 分别为量热器和搅拌器的比热容，m_1 和 m_2 分别为量热器和搅拌器的质量，θ_3 为水蒸气的温度，L 为水的比汽化热.

温度传感器 AD590 是由多个参量相同的三极管和电阻组成的. 该器件的两引出端在一定的直流电压下工作时（一般工作电压可在 4.5～20 V 范围内），如果该温度传感器的温度升高或降低 1 ℃，那么传感器的输出电流增加或减少 1 μA，它的输出电流的变化与温度变化满足如下关系：

$$I = B \cdot \theta + A \qquad (11-2)$$

其中，I 为温度传感器的输出电流，单位为 μA；θ 的单位为摄氏度；B 为斜率；A 为 0 ℃时的电流值，该值恰好与冰点的热力学温度 273 K 相对应（实际使用时，应在冰点温度时确定）. 利用温度传感器的上述特性，可以制成各种用途的温度计.

实验装置

量热器、烧瓶、玻璃管、电炉、搅拌器、温度传感器 AD590、直流电源、数字电压表、天平、托盘等.

实验内容

1. 基础内容

（1）水汽化热的测量

1）用天平分别称出量热器和搅拌器的质量 m_1 和 m_2，然后在量热器的内筒中加一定量的水, 再称出盛有水的量热器和搅拌器的质量, 减去 m_1+m_2 得到水的质量 m'.

2) 将盛有水的量热器内筒中放入冰屑, 将其冷却到室温以下的较低温度. 但被冷却水的温度需高于环境的露点, 如果低于露点, 则实验过程中量热器内杯外表有可能有水珠凝结, 从而释放出热量, 影响测量结果. 将冷却过的内筒放回量热器内, 再放在水蒸气管下, 使通气橡皮管插入水中约 1 cm 深, 注意通气管不宜插到底部, 以防堵塞.

3) 将盛有水的烧瓶加热, 开始加热时将温控电位器顺时针调到底, 此时移去瓶盖, 使低于 100 ℃ 的水蒸气从瓶口逸出. 当烧瓶内水沸腾时调节温控电位器, 保证水蒸气输入量热器的速率符合实验要求. 这时首先要记录温度值 θ_3. 然后把瓶盖盖好, 继续让水沸腾, 向量热器的水中通入蒸气, 并搅拌量热器内的水, 尽可能使量热器中水的末温度 θ_2 与室温的温差同室温与初温 θ_1 差值相近, 这样可使实验过程中量热器内筒与外界热交换相抵消.

4) 停止用电炉通电, 打开瓶盖, 不再向量热器中通气, 继续搅拌量热器内筒的水, 读出水和内筒的末温度 θ_2. 再一次称量出量热器内筒中水的总质量 $m_总$. 经过计算, 求得量热器中水蒸气的质量 $m=m_总-m_0$. (m_0 为未通气前量热器内筒、搅拌器和水的总质量.)

(2) 将水汽化热测量过程中所得到的测量数据代入式 (11-1), 求得水在 100 ℃ 时的比汽化热.

2. 提高内容

实验中量热器内筒与外筒采用聚苯乙烯发泡塑料填充绝热, 比起用空气作为绝热材料, 比较两种情况下量热器的绝热效果有何不同.

3. 进阶内容

设计一个方案, 修正温度传感器插入水中的部分吸收的热量对实验的影响.

4. 高阶内容

测量液氮的比汽化热.

思 考 题

1. 预习思考题

(1) 集成电路温度传感器的工作原理是什么?

(2) 为温度传感器定标时, 测量多少个点比较合适?

2. 实验过程思考题

(1) 为什么烧瓶中的水未达到沸腾时, 水蒸气不能通入量热器中?

(2) 用本实验装置测量水的比汽化热时可能产生哪些误差? 如何减小误差?

3. 实验报告思考题

(1) 本实验为什么要用集成温度传感器测温度? 它与水银温度计相比有什么优点?

(2) 本实验用什么方法测定水的比汽化热?

(3) 实验中量热器内筒与外筒采用聚苯乙烯发泡塑料填充绝热, 与用空气作为绝热材料的量热器的绝热效果进行比较, 哪种方法更好?

附　录　　　　　　　　　　　　　　**温度传感器 AD590 的定标**

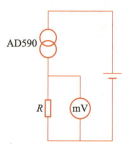

　　每个温度传感器的灵敏度有所不同，在实验前，应将其定标．按图 11-1 所示接线（测量仪器中已经接好电阻为（1±1%）1 000 Ω，数字电压表为四位半电压表，传感器所加电源电压为 6 V），只要把温度传感器的红黑接线分别插入面板中的输入孔即可进行定标或测量．用最小二乘法拟合温度传感器的定标实验数据，求得斜率 B、截距 A 和相关系数 r．

图 11-1　温度传感器
AD590 接线图

第五章

电磁学实验

实验 12 直流电源特性的研究

　　直流电源是一种能量转换装置，它通过非静电力做功将其他形式的能量转化为电能，为直流电路提供稳定的电压、电流．直流电源种类较多，如干电池、锂电池、太阳能电池等，广泛应用于计算机、通信、自动控制、新能源等人们日常生产和生活的各个领域．各种直流电路只有与特性参量合适的直流电源配合使用，才能让产品具备设计的功能、适应特定的工作环境，因此了解和测量直流电源的特性参量对于日常工作和生活实践具有十分重要的意义．

　　直流电源的常见特性参量有输出电压、输出电流．由于直流电源内阻不为零，其输出电压、输出电流都存在最大值，分别称为直流电源的开路电压、短路电流．

🔍 实验目的

1. 了解常用电表的原理，掌握其使用方法．
2. 了解常见的直流测量电路．
3. 掌握利用补偿法研究直流电源的常见特性参量．

✍ 实验原理

　　在现代生产和生活中，经常涉及电压、电流、电阻等各种电学量的测量，学习这些常见电学量的测量方法，掌握常见的电学测量仪表和直流测量电路，是开展电学实验的基础．

1. 常见的电学测量仪表

（1）磁电式电流表

　　磁电式电流表是实验室中常见的测量电流的仪表，原理如图 12-1 所示，通有电流的线圈在磁场作用下发生偏转，偏转角的大小与通过线圈的电流成正比，电流大小可通过校准的表盘指示出来．

　　磁电式电流表满偏时，通过表头 G 的电流很小，因此它只适于测量微安级或毫安级的电流．

图 12-1　磁电式电流表结构示意图

若要测量较大的电流，则需要通过将表头与其他电阻 R_p 并联的方式扩大其量程，由图 12-2 可知

$$V_g = I_g R_g \qquad U_g = (I - I_g) R_p$$

可得

$$R_p = \frac{I_g}{I - I_g} R_g$$

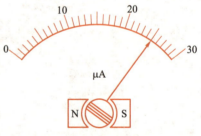

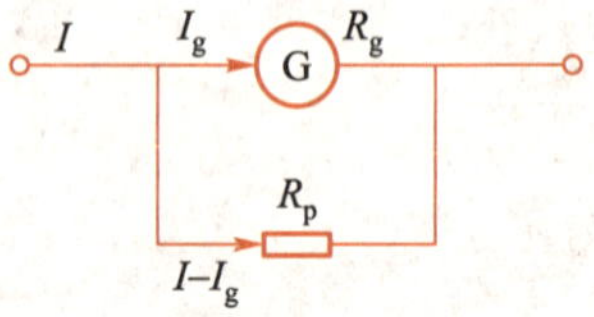

图 12-2　将表头改装成电流表

其中 R_g 为表头内阻．可见选择不同大小的扩程电阻 R_p 可组装成不同量程 I 的电流表．

（2）改装电压表

　　将上述磁电式电流表 G 与其他电阻 R_s 串联，可将表头改装成不同量程的电压

表，由图 12-3 可知

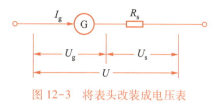

$$U_s = I_g R_s = U - U_g$$

可得

$$R_s = \frac{U}{I_g} - R_g$$

图 12-3　将表头改装成电压表

可见选择不同的扩程电阻 R_s 可组装成不同量程的直流电压表.

（3）检流计

普通电表中偏转线圈安装在轴承上，由于轴承有摩擦而精度不高. 检流计用悬丝代替轴承，即使通过很微弱的电流，也足以使线圈发生显著的偏转，因此检流计比一般电表灵敏得多，可以检测微弱的电压或电流.

（4）万用表

万用表能测量直流和交流电压、直流和交流电流、电阻、电容等多种电学量，具有较高的测量精度，使用简单，携带方便，在电工、电子技术及科研生产中得到了十分广泛应用.

常见的万用表有指针式和数字式两种，其中数字万用表由于具有读数方便、输入阻抗高、无需调零、附加功能多样等优点，成为现代主流的多用途电子测量仪器.

数字万用表（图 12-4）主要由液晶显示屏、旋钮开关、红黑表笔、表笔插孔、电源开关等构成，其中表笔插孔有多个，黑表笔接 COM 口，红表笔根据待测电学量的不同而插入相应的插孔，旋钮开关同样根据待测电学量的不同而选择相应的功能和量程.

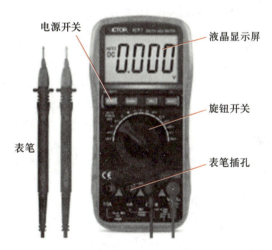

图 12-4　数字万用表

本实验附录部分给出了数字万用表的简要使用说明，但在操作前应仔细阅读实际使用的数字万用表说明书，了解测量精度、测试条件、过载保护及安全警告等事项.

2. 常见的直流测量电路

（1）伏安法测电阻

根据欧姆定律，测量通过待测元件的电流和两端的电压可求出该元件的电阻 R，这种方法称为伏安法. 由于实际使用的电流表内阻 R_A 不够小，而电压表内阻 R_V 不够大，因此不论采用电流表内接法还是外接法都会引入测量误差（图 12-5）. 根据表 12-1，测量较大电阻时，宜使用电流表内接法；测量较小电阻时，可采用电流表外接法.

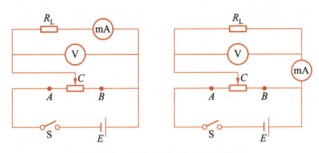

图 12-5　电流表内接法和外接法

表 12-1　电表的不同接法引入的误差

电流表内接法引入的误差							
$\dfrac{R}{R_A}$	1 000	500	200	100	50	10	5	1
$\dfrac{\Delta R}{R}/\%$	0.1	0.2	0.5	1.0	2.0	10.0	20.0	100.0

电流表外接法引入的误差							
$\dfrac{R_V}{R}$	1 000	500	200	100	50	10	5	1
$\dfrac{\Delta R}{R}/\%$	0.1	0.2	0.5	1.0	2.0	9.1	16.7	50.0

（2）制流电路和分压电路

在直流电路中使用滑动变阻器可以控制电路中的电流或电压，相应的电路称为制流电路或分压电路.

图 12-6 是制流电路. 将滑动变阻器的 A、C 端接入电路，改变滑动头 C 的位置可改变电路中电流的大小. 当滑动头 C 滑至 A 端时，接入电阻为 0，此时电路中电流最大. 当滑动头 C 滑至 B 端时，接入电路的电阻最大，此时电路中电流最小. 为保护电流表，闭合开关前应选择合适的电流表量程，并将滑动头 C 滑至 B 端.

图 12-7 是分压电路. 电源与滑动变阻器的 A、B 端构成主回路，负载电阻与 B、C 端并联，用电压表监测分压的大小. 闭合开关后，BC 端的电压 U_{BC} 随滑动头 C 的位置不同而在 0 到电源电压 E 之间连续可调.

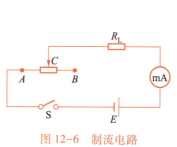
图 12-6　制流电路

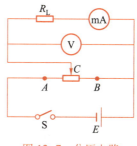
图 12-7　分压电路

使用分压电路时，为了减小负载对并联电阻的干扰，改善分压的线性，通常应确保负载 R_L 远大于 BC 之间的电阻.

实验装置

电池盒 1（安装 1 节未知参量的干电池 E_x，并串联了 1 只二极管）、电池盒 2（安装 2 节干电池，并串联了阻值为 15 Ω 的保护电阻）、电阻箱 2 个、滑动变阻器 1 个、指针式微安表 1 个（量程为 100 µA）、多量程毫安表 1 个、检流计 G 1 个、开关 2 个、导线若干.

本实验为设计性实验，请利用提供的实验装置，自行设计电路，解决待研究的问题.

实验内容

1. 基础内容

测量微安表的内阻，并将该微安表改装成量程为 2.00 V 的电压表.

（1）画出测微安表内阻的电路图，简述测量原理，连接电路.

（2）给出微安表内阻的测量结果.

（3）画出自组电压表的原理图，并标明元件的数值.

2. 提高内容

测量待测干电池 E_x 的开路电压.

（1）画出测干电池 E_x 开路电压的电路图，简述测量原理，连接电路.

（2）测量并记录实验结果.

3. 进阶内容

测量待测干电池 E_x 的短路电流.

（1）画出测干电池 E_x 短路电流的电路图，简述测量原理，连接电路.

（2）测量并记录实验结果.

4. 高阶内容

对改装的电压表进行校准，并测量干电池 E_x 的开路电压.

思考题

简述本实验中采用了哪些基本实验方法。

1. 基本实验方法：补偿法

把标准物理量 S 调节到与待测物理量 X 相等，使系统处于补偿状态，S 具有抵消或补偿待测量的作用，此时待测量 X 与标准量 S 具有确定的关系，这种测量方法称为补偿法．

补偿法的特点是测量系统中包含标准量具和平衡指示器（或示零器），在测量过程中，待测量 X 与标准量 S 直接比较，调整标准量 S，使二者之差为零．补偿法的优点是可以免去一些附加系统误差，当系统具有高精度的标准量具和平衡指示器（或示零器）时，可获得较高的分辨率、灵敏度及较高的测量精度．

电位差计是应用补偿法的典型仪表，其原理图如图 12-8 所示．E_x 为被测电动势，E_s 为用作补偿量具的标准电池．R_x、R_s 均为标准电阻，它们与电源 E、可变电阻 R_p 构成测量回路．电流表 A 用于监控测量电路中电流的大小，检流计 G 和 R_g、S_g 组成示零回路．当开关 S_1 拨至 E_s 侧时，调节 R_s，使检流计 G 示零，此时 R_s 上的电压 U_s 与 E_s 补偿，即 $U_s = E_s = IR_s$；再将开关 S_1 拨至 E_x 侧，在确保 I 不变的情况下，调节 R_x，再使检流计 G 示零，于是 R_x 上的电压 U_x 与 E_x 补偿，$U_x = E_x = IR_x$，从而得出

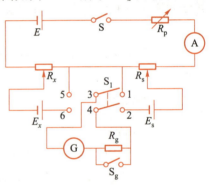

图 12-8　电位差计

$$E_x = \frac{R_x}{R_s} E_s$$

由于标准电池 E_s 和标准电阻 R_x、R_s 的精度都很高，再配上高精度的检流计 G，电位差计便具有很高的精度．

2. 数字万用表的使用

（1）直流电压的测量

1）将黑表笔接入"COM"插孔，红表笔接入"V/Ω/Hz"插孔．

2）将旋钮开关转到相应的 DCV 挡适当量程，并将红黑表笔与待测元件并联，显示屏上显示的是电压及红表笔一侧的极性．

（2）交流电压的测量

旋钮开关转至 ACV 挡量程，其余操作与测直流电压的操作相同．为操作安全，应避免待测电压超过 750 V，并应特别注意避免触电．

（3）直流电流的测量

1）将黑表笔接入"COM"插孔，红表笔依电流大小选择接入"mA"或"20 A"

插孔.

2）将旋钮开关转到相应的 DCA 挡适当量程，并将万用表与待测电路串联，显示屏上可读出电流大小及红笔端的极性.

为确保安全，万用表测电流时的不应与其他元件并联，测大电流时测量时间不应大于 10 s.

（4）交流电流的测量

旋钮开关转至 ACA 挡量程，其余操作与测直流电流的操作相同.

（5）电阻的测量

1）将黑表笔接入"COM"插孔，红表笔接入"V/Ω/Hz"插孔.

2）将旋钮开关转到电阻挡合适量程，表笔与待测电阻并联.

需要注意的是，测电阻时，待测电阻两端不应有电压.

（6）二极管及通断测试

1）将黑表笔接入"COM"插孔，红表笔接入"V/Ω/Hz"插孔.

2）将旋钮开关转至"⎓⊳⊢"挡，并将表笔与待测二极管并联，显示的读数为二极管正向压降的近似值；若极性接反，则显示超量程符号.

3）进行通断测试时，若万用表内置蜂鸣器发声，则表笔间电阻较小（通常低于 50 Ω）.

实验 13__半导体热敏电阻特性的研究

半导体热敏电阻材料对温度非常敏感，一般具有较高的电阻率和非常大的电阻温度系数. 半导体热敏电阻传感器具有灵敏度高、工作温度范围宽、体积小、使用方便等特点. 半导体热敏电阻可分为三种：负温度系数（negative temperature coefficient，NTC）热敏电阻，阻值随温度升高而降低；正温度系数（positive temperature coefficient，PTC）热敏电阻，阻值随温度升高而增大；临界温度（critical temperature，CT）热敏电阻，在某一温度下，电阻值随温度的增加急剧减小. 上述三种材料热敏电阻广泛用于温度测量、温度控制、温度补偿、开关电路、过载保护、时间延迟及恒温加热等方面.

🔍 实验目的

本实验相关资源

1. 理解热敏电阻的阻值随温度改变的趋势，认识热敏电阻的电阻温度特性.

2. 掌握惠斯通电桥的使用方法.

3. 掌握测量、分析和研究热敏电阻温度-阻值特性的方法.

📝 实验原理

1. 负温度系数（NTC）热敏电阻的电阻-温度（R-T）特性

从经典电子论可知，金属中本来就存在着大量的自由电子，它们在电场力的作用下定向移动而形成电流，所以金属的电阻率较小，一般在 $10^{-6} \sim 10^{-5}$ Ω·cm. 当温度升高时，金属原子振动（热运动）加剧，增加了对电子运动的阻碍作用，故随着温度增高，金属电阻近似呈线性缓慢增加，如图 13-1 所示. 金属的电阻与温度的关系满足：

$$R_{t_2} = R_{t_1}\left[1 + \alpha(t_2 - t_1)\right] \qquad (13\text{-}1)$$

式中，α 是与金属材料温度特性有关的系数，R_{t_1}、R_{t_2} 分别对应于温度为 t_1、t_2 时的电阻值.

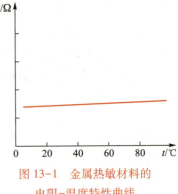

图 13-1 金属热敏材料的
电阻-温度特性曲线

负温度系数（NTC）热敏电阻器是以锰、钴、镍、铜等对温度非常敏感、负温度系数很大的金属氧化物为主要材料，采用陶瓷工艺制造而成的元件. 这些金属氧化物材料在导电方式上完全类似锗、硅等半导体材料，都具有半导体性质. 室温下其电阻率介于良导体（约 10^{-6} $\Omega \cdot$ cm）和绝缘体（$10^{14} \sim 10^{22}$ $\Omega \cdot$ cm）之间，其范围通常是 $10^{-2} \sim 10^{9}$ $\Omega \cdot$ cm. 温度低时，这些氧化物材料中大部分电子是受束缚的，载流子（电子和空穴）数目少，所以电阻值较高；随着温度升高，原子的热运动加剧，部分电子由此获得较高的能量，脱离束缚态成为自由电子，同时相应地产生空穴，被释放的自由电子与空穴参与导电，载流子数目增加，所以半导体的导电能力增强. 虽然原子热运动的加剧会阻碍电子的运动，但在温度不高的情况下（一般在 300 ℃ 以下），这种作用对导电性能的影响，远小于电子被释放而改善导电性能的作用，所以温度上升会使半导体的电阻值迅速下降. NTC 热敏电阻器在室温下的变化范围在 $10^{2} \sim 10^{6}$ Ω.

图 13-2 所示为 NTC 热敏电阻的电阻-温度特性曲线. 通常 NTC 热敏电阻的阻值与温度满足如下关系：

$$R_T = R_{T_0} e^{B\left(\frac{1}{T} - \frac{1}{T_0}\right)} \qquad (13\text{-}2)$$

其中，R_T、R_{T_0} 是温度为 T、T_0 时的热敏电阻阻值，B 是热敏电阻的材料常量.

材料常量 B 是 NTC 热敏电阻的热敏指数，定义为两个温度下零功率电阻值的自然对数之差与两个温度倒数之差的比值：

$$B = \frac{\ln R_{T_1} - \ln R_{T_2}}{\dfrac{1}{T_1} - \dfrac{1}{T_2}} \qquad (13\text{-}3)$$

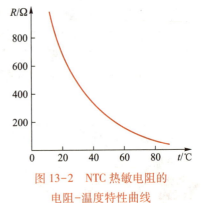

图 13-2 NTC 热敏电阻的
电阻-温度特性曲线

其中，T_1、T_2 分别为两个被指定的温度（单位为 K），R_{T_1}、R_{T_2} 分别为温度 T_1、T_2 时的零功率电阻值. 对于常用的 NTC 热敏电阻，B 的范围为 $(2 \sim 6) \times 10^{3}$ K. B 在工作温度范围内并不是一个严格的常量.

定义热敏电阻的温度系数 α 为

$$\alpha = \frac{1}{R_T} \frac{\mathrm{d}R_T}{\mathrm{d}T} \tag{13-4}$$

R_T 是在温度为 T 时的电阻值，由图 13-2 可知，在 $R-T$ 曲线某一特定点作切线，便可求出该温度时的半导体电阻温度系数 α.

热敏电阻的温度系数为

$$\alpha = -\frac{B}{T^2} \tag{13-5}$$

与金属的电阻-温度特性比较，负温度系数（NTC）热敏电阻的电阻-温度特性具有以下特点：

（1）热敏电阻的电阻-温度特性是非线性的，阻值随温度的增加呈指数下降，因此其温度系数为负 $\left(\alpha \propto \dfrac{B}{T^2}\right)$；而金属的电阻-温度特性是线性的，其温度系数为正.

（2）热敏电阻的温度系数为 $(-60 \sim -30) \times 10^{-4}\ \mathrm{K}^{-1}$，金属的温度系数为 $4 \times 10^{-4}\ \mathrm{K}^{-1}$（铜），两者相比，热敏电阻的温度系数大几十倍，所以半导体电阻对温度变化的反应比金属电阻灵敏得多.

2. 正温度系数（PTC）热敏电阻的电阻-温度（$R-T$）特性

图 13-3 为 PTC 热敏电阻的电阻-温度特性曲线，它反应了 PTC 热敏电阻的零功率电阻值与温度之间存在的依赖关系. 定义电阻-温度特性曲线开始陡峭地增高时的温度为居里温度（Curie temperature, T_C），相应此温度的热敏电阻值为 R_{T_C}，$R_{T_C} = 2R_{\min}$（其中，最小电阻 $R_{\min}$ 指 PTC 热敏电阻可以具有的最小的零功率电阻值）. PTC 热敏电阻在居里温度以下具有小电阻，居里温度以上电阻阶跃性增加 $10^3 \sim 10^6$ 倍. 对于 PTC 热敏电阻的应用来说，阻温特性曲线的陡峭程度，反应了其阻值随温度增高而变化的剧烈程度.

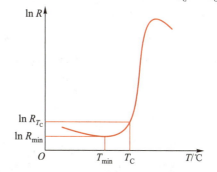

图 13-3　PTC 热敏电阻的电阻-温度特性曲线

实验表明，在工作温度范围内，PTC 热敏电阻的电阻-温度特性（阻温特性）可近似用实验公式表示：

$$R_T = R_{T_C} \cdot \mathrm{e}^{\alpha(T-T_C)} \tag{13-6}$$

其中，R_{T_C} 为居里温度点的阻值，α 为 PTC 材料的材料常量，也称为 PTC 热敏电阻的温度系数. 温度系数 α 定义为温度变化导致的电阻的相对变化：

$$\alpha = (\ln R_{T_2} - \ln R_{T_1}) / (T_2 - T_1) \tag{13-7}$$

一般情况下，$T_1 = T_C + 15\ \mathrm{K}$，$T_2 = T_C + 25\ \mathrm{K}$. α 是表征其电阻-温度特性的好坏的重要参量，每个产品制造出厂后其 α 值恒定为一个常量. 温度系数 α 值越大，电阻-温度特性曲线越陡峭，PTC 效应也越显著，PTC 热敏电阻对温度变化的反应越灵敏.

NTC 热敏电阻、PTC 热敏电阻（居里温度为 60 ℃）、惠斯通电桥、万用表、电流表、电阻箱、恒温水浴箱.

实验内容

1. 基础内容：用万用表欧姆挡检查热敏电阻的类型及是否正常

（1）进行常温检测（室内温度接近 25 ℃）：万用表表笔分别接热敏电阻的两引脚，测出其实际阻值.

（2）进行加温检测：热敏电阻逐渐靠近热源（温度超过 PTC 热敏电阻的居里温度），如加热的电烙铁，观察万用表示数，此时如看到万用示数随温度的升高而改变，这表明热敏电阻具有温度敏感性. 负温度系数热敏电阻器 NTC 阻值会变小，正温度系数热敏电阻器 PTC 阻值会变大. 当阻值改变到一定数值时停止移动热敏电阻，显示数据会逐渐稳定，说明热敏电阻正常. 若在靠近热源过程中阻值无变化，说明其性能不佳，不能继续使用.

2. 提升内容：测量 NTC、PTC 热敏电阻的电阻-温度特性

（1）将 NTC 热敏电阻接入惠斯通电桥的未知电阻测量端.

（2）测室温下热敏电阻的阻值. 选择惠斯通电桥合适的量程，先调电桥至平衡得 R_0，改变 R_0 为 $R_0+\Delta R_0$，使检流计偏转一格，求出电桥灵敏度；再将 R_0 改变为 $R_0-\Delta R_0$，使检流计反方向偏转一格，求电桥灵敏度. 求两次的平均值.

（3）用万用表测量 PTC 热敏电阻室温下的阻值.

（4）将 PTC、NTC 热敏电阻同时放入水浴恒温箱，用电桥测量 NTC 热敏电阻的阻值 R_{NTC}，用万用表测量 PTC 热敏电阻的阻值 R_{PTC}. 调节恒温水浴箱的输出温度，从 15 ℃开始升温，每隔 2 ℃进行一次测量，直到 45 ℃. 而后从 45 ℃开始，每隔 1 ℃进行一次测量，直到 95 ℃.

（5）绘制 NTC 热敏电阻的 R_{NTC}-T 特性曲线.

（6）绘制 PTC 热敏电阻的 R_{PTC}-T 特性曲线.

3. 进阶内容：分析研究 NTC 热敏电阻的电阻-温度特性

（1）在 NTC 热敏电阻的 R_{NTC}-T 特性曲线的 $T=50$ ℃的点作切线，求出该点切线的斜率 $\dfrac{\mathrm{d}R}{\mathrm{d}t}$，由式（13-4）计算电阻温度系数 α.

（2）作 $\ln(R_{NTC})$-$\dfrac{1}{T}$ 曲线，确定式（13-3）中的常量 R_∞ 和 B，再由式（13-5）求 α（50 ℃时）.

（3）比较上述结果，分析哪种方法求出的电阻温度系数 α 更准确.

4. 高阶内容

（1）分析研究 PTC 热敏电阻的电阻-温度特性.

1）由 PTC 热敏电阻的 R_{PTC}-T 特性曲线确定其居里温度 T_C.

2）在 PTC 热敏电阻的 R_{PTC}-T 特性曲线的 $T=80$ ℃的点作切线，求出该点切线

的斜率 $\dfrac{\mathrm{d}R}{\mathrm{d}T}$，由式（13-4）计算温度系数 α（80 ℃时）.

  3）作 $\ln(R_{\mathrm{PTC}})\text{-}T$ 曲线，根据式（13-7）求温度系数 α.

  4）比较上述结果，分析哪种方法求出的电阻温度系数 α 更准确.

  （2）利用热敏电阻，设计、实现温度开关电路及过载保护电路.

思考题

  1. 预习思考题

  热敏电阻的阻值与哪些因素有关？用负温度系数热敏电阻测量温度时，应注意什么？

  2. 实验过程思考题

  测量电桥灵敏度时，使电桥正反向偏转各一格，分别计算灵敏度后取平均值作为电桥灵敏度，为什么？

  3. 实验报告思考题

  分析热敏电阻的电阻-温度特性时，为什么作 $\ln(R_T)\text{-}\dfrac{1}{T}$ 曲线？还有其他什么方法可以根据 $R_T\text{-}T$ 特性曲线测量热敏电阻的温度系数 α？

参考资料

实验 14 半导体温度计的设计和制作

  半导体温度计利用半导体的阻值随温度变化的特性，将温度转化为相应的阻值，通过对其阻值的测量实现温度的测量. 阻值随温度增加而减小的热敏电阻称为负温度系数（negative temperature coefficient，NTC）热敏电阻，目前在温度测量领域应用较广，是常用的温度传感器，具有用料省、成本低、体积小、结构简易、电阻温度系数绝对值大等特点. 阻值随温度增加而增加的热敏电阻称为正温度系数（positive temperature coefficient，PTC）热敏电阻，超过一定的温度（居里温度）时，PTC热敏电阻的电阻值随着温度升高呈阶跃性的增高. 利用 NTC、PTC 热敏电阻阻值随温度变化的特性，可以设计制作温度计和温度报警器.

实验目的

本实验相关资源

  1. 了解半导体热敏电阻的工作原理与特性.

  2. 掌握温度传感器的标定方法.

  3. 掌握半导体温度计的设计和制作方法.

  4. 掌握温度报警器的设计和制作方法.

实验原理

  1. 半导体热敏电阻的工作原理与特性

  负温度系数（NTC）热敏电阻的阻值与温度关系如图 14-1 所示，热敏电阻的电阻-

温度特性是非线性的，阻值随温度的增加呈指数下降，因此其温度系数 $\alpha\left(\alpha=\dfrac{1}{R_T}\dfrac{\mathrm{d}R_T}{\mathrm{d}T}\right)$ 是负的，为 $(-60\sim-30)\times10^{-4}\ \mathrm{K}^{-1}$. 而铜金属的温度系数为 $4\times10^{-4}\ \mathrm{K}^{-1}$，热敏电阻的温度系数大很多，半导体热敏电阻对温度变化的反应比金属电阻灵敏得多. 所以，用 NTC 热敏电阻制作的半导体温度计对温度变化将有较高的灵敏度，可以即时显示出温度的变化.

图 14-2 为热敏电阻的伏安特性曲线. 热敏电阻伏安特性曲线的起始部分接近线性，而电流较大时，热敏电阻伏安特性呈现出明显的非线性. 流过热敏电阻的电流较小，热敏电阻上消耗的功率不足以显著地改变热敏电阻的温度，因而符合欧姆定律. 此时，电流的影响可以忽略不计，热敏电阻的阻值主要与外界温度有关. 用热敏电阻设计制作半导体温度计，必须考虑热敏电阻的伏安特性. 在温度计设计制作过程中要使热敏电阻工作在其小电流的线性区.

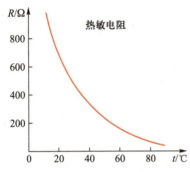

图 14-1　热敏电阻的电阻-温度曲线

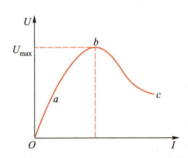

图 14-2　热敏电阻的伏安特性曲线

2. 半导体温度计设计原理与标定

NTC 热敏电阻常温下的阻值范围为 $10^2\sim10^6\ \Omega$. 选择电桥电路对其阻值进行测量. 桥式半导体温度计测温电路的原理如图 14-3 所示. 图 14-3 中 R_T 为热敏电阻，G 是微安表. 温度计制作完成后，微安表的电流刻度应替换为标定后的温度计刻度.

假设测量的温度范围为 $[T_1,T_2]$，如果已测定热敏电阻的温度阻值特性，且微安表内阻已知，那么，首先要根据设计要求确定电路参量 E、R_1、R_2、R_3.

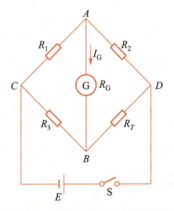

图 14-3　热敏电阻测温电路原理图

在温度下限 T_1 时，要求微安表 $I_G=0$，此时热敏电阻值为 R_{T_1}，电桥处于平衡状态，满足平衡条件 $\dfrac{R_1}{R_2}=\dfrac{R_3}{R_T}$. 如果设定电桥为对称电桥，取 $R_1=R_2$，则 $R_3=R_{T_1}$. 由此确定了 R_3 的电阻值即为热敏电阻处在测温量程的下限温度时的电阻值 R_{T_1}.

当温度 T 增加时，热敏电阻的电阻值 R_T 会随之减小，电桥失去平衡，$I_G\neq0$，在微安表中就有电流流过. 通过电路分析可以根据微安表的读数 I_G 的大小计算出 R_T. 电流 I_G 的大小和温度 T 相对应, 因此就可以利用这种 "非平衡电桥" 特性实现一定范围内温度变化的动态测量.

在温度上限 T_2 时, 要求微安表的读数为满刻度 I_G. 此时, 热敏电阻值为 R_{T_2}, 流入微安表中的电流 I_G 与加在电桥两端的电压 U_{CD} 和 R_1、R_2 有关. 若流入热敏电阻 R_T 中的电流 I_T 比流入微安表内的电流 I_G 大得多 (即 $I_T \gg I_G$), 则加在电桥两端上的电压 U_{CD} 近似有:

$$U_{CD} = I_T(R_3 + R) \tag{14-1}$$

根据热敏电阻伏安特性线性区可以选定热敏电阻工作的最大电流 I_T. 相应地, 当 $R_3 = R_{T_2}$ 时, 由式 (14-1) 可以确定桥端电压 U_{CD} 值. 由基尔霍夫方程组求出流入微安表的电流 I_G 与 U_{CD}、R_1、R_2、R_3、R_{T_2} 的关系:

$$I_G = \frac{\dfrac{R_2}{R_1 + R_2} - \dfrac{R_{T_2}}{R_3 + R_{T_2}}}{R_G + \dfrac{R_1 R_2}{R_1 + R_2} + \dfrac{R_3 R_{T_2}}{R_3 + R_{T_2}}} U_{CD} \tag{14-2}$$

由于 $R_1 = R_2$、$R_3 = R_{T_1}$, 整理后有

$$R_1 = \frac{2U_{CD}}{I_G}\left(\frac{1}{2} - \frac{R_{T_2}}{R_{T_1} + R_{T_2}}\right) - 2\left(R_G + \frac{R_{T_1} R_{T_2}}{R_{T_1} + R_{T_2}}\right) \tag{14-3}$$

如果确定了 U_{CD}, 由式 (14-3) 就可以确定 R_1 和 R_2 的值. 而由式 (14-1), U_{CD} 取决于所选择的 I_T, I_T 小一些, 则 U_{CD} 也小一些, 相应的 R_1 和 R_2 的实际值会小一些. 根据实验中采用的热敏电阻的实际情况, 选取 $U_{CD} = 1$ V, 即可以保证热敏电阻工作于其伏安特性曲线的线性部分, 并根据式 (14-3) 计算 R_1 和 R_2.

一般加在电桥两端的电压 U_{CD} 比所选定的电池的电动势要低些, 为了保证电桥两端所需的电压, 通常在电源电路中串联一个可变电阻器 R, 它的电阻值应根据电桥电路中的总电流来进行选择.

半导体温度计的温度测量范围是 20~70 ℃. 要求微安表的全部量程均能有效地利用, 即: 当温度为 20 ℃ 时, 微安表示值为零; 而温度为 70 ℃ 时, 微安表指向满刻度. 图 14-4 为半导体温度计的参考设计电路, 图 14-5 为其相应的底板配置图.

3. 温度报警器设计原理

图 14-6 为单温度报警器参考电路, 是以电桥为基础制作的温度报警器. 选择居里温度以上的区域为报警温度, 发光二极管作为报警显示器, PTC 热敏电阻用于温度监测.

图 14-7 为双温度报警器参考电路, PTC1 热敏电阻的居里温度 60 ℃, 相应报警温度设计为 60 ℃, 超过 60 ℃ 红色发光二极管灯亮; PTC2 热敏电阻的居里温度 90 ℃, 相应报警温度设计为 90 ℃, 超过 90 ℃ 蓝色发光二极管灯亮.

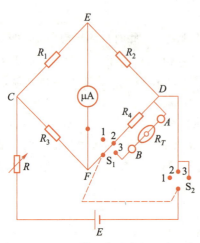

图 14-4　半导体温度计参考设计电路

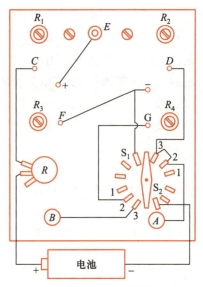

图 14-5　半导体温度计底板配置图

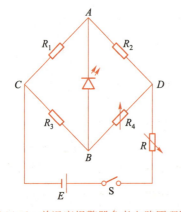

图 14-6　单温度报警器参考电路原理图

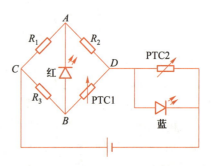

图 14-7　双温度报警器参考电路原理图

实验装置

　　烙铁、万用表、恒温水浴箱 2 个、热敏电阻（温度特性给定）、微安表（内阻 R_G 已知）、可变电阻箱、电位器 5 个、1.5 V 干电池、多挡开关、待焊接的电路板、PTC 热敏电阻 2 只（居里温度分别为 60 ℃和 90 ℃）、红色发光二极管 1 个、蓝色发光二级管 1 个、电阻箱 5 个、直流电源 1 台、导线若干.

实验内容

　　1. 基础内容：熟悉热敏电阻特性，计算半导体温度计电路参量

　　（1）根据实验室提供的热敏电阻参量表，绘制热敏电阻的电阻-温度特性曲线（R-T 特性曲线）.

　　（2）分别将热敏电阻放置在室温、恒温水浴箱的环境下，用万用表测量其阻值，并与热敏电阻的电阻-温度特性曲线对照，验证热敏电阻阻值与温度的关系.

　　（3）设计和计算电路参量

1）从热敏电阻的电阻-温度特性曲线，确定所设计的半导体温度计的下限温度（20 ℃）所对应的电阻值 R_{T_1} 和上限温度（70 ℃）所对应的电阻值 R_{T_2}.

2）由热敏电阻的伏安特性曲线确定最大工作电流 I_T，根据实验中采用的热敏电阻的实际情况，选取 $U_{CD} = 1$ V，电路电源选用一节 1.5 V 干电池.

3）根据所给微安表的内阻 R_G，令 $R_1 = R_2$、$R_3 = R_{T_1}$，由式（14-3）计算桥臂电阻 R_1 和 R_2.

2. 提升内容：制作半导体温度计

（1）电路连接和电路元件设定

1）在焊接电路前用万用表测量并调节 $R_1 = R_2$，并使阻值达到式（14-3）的计算值（可以取比计算值略小的整数）. 注意，在随后的制作过程中应保持 R_1 和 R_2 阻值不变. 如不小心改变了阻值，应将开关置于 1 挡，断开 E 处接线并断开微安表，用万用表重新测量并调节 R_1 和 R_2.

2）用电烙铁焊接电路. 要注意对照参考设计电路（图 14-4）和底板配置图（图 14-5），确定实验所用元件的位置及线路的连接方向. 注意正确使用电烙铁，学会焊接，防止重焊、虚焊、漏焊、断路和短路. 焊接时 S_1 放在 1 挡，微安表 "+" 端与 E 处最后连接，以免损坏电表.

3）设定 R_3、R_4 和 R. 用电阻箱代替热敏电阻接入接线柱 A 和 B.

开关置于 3 挡，令电阻箱的阻值为测量下限温度（20 ℃）所对应的 R_{T_1}，调节电位器 R_3，使电表示值为零（注意，在以后调节过程中，R_3 保持不变）. 然后，使电阻箱的阻值为上限温度（70 ℃）所对应的 R_{T_2}，调节电位器 R，使微安表满量程.

开关置于 2 挡，调节电位器 R_4，使微安表满量程，这时，$R_4 = R_{T_2}$.

（2）标定温度计表盘刻度

开关置于 3 挡，每隔 2.5 ℃从热敏电阻的电阻-温度特性曲线上读出温度 20 ℃~70 ℃间一系列电阻值. 电阻箱逐次选择前面所取的电阻值，读出微安表的电流读数 I. 将图 14-8 的微安表表盘刻度改成温度的刻度. 作相应的 I-T 曲线.

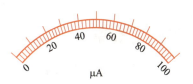

图 14-8　微安表表盘刻度

（3）温度计测试

用实际热敏电阻代替电阻箱，完成经过定标的半导体温度计. 注意：必须用设计时使用的那个热敏电阻.

用此温度计测量恒温水浴箱提供的两个恒定的温度（如 35 ℃、55 ℃）和恒温水浴箱自身提供的温度示值进行比较，计算测量的相对误差.（也可试测自己的体温或室温.）

3. 进阶内容：设计并制作单温度报警器

设置桥臂电阻 $R_1 = R_2 = 1\ 000$ Ω. 将热敏电阻置于恒温水浴箱提供的 60 ℃环境温度中. 调整 R_3，使 LED 报警灯亮，完成 60 ℃温度报警器制作.

报警器工作测试：将报警器温度监测探头（PTC1）置于低于 60 ℃的环境温度中，观察报警灯工作状态. 将探头置于高于 60 ℃的环境温度中，观察报警灯工作状态.

4. 高阶内容：设计并制作双温度报警器

用 PTC 热敏电阻 PTC1（居里温度为 60 ℃），PTC2（居里温度为 90 ℃）设计制作双温度报警器. 设置桥臂电阻 $R_1 = R_2 = 1\ 000\ \Omega$.

报警器工作测试：将低、高温报警器温度监测探头（PTC1、PTC2）置于低于 60 ℃ 的环境温度中，观察红、蓝报警灯工作状态. 将报警器温度监测探头置于 60~90 ℃ 的环境温度中，观察红、蓝报警灯工作状态. 将报警器温度监测探头置于高于 90 ℃ 的环境温度中，观察红、蓝报警灯工作状态.

思考题

1. 预习思考题

用万用表测量并调节 R_1 和 R_2 的阻值时，可以取比式（14-3）计算值略小的整数，为什么？

2. 实验过程思考题

（1）半导体温度计电路连接后，如果需要测 R_1 和 R_2，为什么需将开关置于 1 挡，断开 E 处接线并断开微安表？

（2）开关置于 3 挡，电阻箱接入接线柱 A 和 B. 使电阻箱的阻值为上限温度（70 ℃）所对应的 R_{T_2}. 为什么此时调节电位器 R 可以使微安表满刻度？

3. 实验报告思考题

开关置于 2 挡，调节电位器 R_4 使微安表满量程，这时 $R_4 = R_{T_2}$，这样做的目的是什么？

参考资料

附　录

1. 基本物理量的测量：温度

温度（temperature）是表示物体冷热程度的物理量，微观上来讲是物体分子热运动的剧烈程度. 温度只能通过物体随温度变化的某些特性来间接测量. 非电学量电测法是温度测量的一种常用的方法，通过温度传感器，它可以将温度转化成电学量，如电阻、电压等，然后通过电学仪器进行测量. 这类常用的温度测量仪器有金属电阻温度计、半导体电阻温度计、温差电偶温度计和 PN 结温度传感器等.

（1）金属电阻温度计

导体电阻随温度而变化，根据其变化规律可以进行温度测量. 常用的金属电阻温度计都采用金属丝绕制成的感温元件，主要有铂电阻温度计和铜电阻温度计，在低温下还有碳、锗和铑铁电阻温度计. 精密的铂电阻温度计是目前最精确的温度计，温度覆盖范围为 14~903 K，其误差可低到 10^{-4} K，它是能复现国际实用温标的基准温度计. 金属电阻温度计主要包括用铂、金、铜、镍等纯金属制成的及铑铁、磷青铜等合金制成的.

（2）半导体温度计

半导体的电阻变化和金属不同，温度升高时，其电阻反而减少，并且变化幅度较大，称为负温度系数热敏电阻. 由于少量的温度变化也可使电阻产生明显的变化，所制成的温度计有较高的灵敏度，其电阻温度系数要比金属大 10～100 倍，能检测出 10^{-6} ℃的温度变化. 热敏电阻的工作温度范围宽，常温器件适用于−55～315 ℃，高温器件适用温度高于 315 ℃（目前最高可达到 2 000 ℃），低温器件适用于−273～−55 ℃，并且有体积小、使用方便等优点.

　　（3）温差电偶温度计

　　温差电偶温度计也叫热电偶温度计，利用温差电偶来测量温度. 将两种不同金属导体的两端分别连接起来，构成一个闭合回路，当接合点的温度不同时，在回路中就会产生电动势，这种现象称为热电效应，而这种电动势称为热电势，这种温差电动势是两个接触点温度差的函数，通过测量温差电动势来求被测的温度，这样就构成了温差电偶温度计. 这种温度计测温范围很大. 例如，铜和康铜构成的温差电偶的测温范围在 200～400 ℃之间，铁和康铜构成的温差电偶则被使用在 200～1 000 ℃之间，由铂和铂铑合金（铑 10%）构成的温差电偶测温可达 10^3℃以上，铱和铱铑（铑 50%）构成的温差电偶可用在 2 300 ℃，钨和钼（钼 25%）构成的温差电偶测温可高达 2 600 ℃.

　　（4）PN 结温度传感器

　　PN 结温度传感器是利用半导体 PN 结的正向结电压对温度依赖性，实现对温度检测的. 如果使 PN 结工作在恒流条件下，PN 结的正向电压与温度之间有良好的线性关系. 通常将硅三极管基极 b、集电极 c 短路，用基极 b、发射极 e 之间的 PN 结作为温度传感器进行温度测量. 基极和发射极间正向导通电压 U_{be} 约为 600 mV（25 ℃），且与温度成反比，线性良好，温度系数约为−2.3 mV/℃，测温精度较高，测温范围可达−50～150 ℃. 通常 PN 结组成二极管的电流 I 和电压 U 满足：$I = I_S(e^{\frac{qU}{kT}}-1)$，其中，$q$ 为电子电荷量，k 为玻耳兹曼常量，T 为热力学温度，I_S 为反向饱和电流.

2. 直流电桥

　　直流电桥是一种精密的电阻测量仪器，可分为平衡电桥和非平衡电桥两种. 惠斯通电桥、开尔文电桥均是平衡电桥. 电桥电路如图 14-9 所示.

　　用平衡电桥测量未知电阻 R_4 时需要调节电桥平衡，使 $U_{CD} = 0$，$I_g = 0$，因此只能测量相对稳定的电阻值. 给定桥臂电阻 R_1 和 R_2，调节桥臂电阻 R_3 使电桥达到平衡时，则有 $R_3/R_2 = R_4/R_1$，从而测出 R_4：

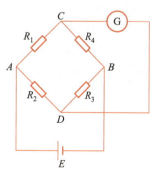

图 14-9　直流电桥电路原理图

$$R_4 = \frac{R_1}{R_2} \cdot R_3 \qquad (14-4)$$

　　对于变化的电阻，需要采用直流非平衡电桥进行动态监测. 电桥处于非平衡状态时，U_{CD} 能反映电阻 R_4 的变化.

当 $R_3/R_2 = R_4/R_1$ 时，电桥平衡，此时，$U_{CD} = 0$，$I_g = 0$；当待测电阻变为 $R_4 + \Delta R$ 时，$R_3/R_2 \neq (R_4 + \Delta R)/R_1$，此时，$U_{CD} \neq 0$，$I_g \neq 0$，电桥处于非平衡状态.

用数字电压表电压（电压表内阻为无穷大）检测 U_{CD}（U_g 表示测量结果），则非平衡电压 U_g 为

$$U_g = \frac{R_2 R_4 + R_2 \Delta R - R_1 R_3}{(R_1 + R_2)(R_2 + R_3) + \Delta R(R_2 + R_3)} E \qquad (14\text{-}5)$$

如果将电桥设置为桥臂等臂，即桥臂电阻 R_1、R_2、R_3 满足等臂条件 $R_1 = R_2 = R_3 = R_4$，则有

$$U_g = \frac{E}{4} \delta \frac{1}{1 + \dfrac{\delta}{2}} \qquad (14\text{-}6)$$

其中，$\delta = \Delta R/R_4$ 称为电阻的应变. 如果 $\Delta R \ll R_4$，则 $\delta \to 0$，于是有

$$U_g \approx \frac{E}{4} \delta = \frac{E}{4R_4} \Delta R \qquad (14\text{-}7)$$

此时，输出的非平衡电压 U_g 与桥臂电阻的变化量，呈线性关系；当 ΔR 较大时，U_g 由式（14-6）给出，其中的 $\delta/2$ 项不能省略，此时 δ 与 U_g 呈非线性关系.

实验 15__数字示波器的原理与使用

示波器用于观察电压、电流波形信号并测量信号的幅度、周期、相位等物理量，是测量电子信号的最常用仪器之一. 电学或非电学的物理量及其变化——只要能通过某种效应转换成电压信号——都可以通过示波器进行直观的观测.

第一台示波器是美国无线电公司于 1931 年发明的. 随着现代科学技术的发展，示波器从模拟时代发展到了目前的数字时代. 与模拟示波器相比，数字示波器采用 A/D 转换器，把测得的电压转换成数字信息. 数字示波器可分为数字存储示波器、数字荧光示波器、混合信号示波器和数字采样示波器，其中数字存储示波器为传统的数字示波器. 数字示波器具有体积小、重量轻，能储存波形、自动测量，有强大的波形处理和分析功能等优点，正逐步将模拟示波器挤出历史舞台.

实验目的

本实验相关资源

1. 了解示波器的结构和工作原理.
2. 熟悉示波器面板各开关及旋钮的功能，进而掌握示波器的调节和使用方法.
3. 学习使用示波器观察信号波形，并测量其幅度大小、周期以及相位差.
4. 掌握用李萨如图形测量正弦波信号频率的原理和方法.
5. 学习示波器在应用性电路中的测量方法.

1. 数字示波器的工作原理

常见的数字示波器工作原理下如图 15-1 所示. 输入信号经耦合后进入增益电路，将信号调理成适合示波器处理的电压范围. 接着信号进入 A/D 转换电路进行采样，采样后的离散值由 A/D 转换器变成二进制数字，并依次保存在存储器中，最后由 CPU 对存储器中的数据依次进行处理、分析和显示.

由于计算机只能处理离散的数字信号，所以当连续的电压信号（模拟信号）进入示波器后，首要的问题就是将连续信号变成离散信号，这个过程就是采样（sampling），如图 15-2 所示.

图 15-1 数字示波器的原理框图

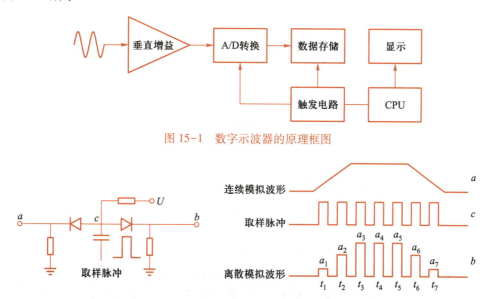

图 15-2 采样示意图

模拟信号从取样门（a 端）输入，在 c 点加入等间隔的取样脉冲. 在取样脉冲打开取样门的一小段时间 $t_n(n=1,2,3,\cdots)$ 内，从 b 端可得到相应的离散波形. 通过测量上述离散波形的电压值，并将该电压转化成二进制代码，实现数字化，这一过程称为模/数转换（A/D 转换）.

采样、A/D 转换、存储是数字示波器的核心工作过程，如图 15-3 所示.

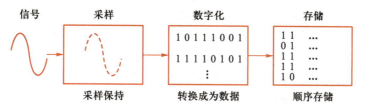

图 15-3 数字示波器的采样、A/D 转换、存储过程

2. 几个概念

（1）采样率、带宽

一次采样所需时间的倒数称为采样率，比如某示波器每 1 ns 进行一次采样，则

采样率就是 10^9 次每秒.

根据奈奎斯特定理,当对一个最高频率成分为 f_m 的信号进行采样时,采样率必须大于 $2f_m$ 以上才能确保根据采样值重构原来的信号,否则将导致混叠现象,造成波形失真. 可见,理论上,一台示波器可以准确测量的最高信号频率(带宽)为其采样率的一半. 由于这一定理假设存储长度无穷大,但没有示波器能提供无穷大的存储长度,所以采样率仅为最高频率的 2 倍通常是不够的. 在实践中,受采样模式、插值算法等因素的影响,为了准确重建信号,示波器的采样率通常应为实际频率的 5 至 10 倍.

(2)存储长度

示波器的存储容量称为存储长度,是存储速度(采样率)与存储时间(采样时间)的乘积,即

$$存储长度 = 采样率 \times 采样时间$$

其中采样时间为示波器的显示窗口所代表的时间,而存储长度通常是固定的,因此在一定范围内,减小示波器的采样时间可以提高采样率,避免波形失真.

(3)触发

为了实时稳定地显示信号波形,示波器必须重复地从存储器中读取数字并显示. 为使每次显示的波形与前一次重合,必须采用触发技术. 示波器的触发功能在正确的信号点上同步水平扫描,对准确检定信号至关重要. 为显示稳定的波形,可设置一些触发条件,示波器将待测信号不断与触发条件比较,当条件满足时才启动扫描,从而使扫描周期 T_S 与待测信号的周期 T 成整数倍关系:

$$T_S = nT, \quad n = 1, 2, 3, \cdots \tag{15-1}$$

这种技术就是触发,也称为同步. 数字示波器的触发有多种,如上升沿触发、下降沿触发、外部触发等,触发点通常也是开启存储门的一个参考点. 触发决定了示波器何时开始采集数据和显示波形,一旦触发被正确设定,它可以把不稳定的显示或黑屏转换成有意义的波形. 示波器在开始收集数据时,先收集足够的数据用来在触发点的左方画出波形. 示波器在等待触发条件发生的同时连续地采集数据. 当检测到触发后,示波器连续地采集足够的数据以在触发点的右方画出波形.

触发可以从多种信源得到,如输入通道、市电、外部触发等. 常见的触发类型有边沿触发、视频触发、脉宽触发、逻辑触发等,常见的触发方式有自动触发、正常触发和单次触发.

在示波器输入为两个不同频率的波形信号时,由于示波器内部触发是以两个被测信号的一个作为触发信号,所以另一被测信号的波形将会不稳定,不利于示波器的使用,在这种时候,我们就需要使用示波器的外部触发功能.

外部触发使用外加信号作为触发信号,外加信号从外触发输入端输入. 外触发信号与被测信号间应具有周期性的关系(一般外触发信号周期为被测信号周期的公倍数). 由于被测信号没有用作触发信号,所以何时开始扫描与被测信号无关,这样就可以实现两个被测波形同时稳定地显示.

3. 利用示波器水平方向灵敏度测信号的时间参量

在实验或工程技术上经常用示波器来测量信号的时间参量,如信号周期、脉冲

上升时间/下降时间、信号占空比等.

测量信号时间参量，实际上是以水平方向灵敏度（也称时基）来进行度量的. 示波器荧光屏的显示边长一般为 10 cm，若从荧光屏读出待测时间参量的宽度为 x（单位：cm），水平方向灵敏度为 t（单位：ms/cm），则待测信号时间参量 T 为

$$T=xt \tag{15-2}$$

以测信号周期为例，如图 15-4 所示，假设水平方向一个周期所占宽度为 n（cm），水平方向灵敏度为 t（ms/cm），则信号的周期 T 为 $T=nt$.

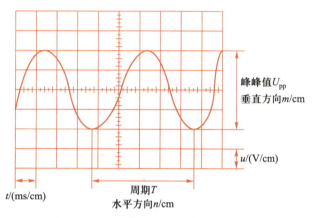

图 15-4　用示波器测量信号的电压和周期

4. 利用示波器垂直方向灵敏度测电压

如图 15-4 所示，假设信号在垂直方向所占高度为 m（cm），垂直方向的灵敏度为 u（V/cm），则信号的峰峰值电压 U_{pp} 为

$$U_{pp}=mu \tag{15-3}$$

5. 李萨如图形

李萨如图形是两个沿着互相垂直方向的正弦信号合成的规则、稳定的闭合曲线.

示波器默认显示的是"Y-T 模式"，即显示输入信号的电压随时间变化的波形，其横轴为时间轴，但在有些场合，比如一个正弦信号经过某个电路，需要观察前后两个信号之间的关系（李萨如图形），这可用示波器的"X-Y 模式"进行直观的显示. 在此模式下，双踪示波器默认 CH1 通道的信号为 X 信号，CH2 通道的信号为 Y 信号.

利用示波器的"X-Y 模式"可测量同频信号之间的相位差（如图 15-5 所示）和不同频率信号的频率比. 根据李萨如图形的性质，当两个信号的频率比为一个有理数、相位差一定时，合成的图形是一个稳定的闭合曲线（如图 15-6 所示），且频率比与图形的切点数之间满足如下关系：

$$\frac{f_y}{f_x}=\frac{水平切线上的切点数}{垂直切线上的切点数} \tag{15-4}$$

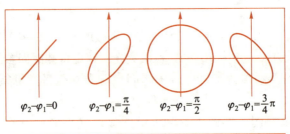

$$\varphi_2 - \varphi_1 = 0 \qquad \varphi_2 - \varphi_1 = \frac{\pi}{4} \qquad \varphi_2 - \varphi_1 = \frac{\pi}{2} \qquad \varphi_2 - \varphi_1 = \frac{3}{4}\pi$$

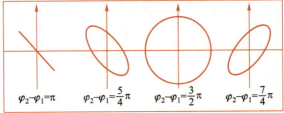

$$\varphi_2 - \varphi_1 = \pi \qquad \varphi_2 - \varphi_1 = \frac{5}{4}\pi \qquad \varphi_2 - \varphi_1 = \frac{3}{2}\pi \qquad \varphi_2 - \varphi_1 = \frac{7}{4}\pi$$

图 15-5　同频不同相位的李萨如图形

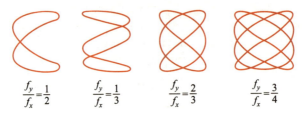

$$\frac{f_y}{f_x} = \frac{1}{2} \qquad \frac{f_y}{f_x} = \frac{1}{3} \qquad \frac{f_y}{f_x} = \frac{2}{3} \qquad \frac{f_y}{f_x} = \frac{3}{4}$$

图 15-6　不同频率比的李萨如图形

6. 波形叠加

当频率不同的两个波形叠加时, 会产生拍的现象. 设两信号为

$$\begin{cases} x_1 = A_1\cos(\omega_1 t + \varphi_1) \\ x_2 = A_2\cos(\omega_2 t + \varphi_2) \end{cases} \tag{15-5}$$

为简单起见, 设 $A_1 = A_2 = A$, 则叠加波形为

$$x = x_1 + x_2 = A\left[\cos(\omega_1 t + \varphi_1) + \cos(\omega_2 t + \varphi_2)\right]$$

$$= 2A\cos\left(\frac{\omega_1 - \omega_2}{2}t + \frac{\varphi_1 - \varphi_2}{2}\right)\cos\left(\frac{\omega_1 + \omega_2}{2}t + \frac{\varphi_1 + \varphi_2}{2}\right) \tag{15-6}$$

当 ω_1、ω_2 相差不多时, 即

$$|\omega_1 - \omega_2| \ll \omega_1, \ \omega_2 \tag{15-7}$$

$$\frac{\omega_1 + \omega_2}{2} \approx \omega_1, \ \omega_2 \tag{15-8}$$

此时有

$$x = 2A\cos\left(\frac{\omega_1 - \omega_2}{2}t + \frac{\varphi_1 - \varphi_2}{2}\right)\cos\left(\omega_1 t + \frac{\varphi_1 + \varphi_2}{2}\right) \tag{15-9}$$

此叠加波形的频率与原来两个波的振动频率几乎相等, 而振幅随时间的变化由 $\cos\left(\frac{\omega_1 - \omega_2}{2}t + \frac{\varphi_1 - \varphi_2}{2}\right)$ 决定, 由于振幅所涉及的是绝对值, 故其变化周期即 $\left|\cos\left(\frac{\omega_1 - \omega_2}{2}t\right)\right|$ 的周期, 故振幅变化率为

$$f=\frac{\omega_1-\omega_2}{2\pi}=f_1-f_2=\Delta f \qquad (15\text{-}10)$$

即两频率之差，这一现象称为拍，Δf 称为拍频，其波形图如图 15-7 所示. 当两波形的振幅不等时，也有拍现象，此时合振幅仍有时大时小的变化，但不会达到零.

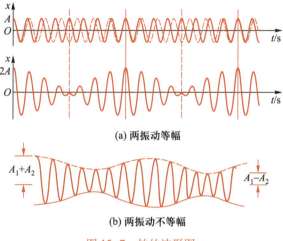

(a) 两振动等幅

(b) 两振动不等幅

图 15-7　拍的波形图

7. 脉冲波、上升时间与脉冲宽度

脉冲波是指一种间断的、持续时间极短的、突然发生的电信号，凡是断续出现的电压或电流可称为脉冲电压或脉冲电流.

在控制领域中，上升时间是指响应曲线从零时刻到首次达到稳态值的时间. 脉冲信号的上升时间是指脉冲瞬时值最初到达规定下限和规定上限的两瞬时之间的间隔. 除另有规定之外，下限和上限分别定为脉冲峰值幅度的 10% 和 90%.

脉宽是脉冲宽度的缩写，不同的领域，脉冲宽度有不同的含义. 本实验中，脉冲宽度指的是脉冲峰值降低至一半时所对应的两个时刻差称为脉冲宽度，如图 15-8 所示.

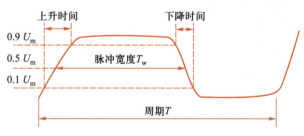

图 15-8　脉冲信号部分参量概念图

8. 用时域反射技术测量反射信号延迟原理

时域反射技术（time domain reflectometry，TDR）是一种对反射波进行分析的遥控测量技术，可在遥控位置掌握被测量物件的状况. 基本原理是信号在同轴线内传输时，如果信号在同轴线末端感受到的阻抗不一致，将会导致信号反射，反射信号的电压大小取决于阻抗不匹配的程度.

实验中待测同轴线末端时开路状态，即处于高阻抗状态，与输入端 50 Ω 状态严重不匹配，因此可以反射信号.

使用任意波形发生器产生脉冲信号，在示波器上测量反射信号，可以测到反射信号的电压大小与该反射信号与输入信号的延迟时间，那么可得脉冲信号在同轴线内往返传输所需的时间，并可计算出信号在该材料的同轴线内的传输速度.

实验装置

数字示波器、信号发生器、公用信号盒、导线若干.

实验内容

1. 基础内容

（1）探头补偿. 在示波器前面板右下角有一个端子提供方波信号，用于补偿示波器的无源探头，以使其电气特点与示波器均衡. 把无源探头的 Q9 头接到输入通道 CH1，另一头接地夹接到补偿端子的接地端，探头接补偿信号，按自动测量按钮"Autoset"，示波器将自动进行设置，并显示方波信号. 如果发现方波有变形，可用螺丝刀调节探头上的补偿旋钮，直至方波平直.

（2）用示波器测量信号的时间参量.

实验前请查阅附录：数字示波器的简明使用说明.

1）测量示波器自备方波信号的周期（时基分别为 0.1 ms/cm、0.2 ms/cm、0.5 ms/cm）. 哪种时基测出的数据更准确？为什么？

2）选择信号发生器输出对称方波，信号幅度设置为 1.0 V，将方波信号接入示波器 CH1 接口，按压自动测量按钮"Autoset"，或者按以下步骤手动调节示波器.

① 按触发区的"Menu"按钮，利用菜单按钮和多功能旋钮（Multipurpose）选择信号输入的通道"CH1"为触发源，触发模式选为"自动模式".

② 先后调节垂直控制区和水平控制区的"Position"旋钮，使信号位于屏幕中央.

③ 若波形不稳定，可调节触发区的"Level"旋钮，直至显示稳定的波形.

④ 先后调节垂直控制区和水平控制区的"Scale"旋钮，使信号垂直方向覆盖大部分显示区域，水平方向显示 1~2 个周期.

在 200 Hz~2 kHz 范围改变方波信号的频率（间隔为 200 Hz），按照上述方式调节示波器，测量对应信号的周期和频率. 以信号发生器的频率为 x 轴，示波器测量的频率为 y 轴，作 x-y 曲线，求出斜率并讨论.

3）选择信号发生器的输出为三角波，频率为 500 Hz、1 000 Hz、1 500 Hz，测量各个频率时的上升时间、下降时间及周期.

（3）用示波器测量信号的电压.

选择信号发生器的正弦信号频率为 1 000 Hz，分别测出信号发生器各个输出挡的峰峰值电压 U_{pp}，用双对数坐标纸画出这组数据的 x-y 曲线（信号发生器读数为 x 轴，示波器读数为 y 轴）.

2. 提升内容

（1）探究不同参量对李萨如图形的影响.

本地任意波形发生器 Output1、Output2 均产生 1 kHz，$U_{pp} = 4$ V 的正弦波，Output1 相位设为 90°，Output2 相位设为 0°，分别送入示波器 CH1、CH2 通道. 示波器显示方式为 "X–Y". 将李萨如图形调整至面板中央，图形大小合适.

1）调节时基分别为 25 μs/cm，50 μs/cm，500 μs/cm，10 ms/cm，观察现象并记录波形.

2）调节 Output1 的幅值，U_{pp} 分别为 2 V、4 V、8 V，观察现象并记录波形.

3）调节 Output1 相位分别为 0°、45°、90°、135°、180°，观察李萨如图形变化并记录波形.

4）Output1 相位设为 0°，调节 Output1 频率分别为 1.5 kHz、2 kHz，观察并记录波形.

（2）用李萨如图形测未知信号源正弦波的频率.

公用任意波形发生器产生待测正弦波，接示波器 CH1（X 轴输入）. 本地任意波形发生器产生可调正弦波，送入示波器 CH2（Y 轴输入）. 调节本地信号频率，使示波器屏上显示稳定清晰的李萨如图形，使 X、Y 轴切点数之比为 2/3 或 3/4 等. 记录李萨如图形的 X 轴、Y 轴切点个数，记录本地信号源正弦波频率 f_y，计算公用信号源产生的正弦波频率 f_x.

要求：公用任意波形发生器已调好，请勿自行调节. 根据切点位置，手绘李萨如图形.

注意：观察李萨如图形时，通过本地任意波形发生器的频率微调旋钮，在使李萨如图形尽可能稳定时，再读 Y 轴和 X 轴的切点数.

3. 进阶内容

（1）使用示波器的数学功能进行波形叠加.

1）选择任意波形发生器的两个输出信号为正弦波，频率相等（均为 1 kHz），相位差分别调节为 0、90°、180°，使用示波器的数学功能进行波形叠加，观察并画出叠加后得到的波形.

2）选择任意波形发生器的两个输出信号为正弦波，频率分别为 1 kHz 和 1.5 kHz，调节相位差分别为 0、90°、180°，振幅分别为等幅和不等幅，采用外部触发使波形稳定下来，使用示波器的数学功能进行波形叠加，观察并画出叠加后得到的波形.

（2）脉冲信号参量测量.

测量任意波形发生器的输出为 1 kHz 脉冲波，脉冲宽度为 200 μs，改变上升沿分别为 16.8 ns、2 μs、20 μs，选择示波器合适的时基，观察并比较上升沿波形. 选择合适的时基并使用示波器光标、示波器测量功能两种方法测量上升沿为 2 μs 时的上升时间及脉冲宽度，并与任意波形发生器设置的上升时间、脉冲宽度进行比较.（要求波形上升沿占屏幕宽度不小于 50%.）

（3）观察 RC 积分电路与微分电路，设计电路实现上升沿触发、下降沿触发.

4. 高阶内容

（1）利用 TDR（时域反射）测量信号在同轴线内传输的时间.

示波器 CH1 连接 BNC–KJK 三通转接头，使用任意波形发生器产生一个脉冲信号，选择合适的信号频率，将脉冲宽度设置为最窄［可选 $f=1$ MHz，$U_{pp}=4$ V，脉冲宽度（pulse width）$=32.6$ ns，上升/下降时间（rise/fall time）$=16.8$ ns］，输出信号接入 BNC 三通接头的一个接口，示波器上可观察到输入脉冲波形.

将待测同轴线接入三通接头的另一接口，选择合适的时基，可观察到反射脉冲信号. 通过示波器光标功能，测量反射信号相对于输入信号的延迟时间，计算信号在同轴线内传输的速度.

（2）探究频率差对李萨如图形的影响.

本地任意波形发生器 Output1、Output2 分别产生 1 kHz 和 2 kHz 的正弦波，$U_{pp}=4$ V，相位 0°，分别送入示波器 CH1、CH2 通道. 示波器显示方式为"X–Y". 将李萨如图形调整至面板中央，图形大小合适.

保持 Output2 频率不变，分别在 999.0~999.9 Hz 和 1 000.1~1 001.0 Hz 范围内缓慢改变 Output1 频率，观察并描述李萨如图形的变化和运动规律，试分析产生的原因.

思考题

1. 预习思考题

（1）如何用示波器测量输入信号的直流分量？

（2）如果两路信号周期不同，能否在示波器上同时得到稳定的显示？

2. 实验过程思考题

（1）用示波器测信号的幅度和周期，怎么提高测量精度？

（2）观测李萨如图形时，若发现图形不稳定，是什么原因？该如何解决？

3. 实验报告思考题

（1）利用李萨如图形测量未知正弦波频率时，如果专用信号源信号不小心设成方波，即通道 1 用方波，而通道 2 仍为未知正弦波，显示波形如何？为什么？

（2）自带方波和信号源产生的方波信号分别作为两个通道输入信号时，显示格式被设为 X–Y 模式，会出现什么现象？为什么？

参考资料

附 录　　　　　　　数字示波器简明使用说明

本说明以 TBS1000B 系列双踪数字示波器为例，简述示波器各按键的功能，相应的示波器操作面板示意图如图 15–9 所示.

现将使用数字示波器时常用按键/旋钮的功能见表 15–1，若需了解某个按键的详细功能，可先按示波器操作面板上的"Help"键，再按该按键，示波器屏幕上将显示该按键的详细功能，见表 15–1.

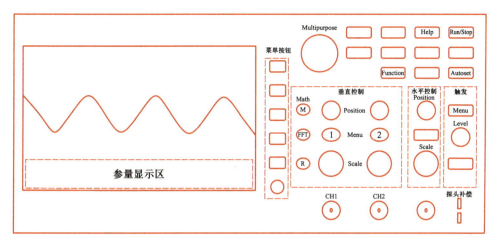

图 15-9　数字示波器操作面板示意图

表 15-1　数字示波器的按键功能简表

分区	按键/旋钮/接口	功能
垂直控制区	CH1、CH2 接口	输入通道 1、通道 2
	外部触发接口	输入外触发信号的通道
	Position 旋钮	上下移动屏幕上的信号
	1、2 按钮	显示/关闭 CH1、CH2 通道的信号
	Scale 旋钮	调节垂直方向的灵敏度
	M 键	显示波形数学运算菜单，并显示/关闭数学运算波形
	FFT 键	对信号进行快速傅里叶变换
	R 键	将显示的信号波形暂存为参考波形
水平控制区	Position 旋钮	左右移动屏幕上的信号
	Acquire 键	显示采集菜单
	Scale 旋钮	调节水平方向的灵敏度
触发区	MENU 键	在屏幕右侧显示触发菜单，利用菜单按钮和多功能旋钮（Multipurpose），可对触发源、触发模式、触发方式等进行选择和设置
	Level 键	调节触发电平
	Force Trig 键	不管触发信号是否合适，都完成波形采集，如采集已停止，该按钮不产生影响
其他功能键	Autoset 键	自动检测有信号输入的通道，自动设置触发、灵敏度等参量
	Single 键	单次触发并显示信号
	Run/Stop 键	连续采集/停止采集波形

分区	按键/旋钮/接口	功能
	Utility 键	显示辅助功能菜单
	DefaultSetup 键	恢复出厂设置
	Help 键	先按 Help 键，再按其他键，显示相应按键的功能
其他功能键	Function 键	调出功能菜单
	Save/Recall 键	保存/调出菜单
	Measure 键	自动测量菜单

实验 16__整流滤波电路及其应用

人们对电能的认识和应用起源于直流电，而在现代工农业生产和日常生活中，广泛地使用着交流电．与直流电相比，交流电在生产、输送和使用方面具有明显的优点和重大的经济意义．例如为了提高电力输送的经济效益，通常采用高压输电，而对于用户来说，采用较低的电压既安全又可降低电气设备的绝缘要求．这种电压的升高和降低，在交流供电系统中可以用变压器很方便、可靠而又经济地实现．

随着大功率晶闸管技术的发展，直流输电，特别是特高压直流输电系统的应用越来越广泛．直流输电系统由整流站、直流线路和逆变站组成，整流站和逆变站统称换流站，其作用是实现交流电和直流电的相互转换．输电方面，直流输电技术在我国西电东输等远距离大功率输电方面显示了更好的经济性，并有利于实现电网互联、提高各地电网的可靠性．高效逆变技术有力解决了我国风能、太阳能、地热能等新能源的并网输送问题．用电方面，如工业上的电解和电镀、计算机技术、电动车产业以及生活中的许多小型电器都需要使用直流电．

可见，学习将交流电转换成直流电的相关实验技术，对于进一步发展电气工程技术、培养相关人才具有重大的现实意义．

本实验相关资源

实验目的

1. 了解交流信号的主要参量．
2. 学习基于二极管的整流滤波电路的基本原理．
3. 掌握制作直流电源的方法．

实验原理

1. 正弦交流电

正弦交流电的电流（电压）随时间的变化曲线可写成如下表达式：

$$\begin{cases} i(t) = I_{\mathrm{p}}\sin(\omega t + \varphi_1) \\ u(t) = U_{\mathrm{p}}\sin(\omega t + \varphi_2) \end{cases} \tag{16-1}$$

正弦交流电分别由振幅、频率（或周期）和初相位来确定，振幅、频率和初相位被称为正弦交流电的三要素. 图 16-1 显示了正弦交流电的电流（电压）振幅的变化.

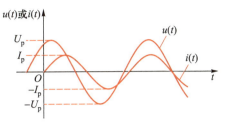

图 16-1　正弦交流电电压和电流曲线

（1）振幅、平均值和有效值

1）振幅

振幅又称幅值，记为 I_p 或 U_p. 波峰与波谷之差称为"峰-峰值"，记为 I_{pp} 和 U_{pp}.

2）平均值

令正弦信号的周期为 T，平均值可用下式计算：

$$\bar{i} = \frac{1}{T} \int_0^T i(t)\, \mathrm{d}t, \qquad \bar{u} = \frac{1}{T} \int_0^T u(t)\, \mathrm{d}t \tag{16-2}$$

可见平均值实际上就是交流信号中直流分量的大小.

3）有效值

为了便于衡量交流电的做功效果，在实际应用中，交流电路中的电流或电压往往是用有效值而不是用幅值来表示，有效值用下式定义：

$$I = \left[\frac{1}{T} \int_0^T i^2(t)\, \mathrm{d}t \right]^{\frac{1}{2}}, \qquad U = \left[\frac{1}{T} \int_0^T u^2(t)\, \mathrm{d}t \right]^{\frac{1}{2}} \tag{16-3}$$

对于纯正弦交流电来说，有效值为 $I = \dfrac{I_p}{\sqrt{2}}$，$U = \dfrac{U_p}{\sqrt{2}}$.

（2）周期与频率

正弦交流电通常用周期（T）、频率（f）或角频率（ω）来表示交变的快慢，这三者之间的关系是：

$$f = \frac{1}{T}, \qquad \omega = \frac{2\pi}{T} = 2\pi f \tag{16-4}$$

（3）初相位

交流电 $t=0$ 时的相位称为交流电的初相位，它反映了正弦交流电的初始值. 在实际电路中由于电流、电压之间的相位不同，电器的平均功率 $P = UI\cos\varphi$（$\cos\varphi$ 称为功率因数，φ 为电压与电流之间的相位差）. $\cos\varphi$ 越大，电路能量的利用率越高，损耗越小.

2. 整流和滤波电路

单纯的整流电路可利用二极管的单向导电性把交流电转换成直流电，严格地讲是单方向大脉动直流电，而滤波电路的作用是把大脉动直流电平滑成小脉动的直流电.

（1）整流电路

1）半波整流电路

半波整流电路如图 16-2，其中 D 是二极管，R_L 是负载电阻. 若输入交流电为 $u_i(t) = U_p \sin\omega t$，则经整流后输出电压 $u_o(t)$ 为

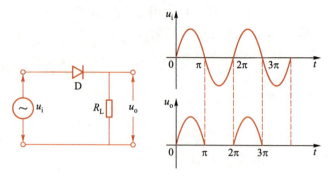

图 16-2　半波整流电路及其波形图

$$u_o(t) = \begin{cases} U_p \sin \omega t & (0 \leqslant \omega t \leqslant \pi) \\ 0 & (\pi \leqslant \omega t \leqslant 2\pi) \end{cases} \tag{16-5}$$

相应平均值为

$$\bar{u}_o = \frac{1}{T} \int_0^T u_o(t)\,\mathrm{d}t = \frac{U_p}{\pi} \approx 0.318 U_p \tag{16-6}$$

2）全波整流电路

半波整流只利用了交流电半个周期的正弦信号．为了提高整流效率，使交流电的正负半周信号都被利用，则应采用全波整流．现以全波桥式整流为例，其电路和相应的波形如图 16-3 所示．

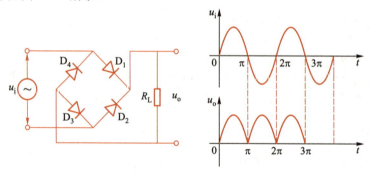

图 16-3　桥式整流电路及其波形图

输入正弦交流电经桥式整流后的输出电压 $u_o(t)$ 为

$$u_o(t) = \begin{cases} U_p \sin \omega t & (0 \leqslant \omega t \leqslant \pi) \\ -U_p \sin \omega t & (\pi \leqslant \omega t \leqslant 2\pi) \end{cases} \tag{16-7}$$

相应平均值为

$$\bar{u}_o = \frac{1}{T} \int_0^T u_o(t)\,\mathrm{d}t = \frac{2U_p}{\pi} \approx 0.637 U_p \tag{16-8}$$

由此可见，桥式整流后的直流电脉动大大减少，平均电压比半波整流提高了一倍（忽略整流内阻）．

（2）滤波电路

经过整流后的电压（电流）仍然是有"脉动"的直流电，为了减少波动，通常要加滤波电路．常用的滤波电路有电容滤波、π 型 RC 滤波等．

1）电容滤波电路.

电容滤波电路利用电容的充电和放电特性来平滑脉动的直流电，电路如图16-4所示. 由电容两端的电压不能突变的特点，达到输出波形趋于平滑的目的. 经滤波后的输出波形如图16-5所示.

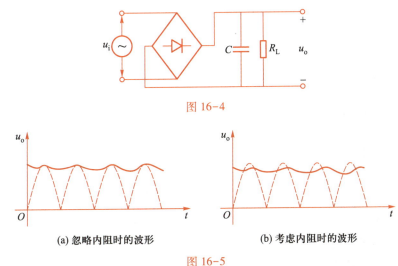

图 16-4

(a) 忽略内阻时的波形　　　　(b) 考虑内阻时的波形

图 16-5

2）π 型 RC 滤波

前述电容滤波的输出波形脉动仍较大，尤其是负载电阻 R_L 较小时. 在这种情况下，要想减少脉动可利用多级滤波方法，再加一级 RC 低通滤波电路，如图16-6所示，这种电路也称 π 型 RC 滤波电路.

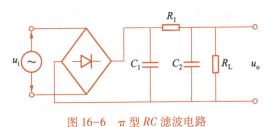

图 16-6　π 型 RC 滤波电路

π 型 RC 滤波是在电容滤波之后又加了一级 RC 滤波，使得输出电压更平滑（但输出电压平均值将减少）.

实验装置

信号发生器 1 台、示波器 1 台、变阻箱 1 台、半波整流电路 1 个、全波整流电路 1 个、电容器 1 个、π 型 RC 滤波电路 1 个、数字万用表 1 个、未知电阻 3 个.

实验内容

1. 基础内容

（1）用示波器观测信号源输出的正弦函数波形（无直流偏置），把正弦波峰峰值固定在 10.0 V，分别接入半波整流电路（图16-2）、全波整流电路（图16-3）的输入端接线柱上.

（2）用示波器分别观察半波、全波整流电路的输出端信号 $u_o(t)$，分别画出 $u_o(t)$ 的波形.

（3）在全波整流电路中，输出端接入电容进行滤波（按图 16-4 接线），用示波器观察并画出输出端 $u_o(t)$ 波形.

（4）在全波整流电路中，输出端接入 π 型 RC 电路进行滤波（按图 16-6 接线），用示波器观察并画出输出端 $u_o(t)$ 波形.

2. 提升内容

（1）如果将信号源、桥式整流和 π 型 RC 滤波电路整体视为一个直流电源（图 16-6），负载电阻 R_L 在 20~2 000 Ω 范围内变化，请测量该电源的负载功率曲线. 根据你的测量结果，输出功率最大时，负载为多大？（提示：测 10~12 个点. ）

（2）负载电阻 R_L 在 20~2 000 Ω 范围内变化，测量输出端的交流、直流电压，并计算不同负载时该电源的纹波系数 K：

$$K = \frac{\text{交流电压有效值}}{\text{直流电压}} \times 100\%$$

绘制 K 随负载 R_L 的变化曲线，说明该电源的负载至少多大时输出纹波 $K<1\%$.

3. 进阶内容

用上述组装电源和所给元件测量待测电阻盒上的三个未知电阻，采用直流电桥法精确测量其中任意一个电阻的阻值，并给出电路图和计算公式.

4. 高阶内容

（1）用示波器分别测量半波、全波整流的输出端信号的直流成分大小.

（2）用万用表分别测量：

半波整流输出信号的直流成分（DCV）、交流成分的有效值（ACV）.

全波整流输出信号的直流成分（DCV）、交流成分的有效值（ACV）.

（3）在全波整流电路中，输出端（按图 16-4 接线）接入电容进行滤波.

用示波器观测输出端交流信号电压的直流成分大小和交流成分的变化幅度大小.

用万用表测量输出端交流信号的直流成分（DCV）和交流成分（ACV）的有效值.

（4）在全波整流电路中，输出端（按图 16-6 接线）接入 π 型 RC 电路进行滤波. 调节信号发生器输出电压，使 $U_{pp} = 10$ V.

用示波器观察滤波电路的输入、输出波形，画出波形图.

用示波器分别测量滤波电路输入、输出端的交流成分的电压（波动幅度）及输入、输出端的直流成分的电压.

用万用表分别测量滤波电路输入、输出端的（直流、交流成分的）电压.

（5）汇总半波、全波整流以及滤波后输出端的交流、直流成分的电压测量值，有什么规律？

参考资料

实验17__小磁针简谐振动的研究

我国是对磁现象认识和记载最早的国家之一，早在公元前就有关于铁磁性的记录．我国古代发明的指南针在航海业中起着举足轻重的地位．早期人们对磁现象的认知还局限于定性的观察，直到 1820 年奥斯特发现了电流的磁效应，后来毕奥和萨伐尔研究了电流与小磁针的关系，安培进行的四个精巧的实验研究了电流之间的相互作用，法拉第研究了磁向电的转换，从此电磁现象的神秘面纱逐渐向我们展开．时至今日，磁现象在科学领域应用十分广泛，例如在环形粒子加速器中利用偏转磁场来控制带电粒子的运动，托卡马克中利用磁聚焦来约束带电粒子位置，云室、气泡室中使用偏转磁场分辨不同粒子，以及地球科学中利用地磁场探测地质结构等．磁现象已成为现代科学不可或缺的一部分．

本实验相关资源

实验目的

1. 了解小磁针在地磁场中的运动特性．

2. 理解局域地磁场水平分量的测量方法．

3. 掌握小磁针磁矩和磁力摆转动惯量的测量方法．

4. 理解两枚小磁针的耦合运动规律．

5. 研究磁力摆的非线性振动规律．

实验原理

1. 小磁针在外磁场中的运动

将一个小磁针用一根柔软的细线悬挂起来，置于均匀磁场中，当小磁针偏离平衡位置的角位移 θ 很小时，它受到磁场的磁力矩作用，忽略阻尼因数的影响，小磁针将在其平衡位置附近做简谐振动，构成如图 17-1 所示的磁力摆．利用磁场中小磁针的运动特性可以确定小磁针的磁矩及局域地磁场的水平分量．

当磁力摆偏离平衡位置的角位移 θ 很小时（$\theta \leqslant 5°$），磁力摆的运动方程为

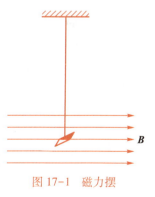

图 17-1　磁力摆

$$\frac{\mathrm{d}^2\theta}{\mathrm{d}t^2} = -\frac{mB}{J}\theta \qquad (17\text{-}1)$$

式中，m 是磁力摆的磁矩，J 是磁力摆的转动惯量.

由式（17-1）可得磁力摆一级近似的振动周期为

$$T = 2\pi\sqrt{\frac{J}{mB}} \qquad (17\text{-}2)$$

式中，B 是磁力摆所处位置的磁感应强度.

2. 局域地磁场和亥姆霍兹线圈磁场

地球是一个大磁体，地球本身及其周围空间存在着磁场，即地磁场，其主要部分是一个磁偶极子场，地心的磁偶极子的轴线与地球表面的两个交点称为地磁极，地磁的南（北）极实际上是磁偶极子的北（南）极，如图 17-2 所示.

亥姆霍兹（Helmholtz，1821—1894）线圈是一对彼此平行且连通的共轴圆形线圈组，每组 N 匝，两组线圈内的电流方向一致，大小均为 I，线圈之间的距离 a 正好等于圆形线圈的平均半径 R 时，两线圈轴线中点附近磁场近似均匀，如图 17-3 所示. 两线圈轴线中点处的磁感应强度为

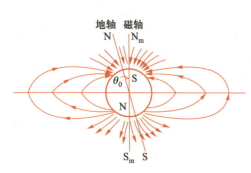

图 17-2　地球磁偶极子场

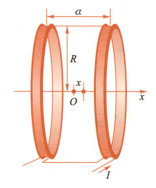

图 17-3　亥姆霍兹线圈

$$B = \left(\frac{4}{5}\right)^{3/2}\frac{\mu_0 NI}{R} \qquad (17\text{-}3)$$

放置亥姆霍兹线圈，使其中心线与地面平行，将小磁针置于局域地磁场和亥姆霍兹线圈磁场的合磁场中，研究小磁针水平方向的运动性质. 小磁针所处位置的磁感应强度由局域地磁场水平分量 $\boldsymbol{B}_0$ 和亥姆霍兹线圈磁场 $\boldsymbol{B}_1$ 叠加而成. 当亥姆霍兹线圈磁场与局域地磁场水平方向一致时，位于轴线上的外磁场水平分量 $\boldsymbol{B} = \boldsymbol{B}_0 + \boldsymbol{B}_1$；当亥姆霍兹线圈磁场与局域地磁场水平方向相反时，位于轴线上的外磁场水平分量 $\boldsymbol{B} = \boldsymbol{B}_0 - \boldsymbol{B}_1$. 根据磁力摆在外磁场（局域地磁场和亥姆霍兹线圈磁场的合磁场）中的运动特性，可以确定局域地磁场的水平分量、小磁针磁矩及磁力摆转动惯量.

在地磁场中放置两枚相同的磁针，并使它们沿着地磁场方向处于一条直线上. 当相邻磁针的磁场不可忽略时，它们构成一个耦合振动系统. 由于耦合的存在，磁针的运动形式更加丰富，将产生"拍"的现象.

本实验装置如图17-4所示,包括特斯拉计、亥姆霍兹线圈、磁力摆、直流电源、2个质量相同的配重螺帽.

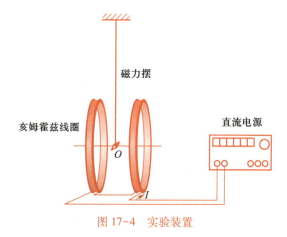

图 17-4　实验装置

亥姆霍兹线圈实验平台由两组共轴的圆线圈组成,每组各1 000匝,圆线圈的平均半径 $R = 10.00$ cm.

高灵敏度特斯拉计量程为 $0 \sim 3\,000$ mT,分辨率为0.01 mT.

数字式直流稳流电源是由直流稳流电源、三位半数字式电流表组成.电源输出电流为 $1 \sim 1\,000$ mA连续可调,精度为0.01 mA.

实验内容

1. 基础内容

(1)掌握亥姆霍兹线圈磁场的分布规律.

测量亥姆霍兹线圈中心处磁感应强度 B 与线圈励磁电流 I 的关系.

(2)掌握局域地磁场水平分量的测量方法,测量局域地磁场水平分量大小.

1)判断线圈附加磁场与局域地磁场是反向的还是同向的.

2)选取适当的测量范围,改变亥姆霍兹线圈电流,测量小磁针的振动周期.

通过改变亥姆霍兹线圈电流 I,测量小磁针的振动周期 T,以线圈电流 I 为横坐标,$1/T^2$ 为纵坐标作图,外推计算 $1/T^2$ 为零时的电流,此时的线圈磁场完全抵消轴线方向的外磁场,由此可以计算局域地磁场水平分量的大小.

2. 提升内容

(1)理解小磁针在地磁场中的运动特性.

置于局域地磁场中小磁针偏离平衡位置的角位移 θ 很小时,小磁针将在其平衡位置附近做简谐振动.用实验验证影响小磁针振动周期的相关参量.

(2)掌握小磁针磁矩和磁力摆转动惯量的测量方法.

设计实验方案,测量小磁针磁矩和磁力摆的转动惯量.方案需包含必要的公式,配重螺帽可视为质点.

3. 进阶内容

在局域地磁场中放置两枚相同的小磁针,并使它们沿着局域地磁场方向处于一条直线上. 当相邻磁针的磁场不可忽略时，它们构成一个耦合振动系统.

（1）理解局域地磁场中耦合磁针运动特征.

将两枚磁针沿着局域地磁场的方向共线放置，使它们做同相位运动，则磁针共同运动的角频率为 ω. 将两枚磁针沿着局域地磁场的方向共线放置，使它们做反相位运动，则磁针共同运动的角频率为 ω^*. 改变两枚磁针之间的距离 L，测量 ω、ω^* 随距离 L 的变化情况.

（2）理解两枚小磁针耦合产生的"拍".

当两枚磁针由静止释放，其中一个磁针的初始角位移为零，另一个磁针则有一个非零的初始角位移. 此时会发生两种简正模式的叠加，两个磁针的振幅交替增减，能量互补，形成"拍"运动. 此时的拍频由两个简正模式的频率的差决定，即拍频 $f=|\omega-\omega^*|/2\pi$. 测量拍频随距离 L 的变化情况，说明测量结果的合理性.

4. 高阶内容

（1）研究磁力摆大角度摆动的非线性振动规律.

当小磁针偏离平衡位置的角位移大于 5° 时，研究磁力摆的非线性振动规律.

（2）研究阻尼因数对磁力摆小角度振动的影响.

设计实验方案，观测磁力摆的阻尼振动特点，通过实验研究磁力摆的过阻尼、欠阻尼和临界阻尼运动特征.

思 考 题

1. 预习思考题

（1）什么是亥姆霍兹线圈？

（2）小磁针在磁场中的振动周期与哪些物理量有关？

2. 实验过程思考题

（1）亥姆霍兹线圈电流大小对小磁针的振动周期有何影响？实验中如何选择线圈电流？

（2）实验过程中为什么要用到配重螺帽？

3. 实验报告思考题

（1）如何利用作图法或最小二乘法求局域地磁场的水平分量？

（2）如何通过实验判断线圈附加磁场与局域地磁场是反向还是同向的？

（3）阻尼因数对磁力摆振动有何影响？

（4）当小磁针偏离平衡位置的角位移大于 5° 时，如何确定磁力摆做非线性振动？

（5）在局域地磁场中放置两枚相同的磁针，构成一对耦合振动系统，试说明磁针耦合运动特征.

参考资料

附　录　　　　　　　　特斯拉计的使用

请参看 CH-1500 型全数字特斯拉计的使用说明书.

第六章

光学实验

实验18__硅光电池光电特性的研究

在光照下，物质材料中电子逸出其表面形成光电流的现象通常称为外光电效应，外光电效应主要应用在光电管、光电倍增管等器件上. 在光照下，物质吸收光子能量并激发自由电子的现象称为内光电效应，包括光电导效应和光伏效应. 光电导效应主要是改变物质的电导率，光敏材料（光导管）就是利用此原理制作的光电子器件；而光伏效应是指一定波长的光照射在非均匀半导体（特别是 PN 结），在内建电场作用下，半导体内部产生光电压的现象. 硅光电池是一种基于光伏效应能够将光能直接转换成电能的半导体器件. 它具有转换效率高、重量轻、使用安全、无污染等特点，在光电技术、自动控制、计量检测和光能利用等领域都有广泛的应用.

本实验相关资源

实验目的

1. 了解硅光电池的工作原理.
2. 掌握硅光电池的特性参量.
3. 掌握硅光电池的光电特性的研究方法.

实验原理

半导体 N 型掺杂和 P 型掺杂是构建半导体器件的基础，对晶体硅半导体，N 型掺杂一般是向其中引入元素周期表中第 V 主族元素，比如磷（P）、砷（As）等. 以磷为例，磷具有 5 个价电子，其中的 4 个用来满足硅晶格的 4 个共价键，磷在硅中的掺杂能级离导带边非常近，只要足够的热能就能将多出的一个电子激发到导带中变成可以导电的自由电子，磷施主原子变成带正电的磷离子. P 型掺杂一般是向其中引入元素周期表中的第 Ⅲ 主族的元素，比如硼（B）、镓（Ga）、铝（Al）等. 以硼为例，硼原子有 3 个价电子，只能与 3 个硅原子形成共价键. 硼在硅中的掺杂能级离价带顶非常近，只要有足够的热能就能将一个电子从价带激发到硼的掺杂能级上，在价带中留下可以导电的空穴，而硼受主原子变成带负电的硼离子，如图 18-1 所示.

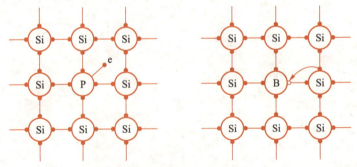

图 18-1　晶体硅中磷原子的 N 型掺杂和硼原子的 P 型掺杂

在没有光照的情况下，硅光电池可以视为一个 PN 结二极管，理想二极管的电流与电压关系可以表示为

$$I_{\mathrm{d}} = I_0(\mathrm{e}^{qU/kT} - 1) \tag{18-1}$$

式中，U 为硅光电池两端电压，T 为热力学温度，q 为电子电荷量，k 为玻耳兹曼常量，I_0 为硅光电池的反向饱和暗电流，它的大小主要由半导体材料禁带宽度决定，I_{d} 为流过硅光电池的电流.

在光照的情况下，硅光电池的等效电路可以视为一个恒流源与正偏理想二极管的并联. 对于实际的硅光电池而言，其等效电路要复杂得多，需要考虑 PN 结的品质、实际存在的串联电阻 R_{s} 和并联电阻 R_{sh}. 其中串联电阻来源于半导体材料的体电阻、电极与半导体接触处的电阻以及电极金属的电阻. 并联电阻是由于 PN 结漏电产生的，包括绕过电池边缘漏电、PN 结区域存在晶体缺陷和杂质所引起的内部漏电. 在光照下，硅光电池产生一定的光生电流 I_{ph}，其中一部分流过 PN 结为暗电流 I_{d}，另一部分为供给负载电流 I，其等效电路如图 18-2 所示.

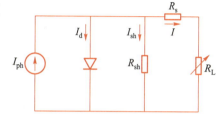

图 18-2　硅光电池的等效电路

因此考虑串并联电阻后，硅光电池电流与电压关系表示为

$$I = I_{\mathrm{ph}} - I_{\mathrm{d}} - I_{\mathrm{sh}} = I_{\mathrm{ph}} - I_0 \left[\mathrm{e}^{q(U+IR_{\mathrm{s}})/nkT} - 1 \right] - (U + IR_{\mathrm{s}})/R_{\mathrm{sh}} \tag{18-2}$$

式中，I 为流过负载 R 的电流，I_{ph} 为光生电流，I_{d} 为流过二极管电流，I_{sh} 为流过并联电阻 R_{sh} 的电流. n 为硅光电池 PN 结的品质因子（正偏压大时 n 值为 1，正偏压小时 n 值为 2）.

传统电池的输出电压和输出功率是恒定的，但是硅光电池输出电压、电流及其功率与光照条件和负载都有很大关系. 通常采用以下几个参量来表征太阳能电池的性能：短路电流、开路电压、最大输出功率、填充因子等.

1. 短路电流

将硅光电池置于标准光源照射下，用导线将电池的正负极直接相连使其短路，此时流过导线的电流即为短路电流，用 I_{sc} 表示. I_{sc} 与硅光电池的面积、入射光辐射强度有关，电池面积越大，入射光越强，I_{sc} 越大. 当串联电阻和并联电阻的影响可以忽略时，由式（18-2）可得硅光电池的短路电流为

$$I_{\mathrm{sc}} = I_{\mathrm{ph}} \tag{18-3}$$

2. 开路电压

将硅光电池置于标准光源照射下，电池的正负极无导线相连，处于开路状态下，此时硅光电池正负极两端的电压即为开路电压，用 U_{oc} 表示.

当串联电阻和并联电阻的影响可以忽略时，由式（18-2）可得硅光电池的开路电压为

$$U_{\mathrm{oc}} = \frac{kT}{q} \ln\left(\frac{I_{\mathrm{sc}}}{I_0} + 1 \right) \tag{18-4}$$

3. 最大输出功率

硅光电池在工作时流过负载的电流称为输出电流，负载两端电压称为输出电压，如果用横坐标表示输出电压，纵坐标表示输出电流，通过加载不同负载，根据

测量数据可以作出一条曲线，该曲线称为伏安特性曲线. 硅光电池在无光照时的电压-电流关系，即为暗伏安特性曲线，如图 18-3 所示；硅光电池在光照时的电压-电流关系，如图 18-4 所示. 如果某一负载能够使硅电池输出电压和输出电流乘积（功率）最大，即为硅光电池的最大输出功率，用 P_m 表示. 最大输出功率 P_m 表示为

$$P_m = U_m I_m \tag{18-5}$$

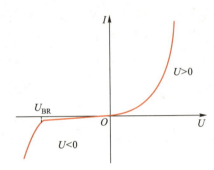

图 18-3　硅光电池暗伏安特性曲线　　　图 18-4　硅光电池光照伏安特性曲线

此时硅光电池的输出电压和输出电流分别称为最大功率点电压和最大功率点电流，用 U_m、I_m 表示；对应的负载称为最佳功率负载，用 R_m 表示.

4. 填充因子

填充因子是衡量硅光电池整体性能的一个重要参量，代表硅光电池在最佳负载时能输出最大功率的特性，用 FF 表示. FF 越大则输出功率越高，说明硅光电池对光的利用率越高. 填充因子 FF 表示为

$$FF = \frac{P_m}{U_{oc} I_{sc}} = \frac{U_m I_m}{U_{oc} I_{sc}} \tag{18-6}$$

式中，P_m 是 U-I 曲线上最大功率点，该点对应的电压和电流分别被称为最大功率点的电压 U_m 和最大功率点电流 I_m.

🔬 实验装置

硅光电池、万用表、毫安表、电阻箱、溴钨灯、直流电源、光学导轨、开关、导线若干.

📖 实验内容

1. 基础内容

（1）测定硅光电池正偏时暗伏安特性

当硅光电池处于正偏时，在没有光照下，使"工作电流 I"在 $0 \sim 20$ mA 范围内变化，测量硅光电池的"工作电压 U". 根据实验数据，以"工作电压 U"为横坐标，"工作电流 I"为纵坐标，绘制硅光电池的伏安特性曲线.

（2）测定硅光电池零偏时负载特性

当硅光电池处于零偏时，在恒定"光照度 L"下，使"负载 R"在 $100 \sim 10\,000$ Ω 范围内变化，测量硅光电池的"工作电流 I"和"工作电压 U". 根据实验数据，计算出硅光电池的"输出功率 P". 以"工作电压 U"为横坐标，"工作电流 I"为纵坐

标，绘制硅光电池的伏安特性曲线，描述硅光电池的工作电流与工作电压之间关系．以"负载 R"为横坐标，"输出功率 P"为纵坐标，绘制硅光电池的负载与输出功率特性曲线，给出硅光电池的最大输出功率（P_m）．

2. 提升内容

测定硅光电池的开路电压与短路电流．

当硅光电池处于零偏时，使"光照度 L"在 10~100 lx 范围内变化，设计方案，测量硅光电池的"开路电压 U_{oc}"和"短路电流 I_{sc}"．以"光照度 L"为横坐标，"开路电压 U_{oc}"为纵坐标，绘制硅光电池的开路电压与光照度特性曲线，描述硅光电池的开路电压与光照度之间的关系．以"光照度 L"为横坐标，"短路电流 I_{sc}"为纵坐标，绘制硅光电池的短路电流与光照度特性曲线，描述硅光电池的短路电流与光照度之间的关系．根据实验数据，计算硅光电池的填充因子 FF．

3. 进阶内容

（1）测定硅光电池零偏时工作电流与光照度特性

当硅光电池处于零偏时，在恒定"负载 R"下（1 000 Ω、5 000 Ω、10 000 Ω），使"光照度 L"在 10~100 lx 范围内变化，测量硅光电池的"工作电流 I"．以"工作电流 I"为横坐标，"光照度 L"为纵坐标，绘制不同负载 R 下工作电流与光照度特性曲线，描述硅光电池的工作电流与光照度之间关系．

（2）测定硅光电池反偏时电流与光照度特性

当硅光电池处于反偏时，使"光照度 L"在 10~100 lx 范围内变化，测量硅光电池的"工作电流 I"．以"工作电流 I"为横坐标，"光照度 L"为纵坐标，绘制硅光电池的工作电流与光照度特性曲线，描述硅光电池的工作电流与光照度之间关系．

4. 高阶内容

（1）测定硅光电池的温度特性

设计一个合理的实验方案，模拟研究不同温度环境下硅光电池的负载特性，并动手实现该实验方案．

（2）硅光电池的应用设计

设计一个合理的实验方案，将硅光电池模拟作光电传感器，画出相应实验方案的电路图，并动手实现该实验方案．

思 考 题

1. 预习思考题

如何改变硅光电池光敏面的光照度？

2. 实验过程思考题

（1）如何测量硅光电池的开路电压和短路电流？

（2）如何测量硅光电池的最大输出功率？

3. 实验报告思考题

当增加光照度，硅光电池的哪些参量发生变化？

实验 19__色彩设计实验

色度学是研究颜色度量与评价方法的一门学科，是颜色科学领域的一个重要部分．色度学最早开创于牛顿的颜色环概念．19 世纪，格拉斯曼（Grassmann）、麦克斯韦（Maxwell）、亥姆霍兹（Helmholtz）等对色度学的发展做出了巨大的贡献，吉尔德（Guild）、贾德（Judd）等科学家的研究奠定了现代色度学的基础．物体颜色的度量涉及观察者的视觉生理、照明条件等许多因素．为了能够得到一致的度量效果，国际照明委员会（简称 CIE）规定了一套标准色度系统，称为 CIE 标准色度系统，构成了近代色度学的基础．CIE 规定波长 700 nm、546.1 nm、435.8 nm 分别为红、绿、蓝三基色．从 1931 年 CIE 色度学系统建立以来，色度学在工业、农业、科学技术和文化事业等部门获得广泛应用，指导着彩色电视、彩色摄影、彩色印刷、染料、纺织、造纸、交通信号和照明技术的发展和应用．

🔍 **实验目的**

本实验相关资源

1. 了解颜色混合方法．
2. 理解颜色定量表示．
3. 掌握加法混色规律．
4. 掌握利用发光二极管实现特定色彩的方法．

📝 **实验原理**

颜色的混合可以是颜色光的混合，也可以是染料的混合，但这两种混合方法的结果是不同的，前者称为加法混色，后者称为减法混色．对颜色的定量表述有多种系统，如用色卡表述的孟赛尔（Munsell）表色系统、国际照明委员会（CIE）表色系统等，各系统之间在一定条件下可以相互转换．本实验主要介绍常用的 CIE 表色系统，它是基于加法混色系统发展而来的．

1. 颜色匹配方程

在颜色匹配实验中，若以（C）代表被匹配颜色的单位，（R）、（G）、（B）代表产生混合色的红、绿、蓝三基色的单位．R、G、B 和 C 分别代表红、绿、蓝和被匹配色的数量，则颜色匹配方程表示为

$$C(\mathrm{C}) \equiv R(\mathrm{R}) + G(\mathrm{G}) + B(\mathrm{B}) \qquad (19-1)$$

式中，"$\equiv$" 符号表示视觉上相等，即颜色匹配．

2. 三刺激值

在颜色匹配实验中，与待配色达到颜色匹配时所需要三基色的数量，称为三刺激值，即颜色匹配方程［式（19-1）］的 R、G、B 值．一种颜色与一组 R、G、B 数值相对应，颜色可以通过三刺激值来定量表示．三刺激值的单位（R）、（G）、（B）不

用物理量为单位，而是选用色度学单位（也称三 T 单位）. 其确定方法是：选一特定白光（W）作为标准，用颜色匹配实验选定的三基色光（红、绿、蓝）相加混合与此白光（W）相匹配；如达到匹配时分别测得的三基色光通量值（R）为 l_R 流明、（G）为 l_G 流明、（B）为 l_B 流明，则比值 $l_R : l_G : l_B$ 定义为色度学单位（即三刺激值的相对亮度单位）. 若匹配 F_C 流明的（C）光需要 F_R 流明的（R），F_G 流明的（G）和 F_B 流明的（B），则颜色匹配方程为

$$F_C(C) \equiv F_R(R) + F_G(G) + F_B(B) \tag{19-2}$$

式中，各单位以 1 流明表示. 若用色度学单位来表示，则颜色匹配方程为

$$C(C) \equiv R(R) + G(G) + B(B) \tag{19-3}$$

式中，$C = R + G + B$，$R = F_R / l_R$，$G = F_G / l_G$，$B = F_B / l_B$.

3. 发光二极管

发光二极管（LED）是一种直接将电能转化为光能的半导体器件. 它的核心是由半导体材料（如氮化镓）构成的 PN 结，在正向偏压下，电子由 N 型区注入 P 型区，空穴由 P 型区注入 N 型区，电子与空穴在 PN 结内复合而产生能量，并以特定波长的光子向外辐射能量，辐射光的波长为

$$\lambda = hc / E_g \tag{19-4}$$

式中，h 为普朗克常量，c 为光速，E_g 为半导体材料的能隙. 在实际半导体材料中，能隙 E_g 有一定的变化范围，因此 LED 辐射光的波长也有一定范围. 随半导体材料的不同，能隙 E_g 也有差别，从而产生不同波长的辐射光.

实验装置

直流电源、LED 实验仪、硅光电池、滤光片、毫安表、万用表、白屏、导线若干.

实验内容

1. 基础实验

测定 LED 伏安特性.

当 LED 处于正偏时，使"工作电流 I"在 0~100 mA 范围内变化，测量 LED 的"工作电压 U". 根据实验数据，以"工作电压 U"为横坐标，"工作电流 I"为纵坐标，绘制 LED 的伏安特性曲线. 基于伏安特性曲线，估算 LED 的发光中心波长.

2. 提升实验

（1）制作光照度计

基于硅光电池，设计一个合理的实验方案模拟光照度传感器制作光照度计，画出相应实验方案的电路图.

（2）测定 LED 光强特性

调节 LED 光源与光学透镜，使 LED 实验仪发射准平行光. 当 LED 处于正偏时，使"工作电流 I"在 0~100 mA 范围内变化，利用光照度计测量 LED 的"工作电流 I"与"相对光强 L"的关系；改变硅光电池与 LED 的距离，测量 LED 的相对光强与距离的关系. 以"工作电流 I"为横坐标，"相对光强 L"为纵坐标，绘制 LED 的光

强特性曲线，描述 LED 的工作电流与相对光强之间的关系.

3. 进阶实验

加法混色.

（1）两色加法混色：调整 LED 实验仪与白屏，使两个基色光光斑在白屏上重合，改变两个基色光的相对光强，分别混合出黄色、青色和品红色的光. 利用光照度计分别测量混色光与基色光的相对光强.

（2）三色加法混色：调整 LED 实验仪与白屏，使三个基色光光斑在白屏上重合，改变三个基色光的相对光强，混合出白色光（或给定颜色的光）. 利用光照度计分别测量白色光（或给定颜色的光）与基色光的相对光强.

4. 高阶实验

减法混色.

利用 LED 实验仪混合出白色光（或给定颜色的光），在 LED 实验仪与白屏之间放置一个滤光片（品红、黄色或青色），白屏上观察到什么颜色？

思 考 题

1. 预习思考题

（1）利用 LED 混色时，如何改变混色光的颜色？

（2）测量 LED 伏安特性，电流表采取内接法还是外接法？

2. 实验过程思考题

（1）如何测量 LED 发光中心波长？

（2）如何利用硅光电池来测量 LED 发光强度？

3. 实验报告思考题

（1）LED 发光物理机制是什么？

（2）总结三基色加法混色规律.

参考资料

实验 20__分光计的调整与使用

1814 年夫琅禾费在研究太阳暗线时改进了当时的观测仪器，设计出了由平行光管、三棱镜和望远镜组成的分光计. 他利用分光计发现了太阳光谱中的近 600 条暗线，并测定了它们的波长，开创了天体物理的新纪元. 分光计又称为光学测角仪，可以用来精确测量光线的偏转角，或者光学平面间的夹角. 光学中的许多基本量，如折射率、波长、光栅常量等，都可以直接或间接地表现为光线的偏转角来进行测量. 此外，分光计的设计思想和构造原理是很多光学仪器（如棱镜摄谱仪、光栅光谱仪、单色仪等）设计制造的基础，所以分光计是光学实验中的基本仪器之一. 使用分光计时必须经过一系列精细的调整才能得到精确的结果，它的调整技术是光学实验中的基本技能之一，也是后续很多光学实验的基础.

🔍 实验目的

1. 了解分光计的结构及工作原理，掌握分光计的调整方法和调节技巧.

2. 掌握用最小偏向角法测量玻璃三棱镜的折射率的方法.

3. 理解利用分光计探究三棱镜材料色散的方法.

4. 探究分光计的应用技术和方法.

📝 实验原理

1. 分光计的结构

分光计主要由底座、平行光管、望远镜、载物台和读数圆盘五部分组成，结构如图 20-1 所示.

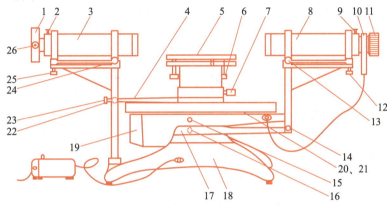

1—狭缝装置；2—狭缝装置锁紧螺钉；3—平行光管；4—制动架（1）；5—载物台；

6—载物台调节螺钉；7—载物台锁紧螺钉；8—望远镜；9—目镜锁紧螺钉；

10—阿贝式自准直目镜；11—目镜调节手轮；12—望远镜俯仰调节螺钉；

13—望远镜水平调节螺钉；14—望远镜微调螺钉；15—转座与刻度盘制动螺钉；

16—望远镜制动螺钉（背面）；17—制动架（2）；18—底座；19—转座；20—刻度盘；

21—游标盘；22—游标盘微调螺钉；23—游标盘制动螺钉；24—平行光管水平调节螺钉；

25—平行光管俯仰调节螺钉；26—狭缝宽度调节手轮.

图 20-1　分光计结构图

（1）底座——中心有一竖直方向的转轴，望远镜、载物台和读数圆盘可分别独立绕该轴转动，该轴称为仪器的公共轴或主轴.

（2）平行光管——是产生平行光的装置. 管的一端装一准直透镜，另一端是带有狭缝的圆筒，狭缝宽度可调. 当狭缝被光源照亮，且处于透镜焦平面处时，透镜端出射平行光，其结构如图 20-2 所示.

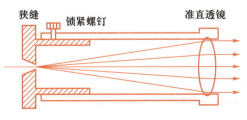

图 20-2　平行光管结构示意图

实验 20　分光计的调整与使用　　**175**

（3）望远镜——用于观测并确定光的方位，由阿贝目镜系统和物镜组成，为了调节和测量，目镜系统和物镜之间还装有分划板，它们分别安装在同轴的内管、外管和中管内，三个管彼此可以相互移动，也可以用螺钉固定，如图 20-3 所示．旋转目镜改变它与分划板之间的距离，可以在望远镜目镜中看到如图 20-3 下部所示的目镜视场．在中管的分划板下方紧贴一块 45° 全反射小棱镜，棱镜与分划板的粘贴部分涂成黑色，仅留一个绿色的小"十"字窗口．光线从小棱镜的另一直角边入射，从 45° 反射面反射到分划板上，透光部分便在分划板上形成一个明亮的"十"字透光窗．该"十"字透光窗与分划板的上"十"字关于分划板中心横线对称．物镜固定在外管的左端，松开锁紧螺钉后中管可沿镜筒轴向前后移动，以改变分划板和物镜之间的距离．当分划板位于物镜的焦平面时，"十"字透光窗发出的光经物镜后变成平行光，再经平面镜反射，会聚在分划板上形成一个清晰的"十"字反射像．若平面镜与望远镜光轴垂直，则"十"字反射像中点与分划板的上横线和中心竖线的交叉点重合．

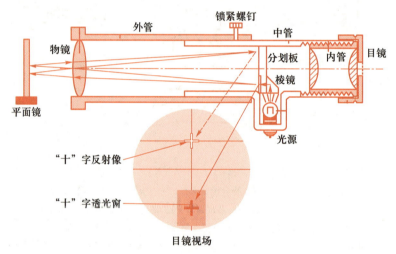

图 20-3　望远镜系统结构示意图

（4）载物台——用于放置平面镜、棱镜、光栅等光学元件．台面下有三个调节螺钉，用于调节载物台面的倾斜角度；载物台面上有三条互成 120° 的线，且分别与台面下的三个螺钉对齐，便于放置样品时作为参照物，见图 20-4．载物台的高度可旋松载物台锁紧螺钉（7）升降，调到合适位置再锁紧螺钉．

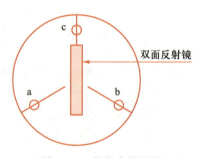

图 20-4　载物台俯视图

（5）读数圆盘——是读数装置．由可绕仪器主轴转动的刻度盘和游标盘组成．刻度盘上刻有 720 等分刻度线，格值为 $0.5°（30'）$．在游标盘对称方向设有两个角游标，读数时需要读出两个角游标处的读数值，计算出相应角度后取平均值，这样可消除刻度盘和游标盘的圆心与仪器主轴的轴心不重合所引起的偏心误差．读数方法与游标卡尺相似．

读数时，以角游标零刻度线为准，读出刻度盘上的度值，再找游标盘上与刻度盘上刚好重合的刻度线为所求分值. 如果游标零刻度线落在刻度盘半度刻度线之外，则读数应加上30′. 图20-5所示角度的读数为115°14′.

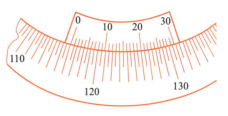

图20-5　读数系统示意图

（6）制动和微调机构. 通过载物台锁紧螺钉（7）可将游标盘与载物台固连，通过转座与刻度盘制动螺钉（15）可将刻度盘与望远镜固连，这两个螺钉在测量中应当始终处于锁紧状态. 旋紧望远镜止动螺钉（16）可使望远镜的支架与主轴锁定，制动望远镜；此时，通过调节望远镜微调螺钉（14）可使望远镜绕主轴做小范围的精密转动. 旋紧游标盘制动螺钉（23）可使游标盘与主轴锁定，制动游标盘；此时，通过调节游标盘微调螺钉（22）可使游标盘绕主轴做小范围的精密转动. 利用微调螺钉可以有效提高测量时的对齐精度. 需要注意的是，通过旋转望远镜测量角度时，一定要制动游标盘；通过旋转游标盘测量角度时，要制动望远镜；测量完成后应松开两个制动螺钉，并将微调螺钉调整到可调范围的中间位置.

2. 分光计的调整原理和方法

调整分光计，最后要达到如下要求：

① 望远镜对平行光聚焦；

② 望远镜光轴与仪器主轴垂直；

③ 平行光管出射平行光；

④ 平行光管光轴与仪器主轴垂直，与望远镜光轴共轴.

（1）粗调

粗调是细调的基础，主要通过目测来进行判断和调节. 好的粗调可以达到事半功倍的效果. 粗调的方法如下：① 调节望远镜、平行光管的俯仰调节螺钉，使其光轴垂直仪器主轴处于水平状态；② 调节望远镜、平行光管的水平方向调节螺钉，使其光轴过仪器主轴、共轴；③ 调节载物台的三个调节螺钉，使载物台面大致水平，并轻旋载物台台面使台面上的三条线对准台面下的三个调节螺钉，如图20-4所示. 在此后的调节中，载物台由游标盘带动一起旋转，不可单独转动载物台面，以避免改变样品与台面下三个调节螺钉之间的相对位置.

（2）调节望远镜

调好望远镜是分光计调整的关键，其他的调整可以以望远镜为基准.

1）目镜调焦.

这是为了使眼睛通过目镜能清楚地看到图20-3中所示分划板上的刻线. 调焦的方法为把目镜调节手轮轻轻旋出或旋进，从目镜中观看，直到分划板刻线清晰为止.

2）调节望远镜对平行光聚焦.

这是要将分划板调到物镜焦平面上，调整方法如下：

① 把目镜照明，将双面平面镜放到载物台上. 为了便于调节，平面镜与载物台

下三个调节螺钉的相对位置如图 20-4，置于螺钉 a 和 b 的中垂线上.

② 观察与调节镜面反射像——固定望远镜，双手转动游标盘带动载物台一起旋转. 转到平面镜正好对着望远镜时，在目镜中应看到一个绿色亮"十"字（绿"十"字像）随着镜面转动而动，这就是镜面反射像. 如果像有些模糊，松开目镜筒锁紧螺钉后沿轴向移动目镜筒，直到像清晰，再旋紧螺钉，此时分划板位于望远镜物镜的后焦面上，望远镜已对平行光聚焦. 如果无法看到镜面反射像或者只能看到双平面镜其中一面的反射像，则说明望远镜和载物台的粗调有明显的偏差，此时需要再次对望远镜俯仰调节螺钉和载物台进行粗调，直到双平面镜两面的反射像都能观察到为止.

3）调节望远镜光轴垂直仪器主轴.

当镜面与望远镜光轴垂直时，它的反射像应落在目镜分划板上与下方"十"字透光窗对称的上"十"字中心，见图 20-3. 平面镜绕轴转 180° 后，如果另一镜面的反射像也落在此处，这表明镜面平行仪器主轴. 当然，此时与镜面垂直的望远镜光轴也垂直仪器主轴.

在调整过程中，如果载物台倾角或望远镜光轴没调好，所看到的反射像的位置会有不同的表现，可以通过反射像来判断应该如何调节. 例如，是调载物台？还是调望远镜？调到什么程度？下面简述之.

① 载物台倾角没调整好的表现及调整.

假设望远镜光轴已垂直仪器主轴，但载物台倾角没调好，见图 20-6. 平面镜 A 面反射光偏上，载物台转 180° 后，B 面反射光偏下. 在目镜中看到的现象是 A 面反射像在 B 面反射像的上方. 显然，调整方法是调节载物台调节螺钉 a 或 b 把 B 面反射像（或 A 面反射像）向上（向下）调到两像点距离的一半，使 A 和 B 面反射像落在分划板上同一高度处.

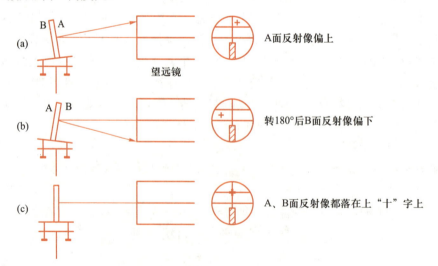

图 20-6　载物台倾角没调整好的表现及调整原理

② 望远镜光轴没调好的表现及调整.

假设载物台已调好，但望远镜光轴不垂直仪器主轴，见图 20-7. 在图 20-7（a）

中，无论平面镜 A 面还是 B 面，反射光都偏上，反射像落在分划板上"十"字的上方. 在图 20-7（b）中，镜面反射光都偏下，反射像都落在上"十"字的下方. 显然，调整方法是只要调整望远镜仰角调节螺钉（12），把像调到上"十"字上即可，见图 20-7（c）.

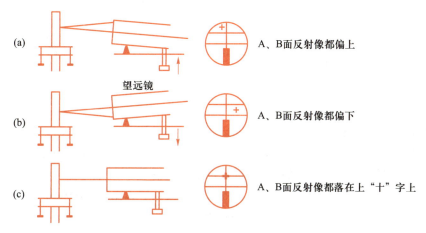

图 20-7　望远镜光轴没调好的表现及调整原理

③ 载物台和望远镜光轴都没调好的表现和调整方法.

表现是两镜面反射像一上一下. 先调载物台调节螺钉 a 或 b，使两镜面反射像的像点等高（但像点没落在上"十"字上）；再调节望远镜仰角螺钉（12）把像调到上"十"字上，见图 20-7（c）.

对于初学者，可能难以准确判断分光计处于哪种状况，此时可采用各半调节法进行逐步逼近调节，见图 20-8. 假设调节前绿"十"字像在 A 处，目标位置为 C 处，可先调节载物台调节螺钉 a 或 b 使绿"十"字像移动至 B（A 和 C 的中点）处，再调节望远镜仰角螺钉（12）使绿"十"字像移动到 C 处. 旋转游标盘 180°，使平面反射镜另一面对准望远镜，找到绿"十"字像，采用同样的方法进行调节. 如此反复几次，则反射镜正反两个面反射的绿"十"字像都与分划板上"十"字叉丝即 C 处重合，此时望远镜光轴与仪器主轴垂直. 此后望远镜仰角螺钉不可再调节.

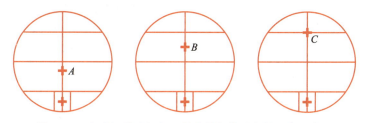

图 20-8　各半调节法调望远镜光轴与仪器主轴垂直示意图

（3）调节平行光管

1）调节平行光管产生平行光.

将被照明的狭缝调到平行光管物镜焦平面上，物镜将出射平行光. 调整方法如下：取下平面反射镜，平行光管狭缝对准光源，望远镜对准平行光管，在望远镜目镜中观察狭缝像，松开狭缝锁紧螺钉后沿轴向前后移动狭缝筒，使狭缝像最清晰，并与分划板刻线无视差。此时平行光管出射平行光，见图 20-9（a）。

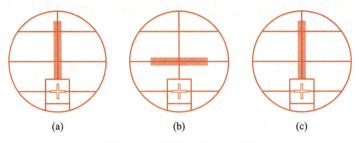

图 20-9　平行光管调整示意图

2）调节平行光管光轴垂直仪器主轴。

旋转狭缝使狭缝像水平，调节平行光管俯仰螺钉，使狭缝像与分划板中心横线重合，此时平行光管与望远镜共轴，所以也垂直仪器主轴，见图 20-9（b）。再将狭缝调成竖直，确保狭缝像清晰后锁紧狭缝装置锁紧螺钉，见图 20-9（c）。

3. 用最小偏向角法测三棱镜材料的折射率

一束单色光以 i_1 角入射到 AB 面上，经棱镜两次折射后，从 AC 面折射出来，出射角为 i_2'，见图 20-10。入射光和出射光之间的夹角 δ 称为偏向角。当棱镜顶角 A 一定时，偏向角 δ 的大小随入射角 i_1 的变化而变化。可以证明当 $i_1 = i_2'$ 时 δ 为最小。这时的偏向角称为最小偏向角，记为 $\delta_{\min}$。

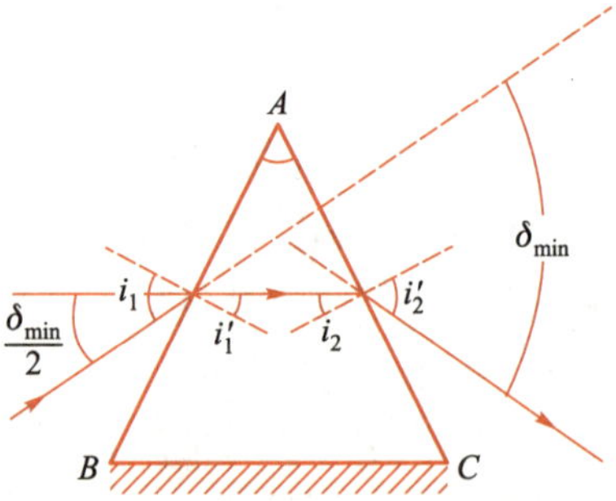

由图 20-10 中可以看出，这时

$$i_1' = \frac{A}{2}$$

图 20-10　最小偏向角原理图

$$\frac{\delta_{\min}}{2} = i_1 - i_1' = i_1 - \frac{A}{2} \tag{20-1}$$

$$i_1 = \frac{1}{2}(\delta_{\min} + A)$$

设棱镜材料折射率为 n，则

$$\sin i_1 = n \sin i_1' = n \sin \frac{A}{2}$$

故

$$n = \frac{\sin i_1}{\sin \dfrac{A}{2}} = \frac{\sin \dfrac{\delta_{\min} + A}{2}}{\sin \dfrac{A}{2}} \tag{20-2}$$

由此可知，要求得棱镜材料的折射率 n，必须测出其顶角 A 和最小偏向角 $\delta_{\min}$。

4. 三棱镜的色散及柯西色散公式

（1）三棱镜的色散

1672 年牛顿首先利用三棱镜将太阳光分解为彩色光带。让一束白光以一定角度从三棱镜侧面入射，由于不同颜色（频率）的光具有不同的折射率，其出射光束中不同颜色的光偏向角不同，从而使得不同颜色的光被分离开来，这种现象被称为色散。一般而言，光的频率越高，介质对这种光的折射率就越大。在可见光中，紫光的频率最高，红光频率最低。当白光通过三棱镜时，三棱镜对紫光的折射率最大，紫光的偏折程度最大，红光偏折程度最小，见图 20-11。被色散开的单色光按波长（或频率）大小而依次排列的图案称为光谱。

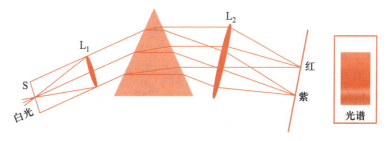

图 20-11　三棱镜的色散

（2）柯西色散公式

1836 年柯西发现材料的折射率和波长的关系，可以用一个经验公式表示：

$$n(\lambda) = a + \frac{b}{\lambda^2} + \frac{c}{\lambda^4} \tag{20-3}$$

其中，a、b、c 是和材料有关的常量。实验上测量出材料对三个不同波长谱线的折射率，代入柯西色散公式可得到三个联立方程式，解这组联立方程式就可以得到该材料的三个柯西色散系数，从而计算出其他波长下的折射率。

实验装置

分光计、双平面反射镜、三棱镜、汞灯、挡光板、钠灯、光栅等。

实验内容

1. 基础内容

（1）调整分光计（要求与调整方法见原理部分）

（2）使三棱镜光学侧面垂直望远镜光轴

1）调节载物台调节螺钉 c 使其高度与 a、b 一致，保证载物台大致水平。将三棱镜放到载物台上，使棱镜的三个顶角分别对准载物台面下三个调节螺钉，见图 20-12（a）。

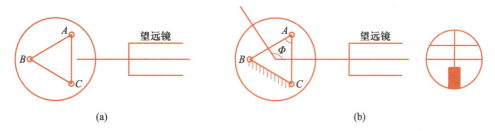

(a)　　　　　　　　　　　　(b)

图 20-12　用三棱镜调载物台平面与仪器主轴垂直示意图

2）打开目镜照明光源，用挡光板遮住狭缝．转动游标盘，在望远镜中观察三棱镜侧面 AB 和 AC 反射回来的绿"十"字像．如果 AB 面反射的绿"十"字像与分划板上"十"字不重合，只调 C 角处的螺钉使之重合；如果 AC 面反射的绿"十"字像与分划板上"十"字不重合，只调 B 角处的螺钉使之重合；如此反复几次，直至 AB 和 AC 面反射的绿"十"字像都与上"十"字重合（切勿调节望远镜俯仰螺钉）．此时该三棱镜的主截面垂直仪器主轴，可认为载物台平面垂直仪器主轴．

注意：每个螺钉的调节都要轻微；三棱镜侧面反射的绿"十"字像亮度较低，观察时需要仔细，在较暗的环境中更容易观察清楚．

（3）测量三棱镜顶角 A

测量的过程中三棱镜位置要保持不动．对两个游标作一适当标记，分别称游标 1 和游标 2，切记勿颠倒．旋紧刻度盘下螺钉（15、16），望远镜和刻度盘固定不动．转动游标盘，使棱镜 AC 面正对望远镜，见图 20-12（b）．记下游标 1 的读数 θ_1 和游标 2 的读数 θ_2．再转动游标盘，使 AB 面正对望远镜，记下游标 1 的读数 θ_1' 和游标 2 的读数 θ_2'．两次读数之差即是载物台转过的角度 $\Phi = \dfrac{1}{2}(\,|\,\theta_1 - \theta_1'\,| + |\,\theta_2 - \theta_2'\,|\,)$，而 Φ 是 A 角的补角．

$$A = \pi - \Phi = \pi - \frac{1}{2}(\,|\,\theta_1 - \theta_1'\,| + |\,\theta_2 - \theta_2'\,|\,)$$

2. 提升内容

测量三棱镜的最小偏向角．

（1）平行光管狭缝对准汞灯光源．狭缝宽度调节到 1 mm 左右为宜，宽了测量误差大，窄了光通量小．

（2）旋松望远镜制动螺钉（16）和游标盘制动螺钉（23），把载物台及望远镜转至如图 20-13 中所示的位置（1）处，再左右微微转动望远镜，找出棱镜出射的各种颜色汞灯光谱线（各种波长的狭缝像）．

（3）轻轻转动游标盘带动载物台转动（改变入射角 i_1），在望远镜中将看到谱线跟着动．改变 i_1，应使谱线往 δ 减小的方向移动（向顶角 A 方向移动）．望远镜要跟踪光谱线转动，直到棱镜继续原方向转动，而谱线开始要反向移动（即偏向角反而变大）为止．这个反向移动的转折位置，就是光线以最小偏向角出射的方向．锁紧游标盘制动螺钉（23），调节望远镜微调螺钉（14）使其分划板上的中心竖线对准其中的那条绿谱线（波长为 546.1 nm）．

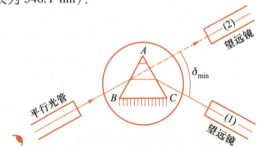

图 20-13　测最小偏向角方法

（4）测量．记下此时两游标处的读数 θ_1 和 θ_2，取下三棱镜（载物台保持不动），转动望远镜对准平行光管，即图 20-13 中（2）的位置，以确定入射光的方向，再记下两游标处的读数 θ_1' 和 θ_2'．此时绿谱线的最小偏向角

$$\delta_{\min} = \frac{1}{2}(\,|\,\theta_1 - \theta_1'\,| + |\,\theta_2 - \theta_2'\,|\,)$$

将 $\delta_{\min}$ 值和测得的顶角 A 值代入式（20-2）计算折射率 n 及其不确定度．

3. 进阶内容

测量三棱镜材料的色散．

除已经测得的汞灯绿色谱线外，再测量汞灯其他谱线（比如：435.8 nm 紫色谱线，577.0 nm 和 579.0 nm 黄色双线）的最小偏向角，或测量钠灯、氢灯等其他光源谱线的最小偏向角，并求出相应的折射率．利用所测得不同波长谱线的折射率和式（20-3），求出三棱镜材料的柯西色散系数．

4. 高阶内容

（1）利用分光计测量光栅常量

测量光栅对波长已知谱线（汞灯 546.1 nm 绿色谱线）的衍射角，根据光栅方程求光栅常量．

（2）利用分光计观测光源的光谱

以三棱镜或光栅为色散元件，利用分光计观察和比较不同种类光源（比如汞灯、钠灯、智能手机的闪光灯或显示屏等）的光谱结构，测量谱线的波长．

思考题

1. 预习思考题

（1）在分光计调整时，望远镜和平行光管分别要达到怎样的要求？调节过程中如何判断已达到该要求？

（2）将双面平面镜放到载物台上时，对放置的位置有什么要求？这样放置有什么好处？

（3）将三棱镜放到载物台上时，对放置的位置有什么要求？这样放置有什么好处？

2. 实验过程思考题

（1）当双面平面镜正反两个面反射的绿"十"字像都能与分划板上"十"字叉丝重合时，是否能保证载物台平面与仪器主轴垂直？

（2）若三棱镜两个光学侧面所反射的绿"十"字像都与上"十"字叉丝重合，表明什么？此时若将三棱镜镜取下后，重新放到载物台上（放的位置与拿下前的位置不同），发现三棱镜两光学面所反射的绿十字像偏离了上"十"字叉丝处，这是为什么？

（3）在寻找最小偏向角的过程中，可以发现在处于最小偏向角附近时偏向角对入射角的大小变化不敏感，这会降低最小偏向角的测量精度吗？为什么？

3. 实验报告思考题

平面反射镜正反两面反射的十字像分别在叉丝上方 $3a$ 处和下方 a 处，试作图分析，提出能迅速使望远镜光轴与仪器主轴垂直的调节方法．

参考资料

实验21 透镜参量的测量

透镜是使用最广泛的一种光学元件，由对工作波段透明的材料（如光学玻璃、熔石英、水晶、塑料等）制成，一般由两个或两个以上共轴的折射表面组成。仅有两个折射面的透镜称单透镜，由两个以上折射面组成的透镜称组合透镜。多数单透镜的两个折射曲面都是球面或一面是球面而另一面是平面，故称其为球面透镜，它可分为凸透镜、凹透镜两大类，每类又有双凸（凹）、平凸（凹）、弯凸（凹）三种。两个折射面有一个不是球面（也不是平面）的透镜称为非球面透镜，它包括柱面透镜、抛物面透镜等。根据厚度的差异，透镜可分为薄透镜和厚透镜。过透镜两表面曲率中心的直线称为透镜的主轴。透镜两表面在其主轴上的间隔与球面的曲率半径相比不能忽略的，称为厚透镜；若可略去不计，则称其为薄透镜。实验室中常用的透镜大多为薄透镜。根据聚光性能的差异，透镜又可分为会聚透镜和发散透镜两种。人眼也是一种透镜系统，我们正是通过这一对透镜系统来观看周围世界的。透镜及各种透镜的组合系统可形成放大的或缩小的实像及虚像。利用透镜既可以组合成望远镜观察遥远宇宙中星体的运行情况，也可以组合成显微镜观察肉眼看不见的微观世界。描述透镜的参量有许多，其中最重要、最常用的参量是透镜的焦距。透镜的另一个重要参量就是像差，它决定着透镜成像的质量。如果测得透镜的像差，就可以以一定的方法来消除像差提高成像质量。

🔍 实验目的

本实验相关资源

1. 了解凸透镜、凹透镜等常用透镜的基本参量。
2. 理解薄透镜成像的原理及规律。
3. 掌握测量薄透镜焦距的基本方法。
4. 观察和测量透镜的球差、色差。
5. 模拟人眼的近视和远视并校正。

✍ 实验原理

1. 符号规定

为了得到几何光学的一个普遍公式，必须要有一个统一的符号规定，我们的符号规定以光线进行方向作为依据：顺光线方向为正，逆光线方向为负。如按常例取入射光的方向是从左至右或从下至上，则线段由左至右为正，由下至上为正，反之为负。至于线段的起点，在高斯成像公式中都是从光心 O 和光轴上的起点算起。图21-1所示是一个凸透镜成像的例子，从光心 O 算起则 p 和 f 都是负的，y、f' 和 p' 是正的。物 AB 是正的，像 $A'B'$ 是负的。为使图中线段的值是正的，须在 y'、f 和 p 前加上负号。

2. 高斯成像公式

在近轴条件下高斯成像公式成立，设 p 为物距，p' 为像距，物方焦距（也称前焦距）为 f，像方焦距（也称后焦距）为 f' 则有：

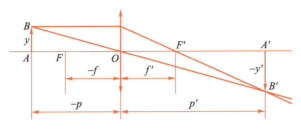

图 21-1　几何光学的符号规定

$$\frac{f'}{p'}+\frac{f}{p}=1 \tag{21-1}$$

由于在空气中 $f=-f'$，高斯成像公式变成

$$\frac{1}{p'}-\frac{1}{p}=\frac{1}{f'} \tag{21-2}$$

3. 测凸透镜焦距

（1）用直接法测焦距

平行光经凸透镜后会聚成一点，如图 21-2 所示. 测得透镜中心和会聚点的位置 x_1、x_2，就可测得该透镜的焦距（像方焦距）

$$f'=\left| x_2-x_1 \right| \tag{21-3}$$

（2）用平面镜反射法（也称自准直法）测焦距

如图 21-3 所示，位于焦点 F 上的物所发出的光经过透镜变成平行光. 再经平面镜 M 反射后可在物屏上得到清晰的倒立像.

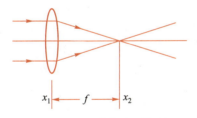

图 21-2　用直接法测焦距

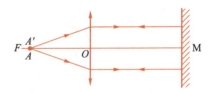

图 21-3　用平面镜反射法测凸透镜焦距

（3）用公式法测焦距

固定透镜，将物放在距透镜一倍以上焦距处，在透镜的像方某处会获得一清晰的像，如图 21-1 所示，图中 p、p' 分别对应物距、像距. p、p' 不仅有大小，还有正负. 正负遵守符号法则，物距、像距分别为自透镜中心处至物、像间的距离.

在近轴条件下，根据物像公式（21-2）可以测得透镜的焦距.

（4）用位移法测焦距

当物距在一倍焦距和二倍焦距之间时，在像方可以获得一放大的实像，物距大于二倍焦距时，可以得到一缩小的实像. 当物和屏之间的距离 L 大于 $4f$ 时，固定物和屏，移动透镜至 C、D 处（见图 21-4），在像屏上可分别获得放大和缩小的实像. C、D 间距离为 l，通过物像公式，可得

$$f=\frac{L^2-l^2}{4L} \tag{21-4}$$

通过式（21-4），只要测得 L、l，即可获得焦距 f.

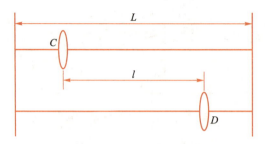

图 21-4　用位移法测凸透镜的焦距

4. 用辅助透镜法测凹透镜的焦距

凹透镜是发散透镜，对实物仅能成虚像，而虚像不能用像屏接收，这样无法直接用物成像的方法来计算焦距，但可利用辅助凸透镜成的像作为凹透镜的物，再产生一个实像. 利用物像公式可以计算出凹透镜的焦距，注意凹透镜的物、像焦距的符号及物距、像距的符号. 此时利用下式

$$\frac{1}{p'}-\frac{1}{p}=\frac{1}{f'} \qquad (21-5)$$

可以计算出凹透镜的焦距. 注意凹透镜的像方焦点在物空间，物方焦点在像空间. 实验中应使凹透镜成像的物距、像距皆为正，才能用屏接收到实像，如图 21-5 所示.

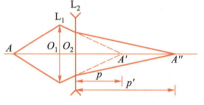

图 21-5　用辅助透镜法测凹透镜焦距

5. 人眼光学系统

人眼的解剖学结构如图 21-6 所示，人眼的最外部是一层坚韧的包膜，前部是透明的角膜，晶状休将人眼分为前后两个区域. 前面的前房中充满水状液体，之后是虹膜，虹膜的中心是瞳孔，孔径可在 1.4~8 mm 间调节；后面是黏性的玻璃体，玻璃体之后是视网膜，视网膜上分布着视神经末梢. 晶状体的外观犹如一个双凸透镜，是人眼的成像元件，通过睫状体肌肉的伸缩，改变晶状体两侧球面的曲率半径，可以将不同距离的物清晰地成像于视网膜上. 因此，晶状体等效于一个可变焦距的凸透镜.

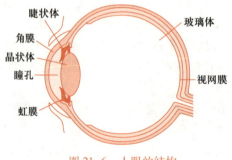

图 21-6　人眼的结构

人眼的结构可以用一个简化的光学系统来描述，如图 21-7 所示，折射球面（晶状体）的曲率半径约为 5 mm，物方焦距和像方焦距分别约为 15 mm 和 20 mm. 这种

模型称为简化眼.

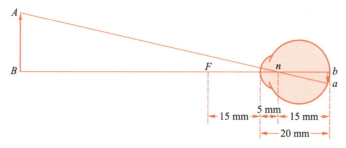

图 21-7　简化眼成像示意图

通过睫状体肌肉的伸缩调节晶状体的焦距，正常的人眼可以看清不同距离处的物体. 当睫状体肌肉松弛时，晶状体的曲率半径最大，焦距也最长，这时能够在视网膜上清晰成像的物体到人眼的距离是最远的，称为远点. 医学上，将远点在无限远处的人眼作为正视眼，正视眼的像方焦点在视网膜上.

近视就是人眼的径向变长，或角膜及晶状体的曲率半径变小，或是眼内介质折射率异常，当物体较远时所成的像在视网膜之前，如图 21-8 所示. 此时可以利用一个凹透镜来矫正.

远视就是人眼的径向变短，或角膜及晶状体的曲率半径变大，在睫状肌完全放松的状态下，无限远处的物体成像于视网膜之后. 此时可以利用一个凸透镜来进行矫正.

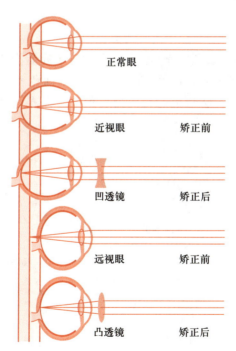

图 21-8　近远视及其矫正

6. 球差、色差

在透镜成像时，如果物方光线、像方光线与光轴的夹角都很小，所有成像的光线都临近光轴，这样的条件称为近轴条件，满足这些条件的光线称为近轴光线．在近轴条件下，透镜能近似成理想的像．但在实际应用中，为了增大视场和提高像的光照度，以至于不能满足近轴光线的条件．这时实际成像与近轴成像存在差距，即像差．像差一般分为单色像差和色像差（简称色差）．单色像差又分为球面像差（简称球差）、彗形像差（简称彗差）、像散、畸变和像场弯曲，透镜的大孔径引起前两种像差，透镜的大视场引起另几项像差．对于非单色光，因介质对不同颜色（波长）的光的折射率不同（物理上称为色散），使得不同色光成像位置不同，形成色差．本实验中主要测量球差和色差．

（1）球差

在透镜孔径较大时，从轴上一物点发出的光，照射到球面上不同位置，经折射后不再交于轴上同一点，形成球差，球差的大小与光线入射到透镜的孔径大小有关．与光轴平行的一束光照射到折射面上的最远点（该点到光心的距离表示为 h，见图 21-9），这种离轴最远的光称为离轴光线．离轴光线经折射后成像于 A 点，而近轴光线经折射后成像于 B 点，A、B 之间的距离称为纵向球差或轴向球差．若线段 AB 与光线行进方向一致，称为正球差，反之为负球差．一个物体的离轴光线和近轴光线经透镜所成像的高度差为横向球差.

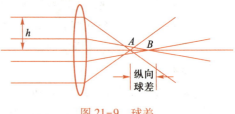

图 21-9　球差

（2）色差

由于透镜色散，不同颜色的光所成的像的大小、位置会有所不同，不同颜色光所成像之间的高度差称为横向色差，位置差称为轴向色差，设长波长光的像点为 Q'，短波长光的像为 Q''，Q' 靠近透镜时为负色差，Q'' 靠近透镜时为正色差，如图 21-10 所示.

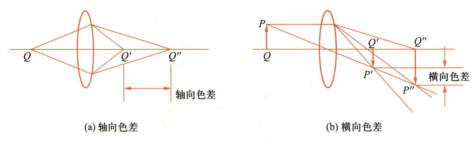

(a) 轴向色差　　　　　　　　(b) 横向色差

图 21-10　色差

![实验装置] **实验装置**

　　光源、物屏、凸透镜、凹透镜、白屏、平面镜、可调光圈、光具座及光学平台（或导轨）．

　　光源：实验中采用白光光源．一般将灯丝粗短的钨灯和凸透镜组合，使钨灯位于凸透镜的前焦面上，这样可以出射一束较亮的近似平行的光束.

物屏：实验中采用将金属屏中间加工出"1"字形的透光孔，并贴上毛玻璃，作为成像的物（"1"字屏）.

实验内容

1. 基础内容

（1）调节光源与光学元件，使它们的中心与透镜的光轴重合.调整光学元件共轴的方法可以参考附录.

（2）分别用公式法（物像距法）、位移法、自准直法（平面镜反射法）测量凸透镜的焦距.为保证等精度测量，物像距法测量过程中物屏和透镜锁定，物距保持恒定不变；位移法测量过程中物屏和像屏锁定，物像距保持恒定不变.要求对每个物理量进行 6 次测量.

2. 提升内容

（1）利用凸透镜辅助成像，测量凹透镜的焦距.

（2）设计实验方案实现自准直法测量凹透镜的焦距（需借助凸透镜辅助），画出实验光路图.根据所设计实验方案测量凹透镜的焦距.

（3）利用视差现象测量透镜焦距，测量方法可参考附录.

3. 进阶内容

（1）计算公式法、位移法、自准直法所测得物理量的不确定度，推导公式法和位移法的不确定度传递公式，计算三种方法所测得的焦距及其不确定度.比较三种方法的测量结果.

（2）模拟人眼近视和远视情况下的成像及矫正过程.

设计一个合理的实验方案模拟人眼在近视或远视情况下的成像（无法在屏上成清晰的像），并给出一个合理的矫正方案（矫正后可以在屏上成清晰的像）.画出相应实验方案的光路图，并动手实现该实验方案.

4. 高阶内容

（1）测量凸透镜的球差.

用扩束后的氦氖激光照射物体（"1"字屏），在紧靠透镜后放一个可调节光圈，以调节透过光线的孔径，移动像屏.记下近轴和离轴光线像的位置及高度，计算纵向球差和横向球差.

（2）测量凸透镜的色差.

用白光光源加不同的滤光片（作用是仅让某一波长为 λ 的光透过）以选取不同波长的光照射物体，通过调节紧挨透镜的光圈仅让近场光线通过，测得不同波长的光入射时，透镜的焦距 f，计算色差，作出 f-λ 的曲线图.

（3）设计和组装简易望远镜和显微镜.

（4）利用组装的望远镜，通过密位码实现测距.

思 考 题

1. 预习思考题

（1）做光学实验时为何要调节共轴？在本实验中如何调节共轴？

（2）如何用简单的光学方法判断一个透镜是凸透镜还是凹透镜？

（3）如何用最简单的方法粗略估计一个凸透镜的焦距？

（4）在利用公式法和位移法测凸透镜焦距时，物像屏之间的距离应满足什么要求？

2. 实验过程思考题

（1）在利用公式法和位移法测凸透镜焦距时，为什么要求物像屏之间的距离 L 略大于 $4f$？如果 L 比 $4f$ 大很多，对实验有什么影响？

（2）用自准直法测焦距时平面镜离透镜远近不同，对成像有无影响？改变平面镜的法线方向，像的位置会有什么变化？

（3）用自准直法测凸透镜焦距时，如果透镜安装在光具座上时偏离中心，对测量有什么影响？如何消除这一影响？

3. 实验报告思考题

（1）如果在"1"字屏后不加毛玻璃，对实验会有什么影响？

（2）在利用公式法和位移法测凸透镜焦距时，如果透镜安装在光具座上时偏离中心，对实验测量结果是否有影响？

（3）在用辅助透镜法测凹透镜焦距的实验中，若凹透镜在凸透镜前，能否进行？

（4）如果光路调得很好，用三种方法测量所得结果的误差之间有何关系？如果不是这样，是什么原因造成的？

（5）平凸、双凸（不等曲率）透镜的入射面不同，球差、色差会有什么变化？

参考资料

附　录

1. 光路共轴的调节

（1）粗调

目测调节．将所用的元件靠拢，使各元件的中心等高且大体上都在同一直线（即系统的光轴）上，光轴应与光学导轨平行，或与光学平台表面平行．保证各元件的平面互相平行且与光轴垂直．

（2）细调

利用透镜成像规律进行调节．以位移法测凸透镜焦距光路为例，使物到像屏的距离略大于 $4f$，观察小像，调像屏，使屏中"十"字标记与小像中心重合；观察大像，调透镜，使大像中心与屏中"十"字标记重合．如此反复几次，达到大、小像中心重合即实现了各元件的共轴．

注意共轴的调节要在竖、横两方向上进行，调节的方法一样．如果光学系统由多个透镜组成，则应先调好一个透镜的共轴并保持不动，逐个加入其余透镜逐一调节它们的光轴与原系统的光轴一致．

2. 利用视差现象测量透镜焦距

（1）视差现象

拿两支铅笔，将它们前后排成竖排，用一只眼睛去观察，当眼睛左右微动时，就会发现两支铅笔有相对位移，这种现象称为视差．有这样的规律：离眼近的笔其移动方向与眼睛移动方向相反，而离眼远的其移动方向与眼睛相同. 光学实验中常要利用视差来判断像与参考物（针尖、叉丝）或两个像是否在同一平面上，从而进行定位或测量.

（2）利用视差确定实像位置，测量透镜焦距

用针尖 1 做"物"，放置凸透镜，用眼睛观察凸透镜对针尖 1 所成的倒立的实像，当针尖 1、透镜、眼睛三者共轴时，可以看到针尖 1 倒立的实像的尖端与透镜中心是对齐的. 再用一个针尖 2 放置在针尖 1 实像的位置，调节针尖 1、透镜、针尖 2、眼睛四者共轴，观察到实像和针尖 2 尖端相对于透镜中心是对齐的，眼睛左右微动，观察视差，判断针尖 2 在实像前还是在实像后，移动针尖 2 的位置，直到无视差，此时针尖 2 的位置即针尖 1 所成实像的位置. 针尖 1 到透镜即物距，针尖 2 到透镜即像距.

用消除视差的方法既可以测凸透镜的焦距，也可以测量凹透镜的焦距.

实验 22 ___用光学法测微小几何量

利用光学方法可以对一些微小几何量进行精确的测量，如细丝的直径、微粒的直径、狭缝的宽度等，其测量精度可以达到光波长的量级，在科学研究与计量技术中有着广泛的应用. 主要测量方法分为干涉法和衍射法两种. 光的干涉现象表明了光的波动性质，不论是何种干涉，相邻干涉条纹所对应的光程差的改变都等于相干光的波长，可见光的波长虽然很小，但干涉条纹的间距以及干涉条纹的数目却是可以方便计量的. 因此，通过对干涉条纹数目或条纹移动数目的计量，可得到以光的波长为单位的光程差. 利用光的等厚干涉现象可以测量光的波长，检验表面的平面度、球面度、光洁度，精确地测量长度、角度，测量微小形变以及研究内应力的分布等. 光的衍射原理也广泛地应用于测量微小物体的大小. 用激光器作为光源，精确测量细丝直径和微粒大小及其分布，在工农业生产、环境保护以及科学研究方面非常有用，比如纺织工业上纤维直径的实时监测、工业生产中烟尘颗粒度的测量等都可以利用光的衍射方法，不仅精确度高、速度快，而且是一种非接触式的测量方法，可以应用于恶劣环境或不便利的场景中.

🔍 实验目的

本实验相关资源

1. 了解等厚干涉的原理，掌握利用牛顿环测量平凸透镜曲率半径的方法.

2. 掌握利用劈尖的等厚干涉测量细丝直径的方法.

3. 学习利用光的干涉原理检验光学元件表面几何特征.

4. 了解夫琅禾费衍射的基本原理，掌握利用衍射测量细丝和微粒直径的方法.

✒ 实验原理

1. 用牛顿环测平凸透镜的曲率半径

当曲率半径很大的平凸透镜的凸面放在一平面玻璃上时，见图 22-1，在透镜的

凸面与平面之间形成一个从接触点 O 向四周逐渐增厚的空气层. 当单色光垂直照射下来时, 从空气层上下两个表面反射的光束 1 和光束 2 在上表面相遇时产生干涉. 因为光程差相等的地方是以点 O 为中心的同心圆, 因此等厚干涉条纹也是一组以点 O 为中心的、明暗相间的同心圆, 称为牛顿环. 由于从下表面反射的光多走了两倍空气层厚度的距离, 以及从下表面反射时, 是从光疏介质到光密介质而存在半波损失, 故 1、2 两束光的光程差为

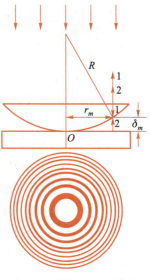

$$\Delta = 2\delta + \frac{\lambda}{2} \tag{22-1}$$

式中, λ 为入射光的波长, δ 是空气层厚度, 空气折射率 $n \approx 1$.

当光程差 Δ 为半波长的奇数倍时为暗环, 若第 m 个暗环处的空气层厚度为 δ_m, 则有

图 22-1　牛顿环干涉条纹

$$\Delta = 2\delta_m + \frac{\lambda}{2} = (2m+1)\frac{\lambda}{2} \quad (m=0,1,2,3,\cdots)$$

$$\delta_m = m \cdot \frac{\lambda}{2} \tag{22-2}$$

由图 22-1 中的几何关系 $R^2 = r_m^2 + (R-\delta_m)^2$, 以及一般空气层厚度远小于所使用的平凸透镜的曲率半径 R, 即 $\delta_m \ll R$, 可得

$$\delta_m = \frac{r_m^2}{2R} \tag{22-3}$$

式中, r_m 是第 m 级暗环的半径. 由式 (22-2) 和式 (22-3) 可得

$$r_m^2 = mR\lambda \tag{22-4}$$

可见, 我们若测得第 m 级暗环的半径 r_m 便可由已知 λ 求 R, 或者由已知 R 求 λ 了. 但是, 由于玻璃接触处受压, 会引起局部的弹性形变, 使透镜凸面与平面玻璃不可能很理想地只以一个点相接触, 所以圆心位置很难确定, 环的半径 r_m 也就不易测准. 同时因玻璃表面的不洁净所引入的附加光程差, 使实验中看到的干涉级次并不代表真正的干涉级次 m. 为此, 我们将式 (22-4) 作一变换, 将式中半径 r_m 换成直径 D_m, 则有

$$D_m^2 = 4mR\lambda \tag{22-5}$$

对第 $m+n$ 级暗环有

$$D_{m+n}^2 = 4(m+n)R\lambda \tag{22-6}$$

将式 (22-5) 和式 (22-6) 相减, 再展开整理后有

$$R = \frac{D_{m+n}^2 - D_m^2}{4n\lambda} \tag{22-7}$$

可见, 如果我们测得第 m 级暗环及第 $(m+n)$ 级暗环的直径 D_m、D_{m+n}, 就可由式 (22-7) 计算透镜的曲率半径 R.

经过上述的公式变换，避开了难测的量 r_m 和 m，从而提高了测量的精度，这是物理实验中常采用的方法.

2. 利用劈尖的等厚干涉测细丝直径

两片叠在一起的玻璃片，在它们的一端夹一直径待测的细丝，于是两玻璃片之间形成一空气劈尖，如图 22-2 所示.当用单色光垂直照射时，如前所述，会产生干涉现象.因为光程差相等的地方是平行于两玻璃片交线的直线，所以等厚干涉条纹是一组明暗相间、平行于交线的直线.

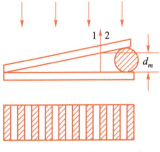

图 22-2　劈尖的等厚干涉条纹

设入射光波为 λ，则由式（22-2）得第 m 级暗条纹处空气劈尖的厚度

$$d = m\frac{\lambda}{2} \qquad (22\text{-}8)$$

由式（22-8）可知，$m = 0$ 时，$d = 0$，即在两玻璃片交线处，为 0 级暗条纹.如果在细丝处呈现 $m = N$ 级暗条纹，则待测细丝直径 $d = N \cdot \dfrac{\lambda}{2}$.

3. 利用干涉条纹检验光学表面面形

检查光学平面的方法通常是将光学样板（平面平晶）放在被测平面之上，在样板的标准平面与待测平面之间形成一个空气薄膜.当单色光垂直照射时，通过观测空气膜上的等厚干涉条纹即可判断被测光学表面的面形.平晶表面的不平度优于十分之一可见光波长，在我们的实验中可视为理想平面.

（1）待测表面是平面

两表面一端夹一极薄垫片，形成一楔形空气膜，如果干涉条纹是等距离的平行直条纹，则被测平面是精确的平面，见图 22-3（a），如果干涉条纹如图 22-3（b）所示，则表明待测表面中心沿 AB 方向有一柱面形凹痕.因为凹痕处的空气膜的厚度较其两侧平面部分厚，所以干涉条纹在凹痕处弯向膜层较薄的 A 端.

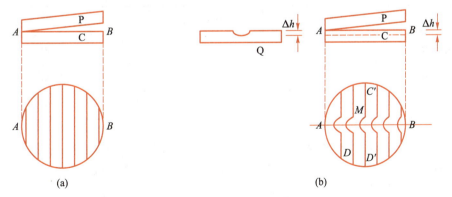

(a)　　　　　　　　　　　　(b)

图 22-3　平面面形的干涉条纹

（2）待测表面呈微凸球面或微凹球面

将待测物表面接触平面平晶，可看到同心圆环状的干涉条纹，参见图 22-4.用

手指轻按待测物表面中心部位，如果干涉圆环向中心收缩，表明面形是凹面；如果干涉圆环从中心向边缘扩散，则面形是凸面. 这种现象可解释为：当手指向下按时，空气膜变薄，各级干涉条纹要发生移动，以满足式（22-2）.

 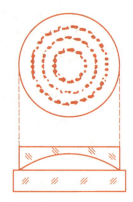

图 22-4　球面面形的干涉条纹

4. 用衍射法测量狭缝宽度或细丝直径

当一束平行光入射到狭缝上时，这束光将被衍射. 根据夫琅禾费衍射原理可以知道，狭缝的夫琅禾费衍射的光强分布为

$$I = I_0 \frac{\sin^2\left(\dfrac{\pi b}{\lambda}\sin\theta\right)}{\left(\dfrac{\pi b}{\lambda}\sin\theta\right)^2}$$

其中，I_0 为衍射的中央主极大值，λ 为光的波长，b 是狭缝的宽度，$\sin\theta = s/f$，s 是夫琅禾费衍射平面上观察点距光轴的距离，f 是透镜的焦距或狭缝到观察屏的距离. 光强在中心有极大值，其余部分光强随其距光轴的距离的增大以振荡的方式迅速减小. 表 22-1 所示为极大值和极小值的位置关系和极大值的相对强度（设中央主极大值强度为 1）.

表 22-1　狭缝或细丝衍射的极大和极小值

	极大值位置（$bs/\lambda f$）	极大值相对强度	极小值位置（$bs/\lambda f$）
第 1 级	1.43	0.047 2	1.00
第 2 级	2.46	0.016 5	2.00
第 3 级	3.47	0.008 3	3.00

因此，只要测定极大值或极小值的位置就可以求出相应狭缝的宽度或细丝的直径（根据巴比涅原理，除了中心附近，互补衍射物体的衍射光强分布相同，所以可以按照狭缝衍射的光强分布公式来确定细丝直径）.

5. 衍射法测量微粒直径

当一束平行光入射到圆孔或圆盘上时，这束光将被吸收、散射或透射. 对于任意大小的微粒，严格的理论是洛伦兹–米氏（Lorenz–Mie）理论，但它的解过于复杂, 也不能给出一般光学测量结果与微粒大小之间的一个简单的关系, 只有在几种极限情况下, 才有比较简单的关系. 微粒的直径 D 远小于波长时为瑞利散射, D 大于波长十倍至百倍时为衍射散射, 特别大的粒子则需要用几何光学方法研究其散射问题.

当测量的微粒大小在衍射散射问题的范围内时, 由光学原理可以知道, 一个圆形微粒的夫琅禾费衍射光强分布为

$$I(\theta) = I_0 \left[\frac{2J_1(kR\sin\theta)}{kR\sin\theta} \right]^2$$

其中, I_0 为衍射的中央主极大值, J_1 为贝塞尔函数, $k = 2\pi/\lambda$, R 是微粒的半径, $\sin\theta = s/f$, s 是夫琅禾费衍射平面上观察点距光轴的距离, f 是透镜的焦距或衍射距离. 光强在中心有极大值, 其余部分光强随其距光轴距离的增大以振荡的方式减小. 第二个最大值位置满足方程

$$\frac{\mathrm{d}}{\mathrm{d}x} \left[\frac{J_1(x)}{x} \right] = 0$$

由贝塞尔函数的性质

$$\frac{\mathrm{d}}{\mathrm{d}x} \left[x^{-n} J_n(x) \right] = -x^{-n} J_{n+1}(x)$$

故衍射光强的极大值由 $J_2(x) = 0$ 来决定. 极小值由 $J_1(x) = 0$ 来决定. 表 22-2 所示为极大值和极小值的位置关系和最大值的相对强度 (设中央主极大值为 1).

表 22-2　圆孔衍射的极大和极小值

	极大值位置 $(Rs/\lambda f)$	极大值相对强度	极小值位置 $(Rs/\lambda f)$
第 1 级	0.819	0.017 5	0.610
第 2 级	1.333	0.004 2	1.116
第 3 级	1.874	0.001 6	1.619

因此, 只要测定极大值或极小值的位置就可以求出相应微粒的直径.

实验装置

1. 用干涉法测微小几何量

读数显微镜、钠灯 (钠黄光的谱线为双线, 其波长 λ 分别为 589.0 nm 和 589.6 nm, 平均波长为 589.3 nm)、牛顿环仪、制作劈尖的玻璃片、直径待测的细丝. 实验测量光路如图 22-5 所示.

2. 用衍射法测微小几何量

氦氖激光器 (波长 λ 为 632.8 nm)、双偏振片光强调节器、光学导轨、衍射元件 (狭缝、细丝、小孔等)、CMOS 相机 (带十字标尺)、一维精密位移台、显示屏. 实验测量光路如图 22-6 所示.

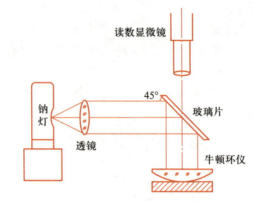

图 22-5　观测牛顿环实验装置光路图

1—氦氖激光器；2—双偏振片光强调节器；

3—衍射元件（狭缝等）；4—CMOS 相机；5——维精密位移台.

图 22-6　衍射法测微小几何量光路图

实验内容

1. 基础内容

测平凸透镜的曲率半径.

（1）观察牛顿环

按照图 22-5 所示的光路调整好仪器的位置. 调节玻璃片角度，使读数显微镜目镜中的视场最亮. 通过目镜调焦使目镜视场中的十字叉丝清晰. 使显微镜筒下降到接近待测物，然后缓慢上升，直到观察到干涉条纹；再微调玻璃片角度及显微镜，使条纹更清楚. 读数显微镜的详细使用方法可参考附录中的说明.

（2）测牛顿环直径

使显微镜的十字叉丝交点与牛顿环中心重合，并使水平方向的叉丝与标尺平行（与显微镜筒移动方向平行）.

转动显微镜测微鼓轮，使显微镜筒沿一个方向移动，同时数出十字叉丝竖丝移过的暗环数，直到竖丝与第 35 环相切为止.

反向转动鼓轮，当竖丝与第 30 环相切时，记录读数显微镜上的位置读数 d_{30}，然后继续转动鼓轮，使竖丝依次与第 25、第 20、第 15、第 10、第 5 环相切，顺次记下读数 d_{25}、d_{20}、d_{15}、d_{10}、d_5.

继续转动鼓轮，越过干涉圆环中心，记下竖丝依次与另一边的第 5、第 10、第 15、第 20、第 25、第 30 环相切时的读数 d'_5、d'_{10}、d'_{15}、d'_{20}、d'_{25}、d'_{30}.

两次将牛顿环装置转过 120°，重复上述测量，以消除系统误差.

（3）处理数据

第 i 级干涉环的直径为 $D_i = |d_i - d_i'|$，先求出其平均值. 利用式（22-7）计算平凸透镜的曲率半径 R，取 $n = 15$，求出 $\overline{D_{m+15}^2 - D_m^2}$，计算 R 及其不确定度. 实验中测量数据及计算的中间数据较多，合理利用表格使报告更精练.

2. 提升内容

测细丝直径.

（1）观察干涉条纹

将直径待测的细丝夹在两块玻璃片的一端形成一个劈尖，将劈尖放在曾放置牛顿环的位置，同前法调节，观察到干涉条纹，使条纹最清晰.

（2）测量

调整显微镜及劈尖的位置，当转动测微鼓轮使镜筒移动时，十字叉丝的竖丝要保持与条纹平行.

在劈尖玻璃面的三个不同部位，分别测出 20 条暗条纹的总宽度 Δl. 测劈尖两玻璃片交线处到夹细丝处的总长度 L 三次.

（3）处理数据

计算 Δl 的平均值及单位长度的干涉条纹数 $n = \dfrac{20}{\Delta l}$. 求劈尖总长度 L 的平均值. 利用式（22-8）求细丝直径.

$$d = N \cdot \frac{\lambda}{2} = L \cdot n \frac{\lambda}{2} = L \cdot \frac{20}{\Delta l} \cdot \frac{\lambda}{2}$$

3. 进阶内容

（1）衍射法测狭缝宽度或细丝直径

利用 CMOS 相机所带的十字标尺和一维精密位移台，记录衍射各级暗条纹中心所在的位置. 测量狭缝到 CMOS 相机之间的距离 f. 根据所测得暗条纹中心位置距光轴的距离 s 和 f 计算狭缝的宽度.

（2）检查玻璃表面面形并作定性分析

在标准表面和受检表面正式接触前，必须先用酒精清洗，再用抗静电的小刷子把清洗之后残余的灰尘小粒刷去. 平面平晶放在黑绒上，标准表面朝上，再轻轻放上待测玻璃，受检表面要朝下. 在单色光源或水银灯垂直照射下观察干涉条纹的形状，判断被检表面的面形. 如果看不到干涉条纹，主要原因是两接触表面不清洁，还附有灰尘微粒所至，应再进行清洁处理. 平面平晶属高精度光学元件，注意使用规则.

4. 高阶内容

衍射法测微粒直径.

设计实验方案测量透明溶液中微粒的直径，选择合适的微粒和溶液，考虑微粒大小、浓度、形状和透明度对实验的影响.

1. 预习思考题

（1）牛顿环和劈尖干涉都属于等厚干涉，但产生的干涉条纹却完全不同，它们的干涉条纹分别有什么特征？

（2）实验中所用的钠黄光单色光源实际上包含波长为 589.0 nm 和 589.6 nm 的两条谱线，干涉条纹的对比度随着光程差的增加会发生什么样的变化？

2. 实验过程思考题

（1）在测量牛顿环直径时，如何避免回程差的影响？

（2）制作劈尖时，为了使测量更精确，劈尖的长度应该尽量长还是短？对测量有什么影响？

（3）观察劈尖的干涉条纹，条纹对比度在劈尖厚度不同区域有什么变化？应该选择在光程差小还是大的区域进行测量？为什么？

3. 实验报告思考题

（1）参见图 22-7，从空气膜上下表面反射的光线相遇在 D 处发生相干，其光程差为

$$\Delta = AB + BC + CD - AD + \frac{\lambda}{2}$$

为什么式（22-1）写为 $\Delta = 2\delta + \frac{\lambda}{2}$？

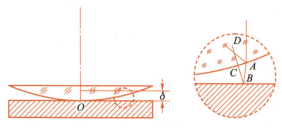

图 22-7 相干光的光程差

（2）牛顿环的中心级次是多少？是亮斑还是暗斑？你实验用的牛顿环中心是亮的还是暗的？为什么？

（3）为什么说牛顿环和劈尖干涉实验中测量的干涉条纹数越多，测量的精度越高？

参考资料

附 录   读数显微镜的使用

读数显微镜由长焦距显微镜和可移动的读数系统组成（图 22-8）．显微镜目镜内有叉丝作为读数的标志，使用前须调节目镜看清叉丝．读数显微镜的工作物距约为 40 mm．读数主尺最小分度 1 mm，副尺（测微鼓轮）转动一周，镜筒在主尺上移动 1 mm，副尺上有 100 分度，最小分度即 0.01 mm，读数结果末位再估读一位，主尺和副尺的读数之和就是测量的数值大小．

使用读数显微镜时应将待测物放在物镜正下方，双手转动调焦手轮使物镜慢慢

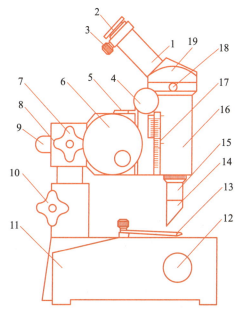

1—目镜接筒；2—目镜；3—锁紧螺钉；4—调焦手轮；
5—标尺；6—测微鼓轮；7—锁紧手轮Ⅰ；8—接头轴；
9—方轴；10—锁紧手轮Ⅱ；11—底座；12—反光镜旋轮；
13—压片；14—半反镜组；15—物镜组；16—镜筒；
17—刻尺；18—锁紧螺钉；19—棱镜室.

图 22-8　读数显微镜结构图

靠近待测物而不接触（眼睛从旁监视），然后通过目镜观察，这时镜筒只能朝上调，直至看到清晰像. 注意，不能往下调焦，以免物镜镜头压到待测物体.

使用读数显微镜进行测量时，镜筒只能朝一方向移动，否则存在螺纹间隙造成的空程误差. 使用读数显微镜进行测量时，若镜筒移动到标尺尽头，还继续转动副尺，会使副尺的固定螺钉脱落，所以应选择合适的镜筒起始位置.

实验 23__光速的测量

1889 年，鲁道夫·赫兹（Rudolf Hertz）指出光是一种电磁波，狭义相对论指出，无论在何种惯性系中观察，光在真空中的传播速度都是一个常量. 在 1983 年 10 月召开的第十七届国际计量大会上，通过了现行"米"的定义：米是"光在真空中 1/299 792 458 s 的时间间隔内所行进路程的长度"，可见光速的测定具有重要意义.

光速测量有几百年的历史. 伽利略（Galileo）最早尝试测量光速，1676 年奥勒·罗默（Ole Rømer）使用望远镜研究木星卫星的运动，采用天文法学的方法，第一次定量地估算出光速. 1849 年，阿曼德·斐索（A.H.L.Fizeau）用旋转齿轮法测出光速为 3.153×10^8 m/s. 后来傅科（J.Foucault）将旋转齿轮改进为旋转棱镜，更准确地测量出了光速. 随着现代电子学的发展，1950 年路易斯埃森（Louis Essen）利用空腔共振确定了（299 792.5±1）km/s，1972 年美国国家标准局确定了真空中的光速为

$(299\ 792\ 456.2 \pm 1.1)\ \text{m/s}^{[4-6]}$.

科学家们不断尝试更先进的测量手段，希望能更准确地测量真空中的光速.

本实验相关资源

实验目的

1. 了解光速测量的基本方法.

2. 掌握光强调制法测量光速，了解和掌握光调制的一般性原理和基本技术.

3. 学会不同液体中光速的测量方法.

实验原理

1. 光强调制法测量光速

波长 λ 是一个传播周期内振动传播的距离. 波的频率 f 是 1 s 内发生了多少次周期振动，用波长乘频率得 1 s 内波传播的距离，即波速

$$v = f \cdot \lambda \qquad (23-1)$$

利用这种方法，很容易测得声波的传播速度. 但是光的频率高达 10^{14} Hz，目前的光电接收器中无法响应频率如此高的光强变化，迄今仅能响应频率在 10^8 Hz 左右的光强变化.

（1）光强调制法的原理[3]（图 23-1）

如果直接测量河中水流的速度有困难，可以以一定的时间间隔向河中投放小木块，再测量出相邻两小木块间的距离，就可以算出水流的速度来.

周期性地向河中投放小木块，为的是在水流上作一特殊标记. 我们也可以在光波上一些特殊标记，称作"调制". 调制波的频率可以比光波的频率低很多，可以用常规器件来接收. 与木块的移动速度就是水流流动的速度一样，调制波的传播速度就是光波传播的速度. 光强调制的方法就是调制光的强度. 调制波的频率可以用频率计精确测定，所以测量光速就转化为如何测量调制波的波长，然后利用式（23-1）即可计算光传播的速度了.

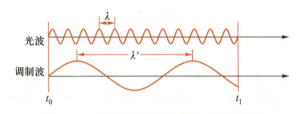

图 23-1　光强调制法测量光速的基本原理

（2）利用相位差测调制波的波长

对激光光束的强度进行 $f = 100$ MHz 的高频调制，将调制后的光分为两路，一路接入示波器的 CH1 通道，另一路从出射孔射出，经导轨小车上的两个 45° 角反射镜反射后进入到接收孔，再接入示波器的 CH2 通道. 在 X-Y 模式下观察 CH1 和 CH2 的信号，可以发现一般情况下，李萨如图形是一个椭圆. 将载有反射镜的小车向前移动，由于光程差发生改变，CH1 信号和 CH2 信号的相位差也不断变化，当两个信号之间的相位差是 0 或者 π 的时候，图形变为一条直线，相位差为 0 时，直线位于

第一、第三象限，相位差为 π 时直线位于第二、第四象限.

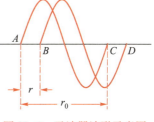

图 23-2　示波器波形示意图

选取 CH1 和 CH2 信号重合时作为初始时刻，移动棱镜小车，当小车移动距离 D 时，记下 CH2 信号在示波器上移动的格数，如图 23-2 所示，利用相位差 $\Delta\varphi$ 可以计算出调制波的波长 λ：

$$\Delta\varphi = \frac{r'}{r_0} \cdot 2\pi$$

$$\lambda = \frac{2\pi}{\Delta\varphi} \cdot 2D \qquad (23-2)$$

光速 c 即可以使用式（23-1）求得，其中 $f = 100$ MHz.

利用这种仪器还可以测量光在透明介质中的折射率和传播速度. 让光穿过光路中一定长度 L 的某种透明介质，比如水. 先将示波器上的李萨如图形调为直线，然后移去液体，这时示波器上的图形为一个椭圆. 移动导轨上的小车 ΔX 的距离后，示波器上又得到直线，这说明强度调制波在空气中通过 $2\Delta X$ 距离产生的相位差，等于其在长度 L 的待测介质中产生的相位差，则介质的折射率：

$$n = \frac{2\Delta X}{L} \qquad (23-3)$$

进而可以求出介质中的光速 $v = \dfrac{c}{n}$，其中 c 是真空中的光速.

2. 迈克耳孙旋转镜法测光速

美国物理学家迈克耳孙从 1878 年开始用旋转镜法对光速进行了持续 50 年的测定工作，1920 年，迈克耳孙分别用八面、十二面的钢反射镜做实验，测得的光速平均值为（299 797±4）km/s. 图 23-3 是迈克耳孙用旋转八面镜 A 测光速的实验示意图，图中 S 为发光点，T 是望远镜，平面镜 O 与凹面镜 B 构成了反射系统. 八面镜到反射系统的距离为 L（长达几十千米），且远大于 O 到 B 以及 S、T 到八面镜 A 的距离. 现使八面镜转动起来，并缓慢增大其转速，若转动频率为 f_0 时，且可以视为匀速转动时，恰能在望远镜中第一次看见发光点 S，则此时八面镜转过角度为 π/4，有

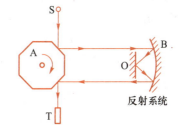

图 23-3　旋转八面镜法测光速示意图

$$t = \frac{\pi/4}{2\pi} \cdot T = \frac{1}{8f_0} c = \frac{2L}{t} = 16Lf_0 \qquad (23-4)$$

由式（23-4）可计算出光速 c.

实验装置

LM2000A 光速测量仪、数字示波器.

📖 实验内容

1. 基础内容

（1）预热光速仪和频率计. 须预热半小时再进行测量, 在这期间可以进行线路连接、光路调整、示波器调整等工作.

（2）光路调整. 先把棱镜小车移近收发透镜处, 用小纸片挡在接收物镜管前, 观察光斑位置是否居中. 调节棱镜小车上的把手, 使光斑尽可能居中, 将小车移至最远端, 观察光斑位置有无变化, 并作相应调整, 达到小车前后移动时, 光斑位置变化最小.

（3）在导轨上任取若干个等间隔点（见图 23-4）, 坐标分别为 x_0, x_1, x_2, x_3, $\cdots$, x_i, 其中 $x_1-x_0=D_1$, $x_2-x_0=D_2$, $\cdots$, $x_i-x_0=D_i$; 移动棱镜小车, 在示波器中依次读取与距离 D_1, D_2, $\cdots$, D_i 相对应的相移量 φ_i, 有 $\lambda = \dfrac{2\pi}{\varphi_i} \cdot 2D_i$, 用最小二乘法处理数据, 求出光速.

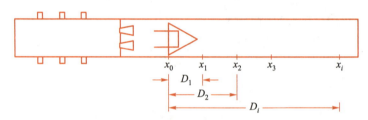

图 23-4　根据相移量与反射镜距离之间的关系测定光速

2. 提升内容

将一根装满水的管放在导轨上, 测量放上水管之后, 调制波相位的变化, 记录相应光程差的变化, 并根据实验原理测量出光在水中的折射率和传播速度.

3. 进阶内容

配不同浓度的氯化钠溶液, 分别装入介质管中. 分别测量光在不同浓度的氯化钠溶液中的折射率和传播速度, 结合实验室温度和标准值进行比较.

4. 高阶内容

（1）搭建旋转八面镜系统, 测量光速; 使用搭建的仪器, 测出光在空气中的传播速度, 并给出测量结果的不确定度.

（2）采用家用微波炉来测量光速, 标准微波炉的频率为 2 450 MHz, 取下微波炉中的旋转托盘, 将均匀铺满棉花糖的盘子放入微波炉, 加热到刚刚有气泡产生. 微波炉中的微波会形成驻波, 由于食物没有旋转, 接收到能量最多的位置就是驻波波峰的位置, 刚刚好融化的棉花糖两个融点间距为 5~6 cm, 确定波长, 估算光速.

思考题

1. 预习思考题

（1）用调制法测量光速有什么优点?

（2）测量光速还有什么方法?

2. 实验过程思考题

（1）光从小车上的直角反射镜的一个镜片被反射到另一块镜片，其间有一定的距离，而计算光速的时候却并没有考虑它，为什么？

（2）装液体的玻璃管前后端的厚度对实验结果有什么样的影响？

3. 实验报告思考题

（1）设水管两端的玻璃片厚度均为 2 mm，玻璃的折射率为 1.5，本实验中忽略的影响会对测量产生多大的误差？

（2）红光的波长约为 0.65 μm，在空气中走 0.325 μm 就会产生 π 的相位差，实验中将小车移动远超上述距离才能将李萨如图形的相位差改变 π，这是为什么？

参考资料

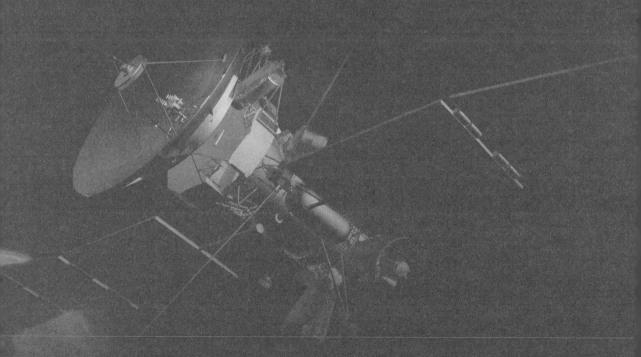

第七章

近代物理学实验

实验 24　光电效应实验

　　1887 年赫兹（H.Hertz）首次发现了"光电现象"，他在用两套电极做电磁波的发射和接收的实验中，发现紫外线照射到接收电极的负极时，接收电极间更易于产生放电现象. 1900 年，伦纳德（P.Lénárd）用阴、阳极间加反向电压的方法研究了电子逸出金属表面的最大速度，发现光源和阴极材料都对遏止电压有影响，但光的强度对遏止电压无影响，电子逸出金属表面的最大速度与光强无关，以上实验规律的发现使他获得了 1905 年诺贝尔物理学奖. 光电效应的实验规律与经典的电磁理论是矛盾的，于是 1905 年，爱因斯坦（A.Einstein）提出光量子假说，发表了著名的光电效应方程，解释了光电效应的实验结果，密立根（R.Millikan）历经约十年，用实验证实了光量子假说，他们因对光电效应方面的贡献分别于 1921 年和 1923 年获得诺贝尔物理学奖.

　　光电效应实验及其对光量子假说的解释，在量子理论的确立与发展上、在揭示光的波粒二象性等方面都具有划时代的意义. 目前光电效应在材料结构分析和表征技术上得到重要的应用，发展出新的科研分支. 例如，X 射线光电子能谱（X–ray photoelectron spectroscopy，XPS）和紫外光电子能谱（ultraviolet photoelectron spectroscopy，UPS）就是基于光电效应原理研究元素的组成、化学态和分子结构，以及价层电子的结合能. 利用光电效应制成的光电器件在科学技术中也得到广泛的应用，常见的有光探测器件、光伏电池、光敏电阻等，并且至今还在不断开辟新的应用领域，具有广阔的应用前景.

🔍 实验目的

本实验相关资源

1. 了解光电效应的基本规律.
2. 掌握普朗克常量的测量方法.
3. 理解光电管伏安特性曲线规律，计算光电管阴极材料的金属电子的逸出功和照射光的红限频率.

📝 实验原理

　　当光照在物体上时，光的能量中仅一部分以热的形式被吸收，而另一部分则转化为物体中某些电子的能量，使电子逸出物体表面，这种现象称为光电效应，逸出的电子称为光电子. 在光电效应中，光显示出它的粒子性质.

　　光电效应实验原理如图 24–1 所示. 其中 S 为真空光电管，K 为阴极，A 为阳极. 当无光照射阴极时，由于阳极与阴极是断路，所以检流计 G 中无电流流过，当用一波长比较短的单色光照射到阴极 K 上时，形成光电流，光电流随加速电位差 U 变化的伏安特性曲线如图 24–2（a）所示.

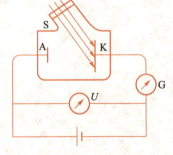

图 24–1　光电效应实验原理图

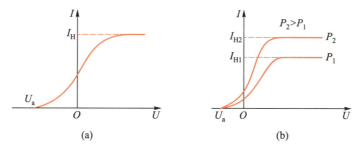

图 24-2　光电管的伏安特性曲线

1. 光电流与阴阳极之间电压之间的关系（伏安特性曲线）

当使用单色光源照射时，光电流随加速电位差 U 的增加而增加（注：$U=U_A-U_K$），加速电位差增加到一定量值后，光电流达到饱和值 I_H，如图 24-2（a）所示. 当 U 变成负值时（注：$U<0$），光电流迅速减小. 实验指出，有一个遏止电压 U_a 存在，当电位差达到这个值时，光电流为零.

当使用同一种频率而不同强度的单色光照射时，光电流与阴阳极之间电压的关系，如图 24-2（b）中所示. 饱和电流与光强成正比，而与入射光的频率基本无关. 不同强度的光照射，饱和光电流 I_H 会有不同，而遏止电压没有明显区别.

2. 光电子的初动能与入射频率之间的关系

光电子从阴极逸出时，具有初动能，在减速电压作用下，光电子逆着电场方向由阴极向阳极运动. 当 $U=U_a$ 时，光电子不能再达到阳极，光电流为零. 所以电子的初动能等于它克服电场力作用而做的功，即

$$\frac{1}{2}mv^2=eU_a \tag{24-1}$$

根据爱因斯坦关于光的本性的假设，光是一粒一粒运动着的粒子流，这些光粒子称为光子. 每一光子的能量为 $\varepsilon=h\nu$，其中 h 为普朗克常量，ν 为光波的频率. 因此不同频率的光波对应的光子能量不同. 电子吸收了光子的能量 $h\nu$ 之后，一部分消耗于逸出功 A，另一部分转化为电子动能. 由能量守恒定律可知

$$h\nu=\frac{1}{2}mv^2+A \tag{24-2}$$

式（24-2）称为爱因斯坦光电效应方程.

由此可见，光电子的初动能与入射光频率 ν 呈线性关系，而与入射光的强度无关.

对于不同频率的光，由于它们的光子能量不同，赋予逸出电子的动能不同. 显然，频率越高的光子，其产生逸出电子的能量也越高，所以遏止电压的值也越高.

3. 光电效应有光电阈存在

实验指出，当光的频率 $\nu<\nu_0$ 时，不论用多强的光照射物质都不会产生光电效应，根据式（24-2），$\nu_0=\dfrac{A}{h}$，ν_0 称为红限频率. 同时，光电效应是瞬时效应，即使入射光的强度非常微弱，只要频率大于 ν_0，在开始照射后也立即会有光电子产生，

所经过的时间至多为 10^{-9} s 的数量级.

爱因斯坦光电效应方程同时提供了测量普朗克常量的一种方法：由式（24-1）和式（24-2）可得 $h\nu=e|U_a|+A$，当用不同频率（ν_1，ν_2，ν_3，…，ν_n）的单色光分别作为光源时，就有

$$h\nu_1=e|U_{a1}|+A$$
$$h\nu_2=e|U_{a2}|+A$$
$$\cdots\cdots\cdots$$
$$h\nu_n=e|U_{an}|+A$$

任意联立其中两个方程就可得到

$$h=\frac{e(U_{ai}-U_{aj})}{\nu_i-\nu_j} \tag{24-3}$$

若测定了两个不同频率的单色光所对应的遏止电压即可算出普朗克常量 h，也可由 $|U_a|$-ν 直线的斜率求出 h.

因此，用光电效应方法测量普朗克常量的关键在于获得单色光，测得光电管的伏安特性曲线，进而确定遏止电压的值.

实验中，单色光可由水银灯（也称汞灯）光源发出光，经过窄带滤光片来产生. 水银灯是一种气体放电光源，发光稳定后，在可见光区域内有几条波长相差较远的强谱线，如表 24-1 所示. 配置相应的窄带滤光片，即可分别把几种不同颜色的单色光选择出来.

表 24-1　可见光区汞灯强谱线

波长/nm	频率/(10^{14} Hz)	颜色
579.0	5.178	黄
577.0	5.196	黄
546.1	5.490	绿
435.8	6.879	蓝
404.7	7.408	紫
365.0	8.214	近紫外

随着半导体技术的日益提高，目前有大量的单色 LED（light emitting diode，发光二极管）灯被生产出来. 从红外、可见光到紫外，各色灯应有尽有. 选用几种不同波长的单色 LED 灯作为光源，直接照射光电管或聚光后再照射光电管来产生光电流，也是确实可行的. 由于 LED 灯就是一类二极管，加载 2~3 V 导通电压，即可正常发光. 厂家出售这些灯时，一般会标注中心波长以及带宽，在实验前，有必要使用实验室光谱仪进行进一步测试和标定.

光电管是一种依据光电效应而工作的光电探测器. 其结构主要由发射光电子的光阴极 K、收集电子的阳极 A 和管壳组成. 光电管的核心部件是光阴极 K，它的光电子发射性能的好坏，在很大程度上决定了光电管工作性能的优劣. 阳极 A 起到收

集电子的作用，其形状和位置经过精心设计．管壳内是真空状态，就称为真空光电管．

一般光电阴极材料不同的光电管有不同的红限频率，因此它们可用于不同的光谱范围．另外，同一光电管对于不同频率的光的灵敏度不同．以 GD-4 型光电管为例，阴极是用锑铯材料制成，其红限波长 $\lambda_c = 700$ nm，对可见光范围的入射光灵敏度比较高，适用于白光光源，被应用于各种光电式自动检测仪表中．对红外光源，常用银氧铯阴极，构成红外探测器．对紫外光源，常用锑铯阴极和镁镉阴极．

为了获得准确的遏止电压的值，本实验用的光电管应该具备下列条件：

（1）对所有可见光都比较灵敏，光谱响应宽．

（2）阳极没有光电效应，不会产生反向电流．

（3）无光照，暗电流很小．

（4）无光照疲乏现象，对温度稳定性好．

（5）表面发射均匀（特别是大面积时）．

（6）性能一致性好．

但是实际使用的真空型光电管并不完全满足以上条件．由于存在阳极光电效应所引起的反向电流和暗电流（即无光照射时的电流），所以测得的电流值实际上包括上述两种电流，以及由阴极光电效应所产生的正向电流，所以伏安曲线并不与电位差（U）轴相切（如图 24-3 所示）．由于暗电流是由阴极的热电子发射及光电管管壳漏电等原因产生，与阴极正向光电流相比，其值很小，且基本上随电位差 U 呈线性变化，因此可忽略其对遏止电压的影响．阳极反向光电流虽然在实验中较显著，但它服从一定规律．据此，确定遏止电压的值，可采用以下三种方法．

（1）交点法（也称零电流法）

光电管阳极用逸出功较大的材料制作，制作过程中尽量防止阴极材料蒸发，实验前对光电管阳极通电，减少其表面被阴极材料溅射．实验中避免入射光直接照射到阳极上，这样可使它的反向电流大大减少，其伏安特性曲线与图 24-2 十分接近，因此曲线与 U 轴交点的电位差值近似等于遏止电压 U_a，此即交点法，也称零电流法，即直接将各谱线照射下测得的电流为零时对应的电位差作为遏止电压 U_a．此法的前提是阳极反向电流和暗电流都很小．

（2）补偿法

暗电流是热激发产生的光电流，可以在光电管制作或测量过程中采取适当措施，以减小或消除其影响．通过补偿暗电流对测量结果的影响，以测量出准确的遏止电压 U_a，即为补偿法．由实验经验可知，利用交点法和补偿法测量的遏止电压的值相差不大．

具体方法如下：

1）调节电位差 U 使光电流为零后，保持 U 不变，遮挡住光电管入光口，保证无任何外界光进入光电管．此时测得的电流为 I_1（是负值），为电压接近"遏止电压"时的暗电流．记录数据 I_1．

2）移开遮挡物，重新让光源照射光电管，调节电位差（数值略微变大）使光电流值从零"减"至 I_1（负值），将此时对应的电位差 U 作为遏止电压 U_a.

（3）拐点法

实验中，光电管里还伴有阳极的光电子发射和暗电流. 阳极光电子发射是阳极材料在光照下发射的光电子，对于这些电子而言外加反向电场是加速电场，它们很容易到达阴极，形成反向电流（阳极光电流）. 暗电流是无光照射时，外加反向电压下光电管流过的微弱电流. 由于这两个因素影响，实测的 $I\text{-}U$ 特性曲线往往如图 24-3 所示. 曲线的下部转变为直线，转变点（抬头点、拐点）对应的外加电压才是遏止电压. 光电管阳极反向光电流虽然较大，但在结构设计上，若使反向光电流能较快地饱和，则伏安特性曲线在反向电流进入饱和段前有着明显的拐点，如图 24-3 所示. 此拐点的电位即为遏止电压.

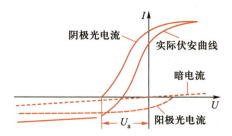

图 24-3　存在反向电流时光电管的伏安特性曲线

实验装置

汞灯及电源、滤光片、光阑、光电管、检流计（或微电流计）、直流电源、直流电压计等，接线电路如图 24-4 所示. 实验中光电流比较微弱，其值与光电管类型、单色光强弱等因素有关，因此应根据实际情况选用合适的测量仪器. 因为光电管的内阻很高，光电流如此之微弱，所以测量中要注意抗外界电磁干扰，并避免光直接照射阳极和放置杂散光干扰.

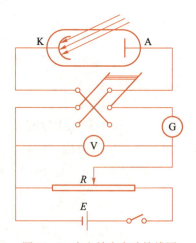

图 24-4　光电效应实验接线图

 **实验内容**

1. 基础内容：光电效应法测量普朗克常量

（1）固定一种直径光阑、固定光电管与汞灯光源的距离的情况下，测量 5 种不同频率单色光分别照射下，光电管在三种不同测量方法下光电流的遏止电压. 比较零电流法、补偿法和拐点法对遏止电压测量结果的不同和影响.

表 24-2 不同单色光照射下的光电流的遏止电压

波长 λ_i/nm	365.0	404.7	435.8	546.1	577.0
频率 $\nu_i/(10^{14}\ \text{Hz})$	8.214	7.408	6.879	5.490	5.196
零电流法测 U_{ai}/V					
补偿法测 U_{ai}/V					
拐点法测 U_{ai}/V					

（2）测量不同频率光照射下，光电管的伏安特性曲线，分析光电效应规律.

（3）根据表 24-2 的实验数据，作 $|U_a|-\nu$ 的关系曲线，由最小二乘法拟合直线斜率，求得普朗克常量 h，并与公认值 h_0 比较，求出相对误差（$h_0 = 6.626 \times 10^{-34}\ \text{J} \cdot \text{s}$）.

（4）计算实验所用光电管阴极材料的红限频率 ν_0、电子逸出功 A.

2. 提升内容：测量饱和光电流与光强的关系

（1）选择一种单色光，固定光电管阴阳极电压（在饱和区），改变不同光阑（直径 Φ）大小来改变光照强度，获得饱和光电流与光强的关系（光强正比于 Φ^2）.

（2）选择一种单色光，固定光电管阴阳极之间的电压（在饱和区），改变光电管与汞灯光源的距离，来改变光强，获得饱和光电流与光强的关系$\left(\text{光强正比于}\ \dfrac{1}{d^2}\right)$.

（3）两种测量内容，分别列表、画图，验证饱和光电流与入射光强的正比关系.

3. 进阶内容（方案自行设计）

（1）将光源更换为 LED 灯、钨丝灯等，自主设计实验方案，分析不同光源对光电效应规律的影响.

（2）了解光电倍增管的工作原理，自主设计实验方案，研究光电倍增管的工作特性及应用. 有关光电倍增管相关原理和特性参量可以参考附录.

4. 高阶内容（方案自行设计）

（1）利用虚拟仿真光电效应实验资源，分析光电管伏安特性曲线和普朗克常量测量的影响因素.

（2）了解 XPS、UPS 等分析测试技术的基本原理及其在科学研究中的应用.

思考题

1. 预习思考题

（1）遏止电压的物理意义是什么？

（2）为什么有红限频率？

2. 实验过程思考题

（1）当加在光电管两端的电压为零时，光电流不为零，为什么？如何使得光电流为零？

（2）饱和光电流产生的原因是什么？饱和光电流与光强的关系如何？

（3）$|U_a|-\nu$ 曲线中，拟合直线的斜率和截距分别代表什么？

3. 实验报告思考题

（1）逸出功大小是由什么因素决定的？

（2）实验误差产生的主要原因有哪些？

参考资料

附　录

1. 光电倍增管的工作原理和结构

光电倍增管（photomultiplier tube，PMT）是一种具有极高灵敏度和超快时间响应的光探测器件．它是包括光电发射阴极（光阴极）、聚焦极、电子倍增极和电子收集极（阳极）的真空管，利用的是光电子发射效应和二次电子发射效应，其基本结构如图 24-5 所示．当光照射光电倍增管阴极时，阴极向真空中激发出光电子（一次激发），这些光电子从聚焦极电场进入倍增系统，由倍增电极激发的电子（二次激发）被下一倍增极的电场加速，飞向该极并撞击在该极上再次激发出更多的电子，这样通过逐级的二次电子发射得到倍增放大，放大后的电子被阳极收集作为信号输出．光电倍增管具有高灵敏度、低噪声、快速响应、低成本和大面积阴极等几大特点．光电倍增管通常有两种结构类型，一种是端窗型，一种是侧窗型．

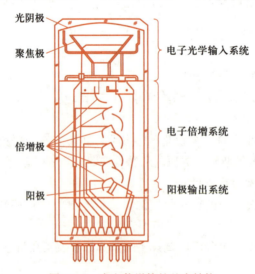

图 24-5　光电倍增管的基本结构

2. 光电倍增管的特性和参量

光电倍增管的特性参量包括灵敏度、电流增益、光电特性、阳极特性、暗电流、时间响应特性、光谱特性等．下面介绍几个常见的特性参量．

（1）灵敏度

光电倍增管的灵敏度一般包括阴极灵敏度和阳极灵敏度，单位为 $\mu A/lm$．

1）阴极光照灵敏度

阴极光照灵敏度 S_K 是指光电阴极本身的积分灵敏度．定义为光电阴极的光电流 I_K 除以入射光通量 Φ 所得的商：

$$S_K = \frac{I_K}{\Phi} \tag{24-4}$$

光电倍增管阴极灵敏度的测量原理：入射到阴极 K 的光照度为 E，光电阴极面积为 A，则光电倍增管接收的光通量为

$$\Phi = EA \tag{24-5}$$

由式（24-4）、式（24-5）可以计算获得阴极灵敏度．

2）阳极光照灵敏度

阳极光照灵敏度 S_A 是指光电倍增管在一定工作电压下阳极输出电流与照射阴极上光通量的比值：

$$S_A = \frac{I_A}{\Phi} \tag{24-6}$$

（2）电流增益

电流增益（放大倍数）G 定义为在一定的入射光通量和阳极电压下，阳极电流 I_A 与阴极电流 I_K 间的比值．

$$G = \frac{I_A}{I_K} \tag{24-7}$$

（3）阳极伏安特性

当光通量 Φ 一定时，光电倍增管阳极电流 I_A 和阳极与阴极间的总电压 V_H 之间的关系为阳极伏安特性．光电倍增管的增益 G 与二次倍增极电压 E 之间的关系为

$$G = (bE)^n \tag{24-8}$$

其中，n 为倍增极数，b 为与倍增极材料有关的常量．

（4）光谱响应特性

光电倍增管的阴极将入射光的能量转化为光电子，其转化效率（阴极灵敏度）随入射光的波长而变化．这种光阴极灵敏度与入射光波长之间的关系称为光谱响应特性．

实验25__用密立根油滴法测电子电荷

电子是人们在微观世界探索中最早发现的带有单位负电荷的一种粒子，它的发现直接涉及对原子结构的研究．1897 年英国科学家 J.J.汤姆孙设计了阴极射线管，根据阴极射线在电场作用下引起的荧光斑点的偏转半径，推算出阴极射线粒子的荷质比 e/m，人们才真正从实验上认识电子的存在．通过进一步实验发现，当改变阴

极物质材料或改变阴极管内气体种类，测得的荷质比 e/m 保持不变，这就证明了电子是各种材料中的普遍成分．自从 J.J.汤姆孙发现电子后，不少科学家不断地进行实验，较为精确地测量了电子的电荷值．其中最有代表性的是美国科学家密立根，他在 1909 年到 1917 年期间完成了测量微小油滴上所带电荷的工作，即油滴实验．这一实验在物理学史上具有重要意义的实验，设计思想简明巧妙，方法简单，而结论却具有不容置疑的说服力．因此，这一实验堪称物理实验的精华和典范，在物理学发展史上具有重要意义．密立根在这一实验工作中花费了近 10 年的心血，从而取得了具有重大意义的结果．那就是：（1）证明了电荷的不连续性（颗粒性）；（2）测量并得到了元电荷 e（即电子电荷的绝对值）的值为 1.602×10^{-19} C．随着测量精度不断提高，目前给出精确的结果为

$$e=(1.602\ 177\ 33\pm0.000\ 000\ 49)\times10^{-19}\ \text{C}$$

正是由于这一实验成就，他荣获了 1923 年诺贝尔物理学奖[1-3]．

在油滴实验中，将微观量测量转化为宏观量测量的巧妙设想和精确构思，以及用比较简单的仪器测得比较精确而稳定的结果等，对于现代物理以及相关的科学研究，都富有启发性的意义．100 多年来，物理学发生了根本的变化，而这个实验又重新站到实验物理的前列．近年来根据这一实验思想改进的、用磁漂浮方法测量分数电荷的实验，使古老的实验又焕发了青春，也就更说明密立根油滴实验是富有巨大生命力的实验[4-5]．

🔍 实验目的

本实验相关资源

1. 掌握利用油滴法测电子电荷的方法，理解实验设计思想的精髓．

2. 理解带电油滴在静电场中的运动规律，测量带电油滴在静电场中的运动参量．

3. 掌握元电荷的测算和统计分析方法，探索不同方法对实验结果的影响．

🔬 实验原理

在密立根油滴实验中，测量电子电荷的基本设计思想是，使带电油滴在测量范围内处于受力平衡状态．按油滴作匀速或静止两种运动状态分类，可分为动态测量法和平衡测量法．

1. 动态测量法

重力场中一个小的油滴，半径为 r，质量为 m_1．空气是黏性流体，故此运动的油滴，除受重力和浮力外，还受黏性阻力的作用．由斯托克斯定律，黏性阻力与物体运动速度成正比．设油滴以均匀速度 v_f 下落，则有

$$m_1g-m_2g=Kv_f \tag{25-1}$$

此处 m_2 为与油滴同体积的空气的质量，K 为比例系数，g 为重力加速度．油滴在空气及重力场中的受力情况如图 25-1 所示．

若此油滴带电荷为 q，并处在场强为 $\boldsymbol{E}$ 的均匀电场中，设电场力 $q\boldsymbol{E}$ 方向与重力方向相反，如图 25-2 所示，如果油滴以匀速 v_r 上升，则有

$$qE = (m_1 - m_2)g + Kv_r \quad (\text{r: 上升, f: 下降}) \tag{25-2}$$

由式（25-1）和式（25-2）消去 K，可解出 q 为

$$q = \frac{(m_1 - m_2)g}{Ev_f}(v_f + v_r) \tag{25-3}$$

由式（25-3）可以看出，要测出油滴上携带的电荷量 q，需要分别测出 m_1、m_2、E、v_f、v_r 等物理量.

图 25-1　重力场中油滴受力示意图　　图 25-2　电场中油滴受力示意图

由喷雾器喷出的小油滴的半径 r 是微米数量级，直接测量其质量 m_1 也是困难的，为此希望消去 m_1，而代之以容易测量的量. 设油与空气的密度分别为 ρ_1、ρ_2，于是半径为 r 的油滴的视重为

$$m_1 g - m_2 g = \frac{4}{3}\pi r^3 (\rho_1 - \rho_2)g \tag{25-4}$$

由斯托克斯定律，黏性流体对低速球形运动物体的阻力与物体速度成正比，其比例系数 K 为 $6\pi\eta r$，此处 η 为黏度，r 为油滴半径. 于是可将式（25-4）代入式（25-1），有

$$v_f = \frac{2gr^2}{9\eta}(\rho_1 - \rho_2) \tag{25-5}$$

因此

$$r = \left[\frac{9\eta v_f}{2g(\rho_1 - \rho_2)}\right]^{\frac{1}{2}} \tag{25-6}$$

以此代入式（25-3）并整理得到

$$q = 9\sqrt{2}\pi \left[\frac{\eta^3}{(\rho_1 - \rho_2)g}\right]^{\frac{1}{2}} \frac{1}{E}\left(1 + \frac{v_r}{v_f}\right)v_f^{\frac{3}{2}} \tag{25-7}$$

因此，如果测出 v_f、v_r 和 η、ρ_1、ρ_2、E 等宏观量即可得到 q 值.

考虑到油滴的直径与空气分子的间隙相当，空气已不能看成连续介质，其黏度 η 需作相应的修正 $\eta' = \dfrac{\eta}{1 + \dfrac{b}{pr}}$，此处 p 为空气压强，b 为修正常量，$b = 0.008\ 226\ \text{N/m} = 8.226 \times 10^{-3}\ \text{Pa·m}$，因此，

$$v_f = \frac{2gr^2}{9\eta}(\rho_1 - \rho_2)\left(1 + \frac{b}{pr}\right) \qquad (25-8)$$

当精确度要求不太高时，常采用近似计算方法①. 先将 v_f 值代入式（25-6）计算得

$$r = r_0\left(1 + \frac{b}{pr}\right)^{-\frac{1}{2}} \approx r_0 \equiv \left[\frac{9\eta v_f}{2g(\rho_1 - \rho_2)}\right]^{\frac{1}{2}} \left(\frac{b}{pr}\text{为一小量}\right) \qquad (25-9)$$

再将 r_0 值代入 η' 中，并以 η' 代入（25-7），得

$$q = 9\sqrt{2}\,\pi\left[\frac{\eta^3}{(\rho_1 - \rho_2)g}\right]^{\frac{1}{2}} \cdot \frac{1}{E}\left(1 + \frac{v_r}{v_f}\right)v_f^{\frac{3}{2}}\left(\frac{1}{1 + \frac{b}{pr_0}}\right)^{\frac{3}{2}} \qquad (25-10)$$

实验中常常固定油滴运动的距离，通过测量油滴通过此距离 s 所需要的时间来求出运动速度. 电场强度 $E = \frac{U}{d}$，d 为平行板间的距离，U 为所加电压. 因此，式（25-10）可写成

$$q = 9\sqrt{2}\,\pi d\left[\frac{(\eta s)^3}{(\rho_1 - \rho_2)g}\right]^{\frac{1}{2}} \frac{1}{U}\left(\frac{1}{t_f} + \frac{1}{t_r}\right)\left(\frac{1}{t_f}\right)^{\frac{1}{2}}\left(\frac{1}{1 + \frac{b}{pr_0}}\right)^{\frac{3}{2}} \qquad (25-11)$$

式中有些量与实验仪器以及条件有关，选定之后在实验过程中不变，如 d、s、$(\rho_1 - \rho_2)$ 及 η 等，将这些量与常量一起用 C 代表，可称为仪器常量，于是式（25-11）简化成

$$q = C\frac{1}{U}\left(\frac{1}{t_f} + \frac{1}{t_r}\right)\left(\frac{1}{t_f}\right)^{\frac{1}{2}}\left(\frac{1}{1 + \frac{b}{pr_0}}\right)^{\frac{3}{2}} \qquad (25-11')$$

由此可知，测量油滴上的电荷值，只体现在对三个宏观物理量的测量，分别是：① 油滴匀速上升一段距离 s 所用的时间 t_r；② 油滴匀速上升时，所加载的均匀电场电压 U；③ 油滴自然下落一段距离 s 所用时间 t_f.

对同一油滴，t_f 相同，U 与 t_r 不同，标志着所带电荷量不同.

2. 平衡测量法

平衡测量法的出发点是，使油滴在均匀电场中静止在某一位置，或在重力场中作匀速运动.

当油滴在电场中平衡时，油滴在两极板间受到电场力 qE、重力 m_1g 和浮力 m_2g 达到平衡，从而静止在某一位置，即

$$qE = (m_1 - m_2)g$$

---

① $r = -\dfrac{b}{2p} + \sqrt{\left(\dfrac{b}{2p}\right)^2 + r_0^2}$ 或 $r_{k+1} = r_0\left(1 + \dfrac{b}{r_kp}\right)^{-\frac{1}{2}}$ 也可以借助计算机，用迭代法计算出 r，k 从 0 开始迭代，当精度 $|r_{k+1} - r_k|/r_{k+1}$ 达到预定要求时终止迭代，求得的 r_{k+1} 值可以替代式（25-6）中 r 值.

油滴在重力场中作匀速运动时，情形同"动态测量法"．将式（25-4）、式（25-9）和 $\eta' = \eta \dfrac{1}{1+\dfrac{b}{pr_0}}$ 代入式（25-11）并注意到 $\dfrac{1}{t_r}=0$，则有

$$q = 9\sqrt{2}\,\pi d \left[\frac{(\eta s)^3}{(\rho_1-\rho_2)g}\right]^{\frac{1}{2}} \frac{1}{U}\left(\frac{1}{1+\dfrac{b}{pr_0}}\right)^{\frac{3}{2}}\left(\frac{1}{t_f}\right)^{\frac{3}{2}} \tag{25-12}$$

相比动态测量法，平衡测量法中，只需测量两个物理量：① 油滴静止在均匀电场中某一位置时的平衡电压 U；② 油滴仅在重力场中自然下落一定距离的时间 t_f．

有实验者把第一种"上下运动"测量油滴带电荷量的方法，称为非平衡法．油滴在上升过程中，从初速为 0 加速向上运动，过渡到匀速运动．"过渡"所经历的时间或移动距离大小，以及最后向上匀速速度的大小，受上、下两个极板所加的电压的大小影响．操作者肉眼难以判定是否进入"匀速"．而第二种平衡法测量油滴带电荷量的方法，实验者普遍采用．不仅因为要测量的物理量少，而且还因为油滴下落过程中，由于没有施加电场，μm 尺度油滴的加速下落时间和距离，在理论上可以估计出来（μm 量级）[6]．加速运动的时间和距离，占总移动距离小于 1%，对匀速下落时间的测量不会造成很大的系统误差．

3. 元电荷电量的测量方法

测量油滴上所带电荷的目的，是找出电荷的最小单位 e．为此可以对不同的油滴，分别测算出其所带的电荷值 q_i，它们应近似为某一最小单位的整数倍．此最小单位，为各个油滴电荷量的最大公约数，或不同油滴所带电荷量之差的最大公约数，即为元电荷．有

$$q_i = e \cdot n_i (\text{其中 } n_i \text{ 为一整数}) \tag{25-13}$$

或

$$q_i - q_j = e \cdot n_k \tag{25-14}$$

实验中也时常采用紫外线、X 射线或放射源等照射油滴，来改变同一油滴所带的电荷量．测量油滴上所带电荷的改变值 Δq_i，而 Δq_i 值也应是元电荷的整数倍．

也可以用作图法求 e 值，根据式（25-13）或式（25-14）作 q-n 图，e 即为直线方程的斜率．通过直线拟合，可求得 e 值，即元电荷电荷量（电子电荷量的绝对值）的值．斜率的误差就是元电荷电荷量的测量不确定度．

上面讲述的推算方法，只是在理论层面上具有指导意义．而目前教学过程中密立根油滴实验的数据处理，时常采取"倒过来验证"的方法，即用公认的元电荷 $e = 1.602 \times 10^{-19}$ C 去除实验测得的油滴电荷量 q，得到接近于某一整数的数值．这个整数就是油滴所带的元电荷的数目 n，再用 n 去除实验测得的电荷量 q，即得到元电荷 e．这种方法可较快地处理数据，是实验教学中应用较普遍的方法[7]．这是因为，在时间有限的课堂上，作为操作者的学生一般只能测 2~3 颗油滴，最多也就测量 4~5 颗油滴．但是，这种方法颠倒了因果关系，学生无法体会到实验设计的目的和意义．用这种方法处理数据，只能作为实验验证，而且在实验中不宜选用带电荷量比较多的油滴（$N<6$）[8]．

正因为如此, 密立根油滴教学实验中的数据处理问题是实验教学研究中十分关注的问题之一. 除了"倒过来验证"法外, 还有最小速度差值法、油滴电荷量逐次相减法、油滴电荷量平均值逐次相减法、平衡电压与下落时间隐函数关系法[9], 还有收集多次测量的大量油滴电荷量, 进行概率统计直方图法, 峰值加聚类分析法[10]等. 上述几种方法有各自的优点和不足, 而且需要大量的油滴实验数据支持.

实验装置

油滴实验装置是由油滴盒、照明装置、调平系统、测量显微镜、供电电源、电子停表、喷雾器等组成的, 其装置如图 25-3 所示. 其中油滴盒是由两块经过精磨的金属平板, 中间垫以胶木圆环, 构成的平行板电容器. 在上板中心处有落油孔, 使微小油滴可进入电容器中间的电场空间, 胶木圆环上有进光孔、观察孔. 进入电场空间内的油滴由照明装置照明, 油滴盒可通过调平螺丝调整水平, 用水准仪检查. 油滴盒防风罩前装有测量显微镜, 用来观察油滴. 在目镜镜头中装有分划板, 如图 25-4 所示.

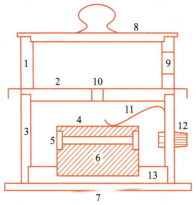

1—油雾室; 2—落油孔开关; 3—防风罩;
4—上电极板; 5—胶木圆环; 6—下电极板;
7—底座; 8—上盖板; 9—喷雾口;
10—落油孔; 11—上电极板压簧;
12—上电极电源插孔; 13—油滴盒基座.

图 25-3 油滴实验装置图

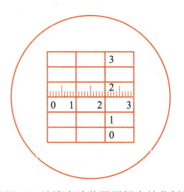

图 25-4 油滴实验装置视场中的分划板

电容器板上所加电压由直流平衡电压和直流升降电压两部分组成, 其中平衡电压大小连续可调, 并可从伏特计上直接读数. 极性换向开关可满足对不同极性电压的需要. 升降电压的大小可连续调节, 并可通过换向开关叠加在平衡电压上, 以控制油滴在电容器内的上下位置, 但数值不能从伏特计读出, 因此在控制油滴的运动和测量时, 升降电压应拨到零.

另外, 部分仪器上还配有紫色灯, 紫色灯发出的光通过胶木圆环上进光孔, 照射平行板电容器内部的带电油滴. 经过短时间照射, 油滴上的个别电子会损失掉, 以达到改变油滴带电荷量的目的.

实验内容

1. 基础内容

学习控制油滴在视场中的运动，并选择合适的油滴来测量其所带电荷量.

（1）选择适当的油滴

要做好油滴实验，所选的油滴体积要适中，大的油滴虽然比较亮，但一般带的电荷多，下降速度太快，不容易测准确；太小的油滴则受布朗运动影响明显，测量结果涨落很大，也不容易测准确. 因此应该选择质量适中，而带电荷不多的油滴.

（2）调整油滴实验装置

油滴实验是一个操作技巧要求较高的实验，为了得到满意的实验结果，必须仔细认真调整油滴仪.

1）首先要调节调平螺丝，将平行电极板调到水平，使平衡电场方向与重力方向平行，以免引起实验误差.

2）为了使望远镜迅速、准确地聚焦在油滴下落区，可将细铜丝或玻璃丝插入上盖板 8 的小孔中，此时上下极板必须处于短路状态，即外加电压为零，否则将损坏电源甚至影响人身安全. 调整目镜使横丝清晰、位置适当，调整物镜位置使铜丝或玻璃丝成像在横丝平面上，并调整光源，使其均匀照亮，背景稍暗即可. 调整好后望远镜位置不得移动. 取出铜丝或玻璃丝，（此点切不可忘记！）盖好油滴盒上盖板.

3）喷雾器是用来快速向油滴仪内喷油雾的，在喷射过程中，由于摩擦作用使油滴带电，为了在视场中获得足够多供挑选的油滴，在喷射油雾时，一定要将油滴实验装置两极短路.

当油雾从喷雾口喷入油滴室内后，视场中将出现大量清晰的油滴，有如夜空繁星. 试加上平衡电压，改变其大小和极性，驱散不需要的油滴，练习控制其中一颗油滴的运动，并用停表记录油滴经过两条横丝间距离所用的时间.

为了提高测量结果的精确度，每个油滴上、下往返次数不宜少于 8 次，要求测得 9 个不同的油滴或一个油滴所带电荷量改变 7 次以上.

（3）读取实验室给定的其他有用常量，计算油滴所带电荷量.

（4）选取多个不同油滴，或一个油滴带电荷量改变多次，利用最大公约数法计算电子的电荷量，并计算测量结果的不确定度.

2. 提升内容

（1）更换介质（如水、食用油等）进行实验，自主设计方法，测量电子电荷量，并讨论油滴实验中不同介质的影响和利弊.

（2）利用测量数据作 q–n 图，给出电子电荷量，解释测量直线斜率的物理意义[11].

3. 进阶内容

尝试采用非平衡法测量油滴所带电荷量.

具体操作如下：① 测量油滴匀速上升一段距离 s 所用的时间 t_r；② 测量油滴匀速上升时，所加载的均匀电场电压 U；③ 测量油滴自然下落一段距离 s 所用时间 t_f.

代入式（25-11′），计算油滴所带电荷量 $q^{[12]}$.

4. 高阶内容

了解其他测量电子荷质比的方法. 如利用电子束磁聚焦的螺线管法[1]，理想二极管在磁场增加时电子束截止法[5, 14]，利用偏振光在通过磁场中的磁性物质时偏振方向旋转的法拉第效应法[15]，磁化率法[16]，磁控法[17]等.

自主设计方案，比较不同测量方法的机理差异和优缺点.

思考题

1. 预习思考题

（1）油滴测量装置的电容器两极板不水平对测量有何影响？

（2）是不是任意一个油滴都可以被作为实验测量对象？

2. 实验过程思考题

（1）为什么必须使用作匀速运动或静止的油滴？实验室中如何保证油滴在测量范围内作匀速运动？

（2）油滴上电荷量的改变，主要体现在平衡电压的变化，还是下落时间的变化上？

（3）为什么向油雾室喷油时要使两极板短路？

（4）实验中选择怎样的油滴是合适的？

3. 实验报告思考题

（1）一个油滴下落极快，说明了什么？若平衡电压太小，又说明什么？

（2）试计算直径为 10^{-6} m 的油滴在重力场中下落达到力的平衡状态时所经过的距离.

参考资料

实验 26__氢原子光谱的测量

17 世纪牛顿使用三棱镜观察到了太阳光的色散现象，这个经典实验中体现的科学思想和分析方法在人类认识自然过程中发挥了重要的作用，从那时开始光谱逐渐成为人们了解微观世界的重要窗口.

到 19 世纪初人们已经发现多种原子和分子的光辐射都有其特征光谱，这种辐射不同于黑体热辐射，其辐射波长并不明显取决于辐射体的温度. 氢原子光谱就是在这一时期被发现并被进一步精确测量的. 随着科学的发展，人们逐渐打开了原子世界的大门，将原子的内部结构和原子光谱联系了起来. 氢原子是最简单同时也是宇宙中含量最多的原子，其光谱规律及原子核与核外电子间相互作用也是最简单和典型的. 1909 年卢瑟福的 α 粒子散射实验揭示出原子内部结构特征，1913 年丹麦物理学家玻尔提出了基于量子思想的玻尔氢原子模型，推动了现代量子力学的发展. 这两个经典的物理学突破都是开拓性、创新性思想的典型诠释.

氢原子光谱和由此开始的原子结构研究是近代物理研究的重要基础，促进了人们对于物质组成和结构的深入认识，近年来借助光学频率梳等新技术，氢原子光谱精细结构的研究进一步深入，这些工作对物理常量的精确测定和量子色动力学的研究都有着重要的现实意义. 同时光谱测量技术也已发展成为现代物理、化学、生命科学和材料等学科的重要研究手段.

本实验相关资源

🔍 实验目的

1. 了解使用衍射光栅和三棱镜测量氢原子光谱的基本原理.

2. 学会在分光计上利用三棱镜、透射式和反射式衍射光栅搭建基本结构的单色仪.

3. 学会利用光谱数据计算氢原子里德伯常量和普朗克常量.

📖 实验原理

1909 年卢瑟福（E.Rutherford）和几位合作者一起进行了 α 粒子散射实验，并在之后提出了原子的核式模型，在该模型中，原子中带正电的部分即原子核体积很小，但几乎包括了原子全部的质量，电子在原子核外运动. 根据经典物理学理论，在核外运动的电子会向原子核坍缩同时损失能量，这会导致原子结构无法稳定存在，同时运动电子辐射光谱也应该是连续的，这与当时已测得的氢原子分立线状光谱有明显差别. 为了解决这些问题，1913 年丹麦物理学家玻尔（N.Bohr）提出了著名的玻尔原子模型，玻尔在经典物理学基础上对原子中的电子轨道运动给出了几种假设，在此基础上得出了电子轨道运动的角动量量子化条件. 玻尔假设原子中的电子以物质波的形式运动在特定的驻波轨道上，这样的轨道运动才能保持稳定运行，轨道运动参量只能取某些不连续特定值. 其次氢原子只有在从某一个稳定态转化为另一个稳定态时才会发射（或吸收）辐射能量，如图 26-1 所示，发射或吸收的光子能量等于这两个状态的能量差：

$$\Delta E = E_i - E_f = h\nu = \frac{hc}{\lambda} \tag{26-1}$$

式中，h 为普朗克常量，ν 为频率，λ 为波长，c 为光速.

根据玻尔的理论和经典轨道运动规律可知，原子中电子在稳定轨道运动具有分立的能量值：

$$E_n = -\frac{m\,e^4}{8\,\varepsilon_0^2\,h^2}\frac{1}{n^2} \tag{26-2}$$

式中，n 一般称为主量子数，是正整数，h 为普朗克常量，e 是元电荷，ε_0 是真空介电常量，m 是电子质量.

由式（26-1）和式（26-2）可得，当电子由某个能量状态跃迁到另一能量状态时，辐射光波长在认为原子核质量远大于电子质量时可以表示为

$$\frac{1}{\lambda} = \frac{me^4}{8\varepsilon_0^2\,h^3 c}\left(\frac{1}{n_2^2} - \frac{1}{n_1^2}\right) = R\left(\frac{1}{n_2^2} - \frac{1}{n_1^2}\right) \tag{26-3}$$

式中，R 为常量（原子核质量远大于电子质量）. 对于每个 n_2，$n_1 = n_2 + 1$，$n_2 + 2$，…，这样就构成一个谱线系. 如图 26-1 所示，$n_2 = 1$ 的谱线系一般称为莱曼系（Lyman series），$n_2 = 2$ 的谱线系一般称为巴耳末系（Balmer series），$n_2 = 3$ 的谱线系一般称为

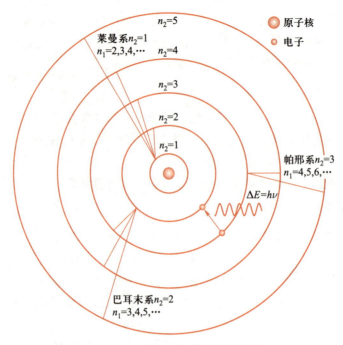

図中标注：
- $n_2=5$
- 莱曼系 $n_2=1$ $n_1=2,3,4,\cdots$ $n_2=4$
- $n_2=3$
- $n_2=2$
- $n_2=1$
- 原子核
- 电子
- 帕邢系 $n_2=3$ $n_1=4,5,6,\cdots$
- $\Delta E=h\nu$
- 巴耳末系 $n_2=2$ $n_1=3,4,5,\cdots$

图 26-1　氢原子光谱线系示意图

帕邢系（Paschen series），有时也习惯用字母 γ、ε、δ 等拉丁字母代指氢原子光谱线.

巴耳末系是由瑞士物理学教师巴耳末（J. Balmer）在 1885 年给出的经验公式所描述的氢原子谱线系，其前几条谱线波段在可见光范围内，可以利用色散元件观察并测量氢原子巴耳末谱线系前几条谱线的波长. 利用测量得到的谱线波长通过式（26-3）可以计算氢原子里德伯常量和普朗克常量.

为了观察氢原子光谱在可见光波段的巴耳末系，需要使用色散分光元件，光栅与棱镜是常见的色散元件.

根据夫琅禾费衍射理论，一束平行光垂直入射到透射式平面衍射光栅平面时，衍射光将满足光栅方程：

$$d\sin\varphi = k\lambda \quad (k=0,\ \pm1,\ \pm2,\ \cdots) \tag{26-4}$$

式中，d 为光栅常量，φ 为衍射角，k 为衍射级数，λ 为入射光波长. 根据式（26-4），衍射主极大位置总出现在 $\varphi=0$ 处，如图 26-2 所示，如果入射光不是单色光，那么中央主极大的颜色将与光源一致. 当 $k\neq0$ 时，不同波长的衍射角不相等，从而使得不同波长的光谱分量出现在不同的衍射角位置，这就是光栅色散的基本原理.

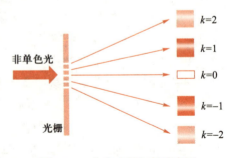

图中标注：非单色光　光栅　$k=2$　$k=1$　$k=0$　$k=-1$　$k=-2$

图 26-2　白光光栅衍射示意图

将分光计狭缝和平行光管作为入射光路，载物台上放置色散元件，通过望远镜观察光谱，这样就构成了基本结构的单色仪装置. 根据夫琅禾费衍射原理，在分光计望远镜物镜后焦平面上将出现一系列亮线，即为光源衍射光，衍射角为 0° 的位置是零级谱线，其他级次的谱线对称地分布在零级谱线的两侧.

如图 26-3 所示，调整好分光计后，使用分光计读数装置读出氢灯衍射谱线中巴耳末系光谱对应衍射角，当已知光栅常量 d 时，即可由式（26-4）计算相应谱线的波长，进一步利用式（26-3）可计算得到里德伯常量和普朗克常量.

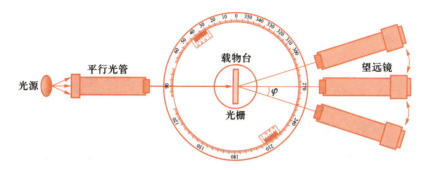

图 26-3　分光计上使用衍射光栅测量氢光谱线示意图

光栅作为色散元件，光波波长改变单位波长时，衍射角 φ 的改变量称为光栅的角色散率，光栅的角色散率 D 可由对式（26-4）取微分得到：

$$D=\frac{\mathrm{d}\varphi}{\mathrm{d}\lambda}=\frac{k}{d\cos\varphi} \tag{26-5}$$

角色散率 D 表示光栅对不同波长谱线在空间上分开的程度，光栅的角色散率越大，就越容易将两条靠近的谱线分开.

实验中也可以使用三棱镜作为分光元件实现光谱的分解和观察，如图 26-4 所示，入射光以一定入射角 i 从三棱镜一侧入射时，入射光和出射光的夹角 δ 常被称为偏向角，它存在最小值，即存在最小偏向角 $\delta_{\min}$，三棱镜顶角 A、折射率 n 和最小偏向角 $\delta_{\min}$ 间满足式（26-6）. 由于不同波长的光波在三棱镜中传播时折射率不同，根据式（26-6）不同波长光的最小偏向角不同.

$$n=\frac{\sin\dfrac{A+\delta_{\min}}{2}}{\sin\dfrac{A}{2}} \tag{26-6}$$

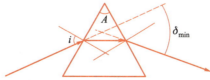

图 26-4　最小偏向角原理示意图

实验中可以使用汞灯作为定标光源，如图 26-5 所示，使用分光计测量三条已知波长的汞灯谱线的最小偏向角，根据式（26-6）即可计算棱镜中各光波波长的折射率. 之后根据测得的不同波长光的折射率数据拟合柯西色散公式（26-7），即可得到可见光波段所用棱镜的柯西色散经验公式.

$$n = a + \frac{b}{\lambda^2} + \frac{c}{\lambda^3} \qquad (26\text{-}7)$$

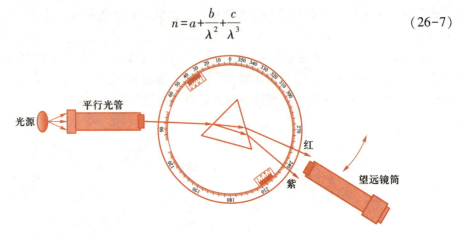

图 26-5　分光计上利用三棱镜测量光谱示意图

之后用氢灯替换汞灯,测量氢原子巴耳末系各谱线的最小偏向角并利用式(26-6)计算对应的折射率,根据从汞灯光谱拟合得到的该三棱镜柯西色散公式即可计算氢原子巴耳末系谱线波长,进一步利用式(26-3)可计算得到氢原子巴耳末系的里德伯常量和普朗克常量.

实验装置

分光计、透射式衍射光栅、反射式衍射光栅、三棱镜、氢灯、氦灯、汞灯、双面反射镜.

实验内容

1. 基础内容

(1)调整好分光计,可参考本书分光计实验部分.本实验中分光计的状态应满足望远镜和平行光管共轴并垂直仪器主轴,平行光管出射平行光,望远镜对无穷远聚焦.

(2)用汞灯作为光源,记录汞灯 546.1 nm 谱线对应的第 1 级衍射角并使用式(26-4)计算光栅常量 d,测量 5 次.

(3)使用氢灯作为光源,测量氢原子巴耳末系可见光波段主要谱线的衍射角,测量 5 次,利用式(26-3)、式(26-4)计算氢原子光谱波长、里德伯常量和普朗克常量.

2. 提升内容

(1)调整好分光计,利用最小偏向角方法,使用已知顶角的三棱镜测量汞灯光谱至少三条已知波长谱线(例如:404.68 nm、435.84 nm、546.07 nm、576.96 nm)对应的最小偏向角,利用式(26-6)确定待定参量 a、b 和 c.

(2)测量氢原子光谱巴耳末系可见光波段谱线(参考波长:434.01 nm、486.07 nm、656.21 nm)对应的最小偏向角,利用式(26-6)计算该谱线波长对应的三棱镜折射率,使用标定后的柯西公式(26-6)计算谱线波长,进而使用式(26-3)计算里德伯常量和普朗克常量.

3. 进阶内容

（1）在利用透射式衍射光栅测量氢原子光谱实验中，将光栅常量和衍射角作为直接测量量，给出氢原子光谱波长的不确定度传递公式，计算波长测量结果的不确定度.

（2）设计实验方案，在分光计平台上利用反射式平面衍射光栅测量氢原子光谱波长. 使用平行光管作为入射光路径时，若垂直入射反射式平面衍射光栅表面，实验确定此时所能测量的光谱范围大小.

（3）利用汞灯作为光源测量 100 L/mm、300 L/mm、500 L/mm、600 L/mm、1 000 L/mm 的平面衍射光栅的光栅常量，并利用这些光栅完成氢原子光谱波长测量. 利用式（26-5）估算不同参量光栅的角色散率.

4. 高阶内容

（1）利用附录给出的氦灯谱线数据（表 26-1），设计一个用内插法测量氢原子光谱线波长的实验方案，并用此方法测量至少两条氢原子光谱线的波长.

（2）将分光计阿贝目镜换为 CCD 相机，使用以上不同参量光栅测量同一条氢原子光谱谱线，记录谱线照片，测量并分析谱线宽度与光栅常量的关系.

（3）在利用三棱镜测量氢原子光谱时观察到的谱线常常略微弯曲，分析产生该现象的原因，设计实验进行验证分析.

思考题

1. 预习思考题

（1）结合玻尔原子模型能级跃迁公式说明人眼可以看到氢原子光谱巴耳末系的几条谱线？谱线波长是多少？分别对应氢原子哪两个轨道间的跃迁？

（2）在普通玻璃三棱镜中传播的光波波长与折射率之间满足什么关系？

（3）计算波长为 600 nm 的光子的能量，结果分别以 J 和 eV 表示.

2. 实验过程思考题

（1）利用衍射光栅测量氢原子光谱实验中，若发现零级左右两侧光谱线高度不等高，原因可能是什么？如何调整分光计使其高度相等？

（2）利用透射式衍射光栅测量氢原子光谱实验中，测量衍射角时光栅平面与载物台轴线不重合，更靠近望远镜筒，则会对测量结果有怎样的影响？

3. 实验报告思考题

（1）若空气折射率 $n = 1.000\ 29$，请对计算得到的里德伯常量进行修正，并与公认标准值进行比较.

（2）三棱镜和衍射光栅都可以作为色散元件进行实验，分析两者作为色散元件有何优点和缺点.

参考资料

表 26-1　低压汞灯和氦灯光谱谱线波长

序号	低压汞灯谱线波长/nm	氦灯谱线波长/nm
1	404.7	447.1
2	407.8	471.3
3	435.8	492.1
4	546.1	501.5
5	577.0	587.5
6	579.0	667.8
7	615.2	706.2
8	623.4	728.1

第八章

趣味实验

实验27__会转弯的球

本实验相关资源

背景知识

　　足球是世界最具影响力的体育运动. 在足球比赛中, 你一定见过这种精彩的场面, 球员主罚任意球时, 足球以一段弧线绕过防守"人墙", 眼看足球就要偏离球门却又转过弯来直奔球门, 这种带有弧形轨迹的球就是"香蕉球"(图27-1所示). 不仅足球有"香蕉球", 乒乓球、排球、网球和篮球等也有"香蕉球", 如乒乓球的弧圈球、排球的侧旋球、棒球的曲球等.

　　"香蕉球"为什么能以弧线轨迹飞行? 这是因为足球除了往前运动外, 还快速旋转. 要进一步弄清楚足球呈弧线运动的原因, 首先来看足球在空气中运动的情形. 若球向前飞行、没有旋转, 如图27-2所示, 周围的空气只是减慢球的飞行速度, 球在空中的运动轨迹为抛物线, 不会出现"香蕉球". 若球只有旋转、没有向前飞行, 如图27-3所示, 周围的空气只是减慢球的旋转速度, 也不会出现"香蕉球". 若球向前飞行时有旋转, 如图27-4所示, 足球两侧空气的流动速度不一样. 根据流体力学的伯努利原理(即 $\rho v^2/2+p=$ 常量), 流体速度较大

图27-1　足球的"香蕉球"

的地方气压会较低. 因此, 足球的左侧, 空气流速快, 空气压强小; 球的右侧, 空气流速小, 空气压强大, 正好与球的左侧相反, 左右两侧形成压强差. 足球两侧受到了不平衡的作用力, 其运动发生偏移, 形成了"香蕉球". 1852年, 德国物理学家海因里希·马格努斯提出: 当一个旋转物体的旋转角速度与物体飞行速度矢量不重合时, 在与旋转角速度矢量和平动角速度矢量组成的平面相垂直方向上产生一个横向力. 在这个横向力作用下, 物体飞行轨迹将发生偏转, 这种现象称为"马格努斯

图27-2　足球没有旋转, 只有水平运动的情形(球向下运动)

图27-3　足球没有水平运动, 只有旋转的情形

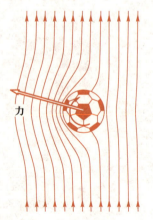

力

图27-4　足球有旋转也有水平运动的情形(球向下运动)

效应". 它可以解释球类项目中的弧线球现象、步枪弹丸运动轨迹偏差现象等. 利用马格努斯效应人们还设计出了旋转的马格努斯滑翔机.

对应实验1: 马格努斯滑翔机

实验装置如图27-5所示. 滑翔机向前运动时还会逆时针旋转, 带动周围气流运动, 图中滑翔机上侧的气流速度增加, 下侧的气流速度减小. 根据伯努利定理: $\rho v^2/2+p=$ 常量, 滑翔机上侧空气压强下降, 压力减小; 而滑翔机下侧空气压强增加, 压力升力较大. 这样在飞行过程中, 滑翔机上方高速、低压空气与下方低速、高压空气的综合作用把滑翔机向上推, 因此就会出现滑翔机向上飞行的神奇现象.

飞行轨迹

图27-5　马格努斯滑翔机

操作说明:

用胶带把两个纸杯的底端相连, 然后用拇指按住橡皮筋的一端, 把橡皮筋绕在两个杯子中间, 适度拉紧橡皮筋. 右拇指按住橡皮筋的一端, 左手拉住橡皮筋另一端的杯子, 松开左手, 在橡皮筋的弹力作用下, 滑翔机就会向前弹射出去. 观察马格努斯滑翔机飞行轨迹的变化.

对应实验2: 气悬球

实验装置如图27-6所示. 把一个塑料球放在鼓风机喷嘴的上方, 当吹风机工作时, 喷嘴的沿竖直方向对准塑料球, 可以看到在喷嘴正上方的塑料球并不是在固定位置静止悬浮, 而是在竖直方向不停地打转. 因为球背离喷嘴的部位空气流速小, 而球靠近喷嘴的部位空气流速大. 根据伯努利定理: $\rho v^2/2+p=$ 常量, 球上端的空气压强大, 就会把球向下压, 这样球就不会被顶起. "气旋球"也是基于伯努利原理的应用.

图27-6　气悬球

操作说明:

（1）打开仪器开关, 把塑料球放在鼓风机气流出风口的附近, 缓慢靠近气流, 观察实验现象.

（2）将小塑料球放在下端的出风口处, 观察实验现象.

思考题

1. 试分析影响马格努斯滑翔机运动轨迹的参量?
2. 改变斜坡长度、角度或纸筒的直径, 纸筒掉落地面的位置有何差异?
3. 试分析塑料球悬浮在空中时的受力情况.

4. 在废饮料瓶的瓶盖上钻小孔后插入一根吸管（插入 1 cm），将瓶体剪掉后只留有瓶口部分的喇叭形状，旋紧带吸管的瓶盖，做成一个漏斗．用漏斗罩住一个乒乓球，然后用口向吸管内持续吹气，同时慢慢抬头并提起漏斗，观察乒乓球能否被吹起来．试着解释其中的道理．

参考资料

实验 28__跳舞的硬币

📖 背景知识

你见过硬币"跳舞"吗？

准备一个冷却充分的瓶子（见图 28-1），把一枚硬币放在它的瓶口上（图 28-1），过一段时间它竟然会自己跳动，究竟是什么力量令这枚硬币动起来呢？

本实验相关资源

图 28-1　硬币"跳舞"系统示意图

初始时刻，硬币水平地静止在瓶口，其边缘与瓶口接触区域有一层薄薄的液膜，随后在内部气压的作用下，硬币更靠近瓶口中心的一端迅速向上翘起，翘起至特定高度时，硬币与瓶口间的液膜破裂，瓶内外气体快速交换（此过程可视为绝热膨胀），瓶内压强降低，导致硬币受到的向上的支持力减小，硬币转动的角加速度方向变为液膜破裂前的相反方向．

硬币跳舞是因为空气的热膨胀．沾了水的硬币能紧贴在瓶口上面，硬币和瓶口之间不留一点缝隙，此时因为外界的温度高，热量传导给瓶子里的空气，使之受热膨胀，气体压强增大．空气在瓶子里呆不下去了，拼命往外挤，就把硬币顶起来了．就像煮开的水，里面的水蒸气顶着壶盖跳动一样．而没有沾水的硬币放到瓶口上，它与瓶口之间留有空隙，热空气就从缝隙里逃走了，硬币自然也跳不起来了．

对于一般物体，热胀冷缩是成立的．当物体温度升高时，分子的动能增加，分子的平均自由程增加，所以表现为热胀；同理，当物体温度降低时，分子的动能减小，分子的平均自由程减少，所以表现为冷缩．

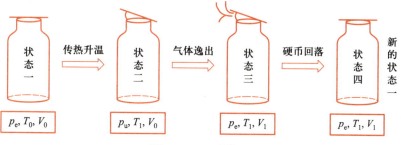

考虑各个过程初、末态之间的联系（图 28-2），理想气体等容过程

$$\frac{p_u}{p_e} = \frac{T_1}{T_0}$$

气体非平衡过程

$$\frac{p_e}{p_u} = \frac{V_1}{V_0}$$

四个状态周期循环，可以得到

$$T_1 = T_0 \frac{p_u}{p_e}, \qquad V_1 = V_0 \frac{p_e}{p_u}$$

第 N 次跳起前的临界温度

$$T_N = T_0 \left(\frac{p_u}{p_e}\right)^N$$

第 N 次跳起后的气体的物质的量

$$V_N = V_0 \left(\frac{p_e}{p_u}\right)^N$$

传热过程可将外界视为恒温热源，传热速度与内外温差成正比，同时还与瓶子的热传导系数、表面积、厚度有关．本实验情节下，气体的属性符合理想气体模型，可以使用理想气体物态方程将各个状态联系起来．硬币跳起后，瓶内气体逸出时间短暂，可以视作瞬态过程，且过程绝热，瓶内气体温度基本不变．硬币回落过程可忽略阻力，采用刚体模型处理．

📋 对应实验1

选一只口径略小于鸡蛋的瓶子，在瓶底撒上一层沙子，先点燃一团酒精棉投入瓶内，接着把一只去壳鸡蛋的小头端朝下堵住瓶口，火焰熄灭后，蛋被瓶子缓缓"吞"入瓶中．酒精棉燃烧使瓶内气体受热膨胀，部分气体被排出．当蛋堵住瓶口，火焰熄灭后，瓶内气体因为温度下降压强变小，低于瓶外的大气压，在大气压的作用下，有一定弹性的鸡蛋被压入瓶内．

📋 对应实验2

找一个水杯或玻璃罐头瓶，一块棉布．把棉布湿水后，叠成几层，平放在桌面上，然后给瓶里放上一团棉花，用火燃着，不等火熄灭，就赶快把瓶子扣在湿布上，瓶子就把湿布吸住了．这是因为瓶子里的空气，有一部分受热膨胀后跑掉了，瓶子扣在湿布上后，里边空气很快凉下来，瓶里空气压强小于外面空气的压强，在内外压强差的作用下，湿布就好像被一只无形的手按住一样，掉不下来了．拔火罐就利用了这个原理．拔过火罐的人都会感觉到，在罐口处有一股向上拔的劲，就是这股劲促进机体的新陈代谢，达到一定的治疗目的．拔火罐的医疗方法在我国已有很悠久的历史，大约在公元四世纪就开始使用了．这说明在一千五百多年前，我们的祖先就已知道气体热胀冷缩的现象，并且利用了它．

思考题

1. 乒乓球被踩瘪了，如何让它恢复原状？
2. 夏天给自行车轮胎打气时，气不要打得太足，为什么？
3. 装木地板时，板与板之间为什么要留有缝隙？
4. 两根电线杆之间的电线，为什么冬天绷得比较紧？
5. 为何孔明灯点火后可以飞起来？
6. 当罐头打不开时，你用什么方法能把罐头盖打开？
7. 为什么瓶子里的液体都不装满？
8. 冬天的时候用暖水瓶倒水来喝，塞子塞回去以后，为什么有时候塞子会跳起来？
9. 高铁的超长铁轨是如何解决热胀冷缩的问题的？

参考资料

实验 29 __声悬浮实验

背景知识

1866 年，德国科学家孔特（Kundt）首先报道了谐振管中的声波能够悬浮起灰尘颗粒的实验现象．众所周知，水通常在 0 ℃结冰，而在声悬浮条件下水滴可以冷却到−32 ℃仍然保持液体状态．这种物质在温度低于熔点而仍然保持液体状态的现象称为过冷现象．声悬浮不只是一个有趣的物理现象，由于其没有明显的机械支撑，几乎对

本实验相关资源

客体没有附加效应，从而为材料制备和科学研究提供了一种崭新的技术，在材料科学、流体力学、生物医学和航空领域等有非常广阔的应用前景．声悬浮状态的液滴完全在自由表面的约束下运动，是流体力学研究的一个重要领域．利用声悬浮技术，可以对液体表面张力、黏度和比热容等物理量进行非接触测量，不仅提高了精度，还可获得液体在亚稳态的物理性质．声悬浮还可以应用在太空中取放和操纵各种材料，例如非常热的材料和液体样品．在微重力条件下，较低的表面张力使液滴展开到比它们在地球上更大的尺寸，而声悬浮可以用来控制和分析这些大的液体样品．在生物医学领域，可以使培养液中的细胞或微生物在固定区域浓集，以提高检

测效率.

声悬浮技术是地面和空间条件下实现材料无容器处理的关键技术之一. 与电磁悬浮技术比,它不受材料导电与否的限制,且悬浮和加热分别控制,因而可以实现各种金属材料、无机非金属和有机材料的无容器凝固,开展液滴动力学、材料科学、分析化学和生物化学等方面的研究.

对应实验

如图 29-1 所示,一对压电陶瓷相互平行,构成声波的谐振腔,二者之间的距离可连续调节并附以长度测量装置. 另外,由信号发生器为压电陶瓷提供电振荡并由频率计测量其频率. 实验中选用超声波作为声源. 待测悬浮物选取小泡沫球、纸片或薄金属片.

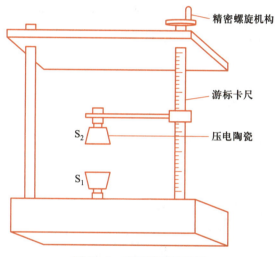

图 29-1　实验装置示意图

声悬浮是高声强条件下的一种非线性效应,其基本原理是利用声驻波与物体的相互作用产生竖直方向的悬浮力以克服物体的重量,同时产生水平方向的定位力将物体固定于声压波节处. 它对悬浮物的电磁性能没有特殊要求,悬浮比较稳定,比较容易控制.

使得物体得以平衡的力是"声辐射压力",它是流体介质中传播的声波射到一个障碍物上,在其上产生平均的压力,此压力方向与声传播的方向相同. 它是由流体介质的非线性引起的. 一般来说,非线性的影响可以结合在一起,使得一个强烈的声音比安静的声音要强大得多,正是由于这些影响,波的声辐射压力才能变得够强,以平衡重力的作用.

由实验 8 "声速的测量" 的原理可知,谐振腔内的驻波达到谐振时,每个质点位移波腹处所形成的声压差最大,纸片或薄金属片会在此处被悬浮起来. 悬浮物体均位于驻波质点位移波腹处. 压电陶瓷间距的测量是将游标卡尺通过精密螺旋机构与谐振腔长度调节联动. 仅放置一个被悬浮物体于谐振腔内,在不改变压电陶瓷振动频率的条件下改变谐振腔长度,在每次物体被悬浮时,就认为声压差达到最大,并记录相应的谐振腔长度数据. 而最小相邻的谐振器长度数据之差,就是该单一频率超声波的半波长.

可以用声悬浮来测量空气中的声速.

（1）保持谐振频率不变，将 L 调至约 5 cm.

（2）将被悬浮物体置于 S_1 上，并转动 S_2 的移动螺柄，逐步增加 L，观察物体的变化，当物体突然悬浮起来，记下 S_2 的位置 L_1.

（3）继续增加 L，到物体落下后再次悬浮起来，记下 L_2，需测 10 个点. 用最小二乘法处理数据，求出波长及声速.

（4）当物体能被悬浮 5 至 6 次时，保持 L 不变，在被悬浮物体上面约 $\lambda/2$ 处，再次放置另一物体，两相邻悬浮物体间的间距为半波长.

应用拓展

观察不同物体悬浮特性. 分别选取薄铝片、薄铅片、纸片、泡沫、细小水滴，研究影响悬浮性能的条件和参量，以及如何观测和分析悬浮物体的特性.

思考题

如何正确理解声悬浮原理？

参考资料

实验 30__无线输电

背景知识

无线电能传输就是在无需电线的情况下直接传输电能. 早在 1890 年，物理学家尼古拉·特斯拉（Nikola Tesla）就提出了无线电能传输的概念，并做了相关实验. 但由于技术方面的瓶颈和缺乏客观需求，无线电能传输没有取得太多突破性进展.

本实验相关资源

随着科学技术的发展和人们生活方式及活动范围的扩大，传统的导线电能传输模式已经不能满足需求. 特别最近移动电子设备的增加以及电动汽车的发展，为了方便对设备进行频繁充电，人们迫切需要无线电能传输技术. 近年来，无线电能传输技术取得了极大的进展，并应用于电动汽车充电、无线家用电器充电、医疗器械等领域.

磁耦合谐振式无线电能传输技术（wireless electricity，WiTricity）是利用非辐射性磁耦合谐振原理来进行远距离能量传输，是国内外学术界和工业界开始探索的一个新领域. 这种传输方式的特点在于：利用谐振原理，使两个线圈发生自谐振，线圈回路阻抗达到最小，从而使大部分能量往谐振方向传输，提高能量传输效率.

WiTricity 技术于 2006 年 11 月在美国物理学会工业物理论坛上首次提出，2007 年 7 月，美国麻省理工学院（MIT）的科学家马林·索尔贾希克（Marin Soljacic）教授领导的小组利用电磁谐振原理实现了无线电能传输,在 2 m 的范围内将一个 60 W 的灯泡点亮,且传输效率达到 40%.

对应实验——电能无线传输实验

(1) 接通电源(图 30-1),给激励环加一个合适的信号,从示波器上接收信号.
(2) 改变两个谐振环之间距离,观察距离对示波器信号强度的影响.
(3) 示波器换成灯泡负载,观察灯泡的发光情况.

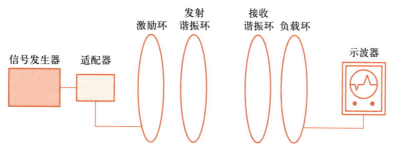

图 30-1　无线电能传输实验装置示意图

思考题

在两个谐振环之间插入其他材料是否会对无线电能传输产生影响?

参考资料

实验 31 __光学隐身

背景知识

英国作家乔治·威尔斯创作的科幻小说《隐形人》(*Invisible Man*)中,主人公发明了一种方法,使得自己的折射率均匀分布并且跟周围环境一样,对光没有散射和吸收,这样他便变得"透明"了,别人就看不到他了.风靡全球的 J.K. 罗琳的魔幻系列小说《哈利·波特与魔法石》中,哈利在圣诞节得到了一件神秘的礼物——隐身斗篷,每次遇到紧急情况时,哈利·波特都会披上一件"隐身斗篷",瞬间遁形,羡煞无数读者,读者们还将这件隐身斗篷选为"最想要拥有"的魔法宝物.

哈利·波特系列的忠实读者们都盼着有一天自己也能真的拥有这样一件隐身斗篷.但这何尝不是科学家们的梦想呢?2006 年,理论物理学家约翰·彭德利首次提出了用透镜改变光的方向来隐藏物体的方法.2013 年、2014 年美国的德克萨斯大学和罗切斯特大学相继找到了利用透镜组进行光学隐形的方法——通过扭曲光线实现视觉隐形[1, 2].目前通过合成具有负折射率特性的光学超材料控制光的传播方向,光既没有被这种材料吸收也未被其折射,仅仅如"激水绕石"那样淌过.结果,只有那些从该材料背后传来的光能被看见，这种超材料有望成为隐身斗篷的制作材料，最终实现穿着隐身.

使得光能按照人们的意愿行走，是当今光学研究领域的热点，常说"眼见为实"，但有时候事实不是我们看到的那样.

怎样才能在实验室完成一项简单有趣的隐身实验？其中之一就是可见光区域通过透镜组实现的"光学隐身（optics cloaking）".

对应实验——光学隐身

（1）实验装置如图 31-1 所示. 首先选择两种不同焦距的凸透镜（不同焦距的消色差的胶合透镜、菲涅耳透镜或傅里叶透镜（f=50 mm、75 mm、80 mm、100 mm、150 mm、200 mm），每种两枚作为实验用凸透镜.

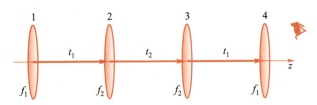

图 31-1　四枚凸透镜系统的光路装置图

（2）按照图 31-1 中的顺序安装凸透镜到光具座（焦距大的凸透镜在外，焦距小的凸透镜在内），并且调节凸透镜的高度使其达到光心等高、光学共轴. 将网格纸放在凸透镜后适当距离处作为观察用的物体.

（3）首先放置凸透镜 1 和凸透镜 2，两块凸透镜之间的距离根据公式 $t_1=f_1+f_2$ 计算获得. 接着放置凸透镜 3，凸透镜 3 和凸透镜 2 之间的距离根据公式 $t_2=\dfrac{2f_2(f_1+f_2)}{f_1-f_2}$ 计算获得. 最后放置凸透镜 4，凸透镜 4 和凸透镜 3 之间的距离 t_3 与 t_1 相同，可根据公式 $t_1=f_1+f_2$ 计算获得（具体实验原理可参见附录内容）. 根据图 31-1 调整凸透镜之间的距离，最后微调凸透镜直至观察到和凸透镜后网格纸正立等大清晰的像. 前后移动网格纸，观察所成的像的大小是否有变化，若有变化则重新微调各凸透镜间的距离，直至无论怎样前后移动网格纸均能看到正立等大清晰的像.

（4）分别用手指在各枚凸透镜间从两侧向中间逐渐挡住光线，看手指间的距离小到什么程度时像开始有被遮挡的部分. 找到手指间距能达到最小的位置. 将挡板放置在此位置，用两块挡板从两侧挡住凸透镜 2、3 之间的光线，逐渐减小两挡板之间的距离直至刚好挡板出现在视野边缘的位置，记录挡板的间隔. 最终按照图 31-1 的光路排列确定光学隐身区域，如图 31-2 所示.

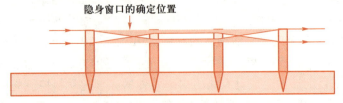

图 31-2　与图 31-1 对应光路中隐身窗口的确定位置图

（5）实验选用参量 $f_1 = 200$ mm，$f_2 = 80$ mm，$t_1 = 280$ mm，$t_2 = 373$ mm 的凸透镜组完成的光学隐身的实验现象如图 31-3 所示．可见两根标尺之间仅有约 1 cm 的间距，而从凸透镜另一侧看到的就像没有中间这些凸透镜看到的一样，丝毫不受光路中间的物体影响，即达到了光学隐身效果．

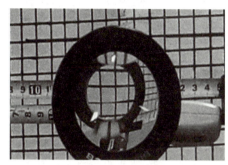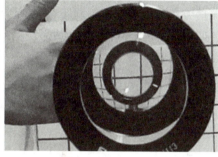

图 31-3　近轴光学隐身效果图

（参量设置：$f_1 = 200$ mm，$f_2 = 80$ mm，$t_1 = 280$ mm，$t_2 = 373$ mm[3]）

（6）采用其他焦距的透镜组合同样可以获得近轴光学隐身的效果，其数据组合如表 31-1 所示．

表 31-1　隐身装置参量设置[3]

f_1/mm	f_2/mm	t_1/mm	t_2/mm
200	100	300	600
200	80	280	373
200	50	250	167
100	50	150	300
100	80	180	1 440
80	50	130	433

应用拓展

在实验室中可以实现光学波段的隐身，能否实现微波波段的隐身实验？

思　考　题

（1）能否通过多枚三棱镜实现三棱镜系统的光学隐身？

（2）隐形飞机是通过什么样的技术手段实现隐身的？

（3）目前还有哪些技术手段可以实现光学隐身？

参考资料

实验原理

　　理想的光学空间隐身装置必须满足以下两点：其一隐身范围的体积不为零；其二在某些方向上应表现得如同不存在．利用矩阵光学的方法可得到透镜系统的参量方程，如图31-4所示，若在透镜系统前后，出射光线与入射光线的延长线重合，从光线出射方向看就如同透镜系统不存在，此时若把物体放在透镜系统中光线可绕过的位置，物体就如同隐身了一般．

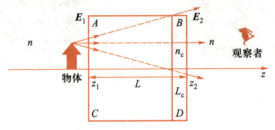

图 31-4　隐身装置原理图

　　利用矩阵光学的方法得到透镜系统所满足的参量方程（31-1），光线在透镜系统的传播可用"$ABCD$ 矩阵"表示为

$$T_{\text{Device}} = \begin{pmatrix} A & B \\ C & D \end{pmatrix} \tag{31-1}$$

而没有该透镜系统存在时光线在空气中的传播矩阵为

$$T_{\text{Air}} = \begin{pmatrix} 1 & L/n \\ 0 & 1 \end{pmatrix} \tag{31-2}$$

　　如果该透镜系统满足上述理想隐身装置第二点要求，则上述两矩阵相同．此即为理想隐身透镜系统的参量方程，其中 L 是传播距离，n 为空气折射率．

　　对于近轴高斯透镜系统，假设 $n=1$，薄透镜系统的成像矩阵为

$$\begin{pmatrix} A & B \\ C & D \end{pmatrix}_{\text{Thin Lens}} = \begin{pmatrix} 1 & 0 \\ -1/f & 1 \end{pmatrix} \tag{31-3}$$

分别讨论组成凸透镜系统的透镜数目分别是 1、2、3、4 时的情况如下：

（1）一枚凸透镜

　　为满足理想隐身系统方程，则 $f \to \pm\infty$，所以一枚凸透镜不能构成理想隐身系统．

（2）两枚凸透镜

　　其成像矩阵为

$$T_{\text{Device}} = \begin{pmatrix} 1-\dfrac{t}{f_1} & t \\[3mm] \dfrac{-t+f_1+f_2}{f_1 f_2} & 1-\dfrac{t}{f_2} \end{pmatrix} \tag{31-4}$$

其中 f_1 和 f_2 分别为透镜的焦距，t 为两透镜的间距. 若要满足理想隐身系统方程，则要求 $f_1=f_2\rightarrow\pm\infty$，这样也不能构成透镜隐身系统.

（3）三枚凸透镜

通过成像矩阵方程（31-3），先令 $C=0$，可解得

$$f_2=-\frac{(f_1-t_1)(f_3-t_2)}{f_1+f_3-t_1-t_2} \tag{31-5}$$

其中 f_1、f_2 和 f_3 分别为三枚透镜的焦距，t_1、t_2 分别为两透镜的间距. 代入式（31-3），假定 $L=t_1+t_2=B$，则得到：

$$f_1+f_3-t_1-t_2=0 \tag{31-6}$$

这使得 $f_2\rightarrow\pm\infty$，系统退化为两枚凸透镜系统，也不能构成透镜隐身系统.

（4）四枚凸透镜

四枚透镜隐身系统光路装置如图 31-5 所示.

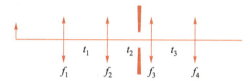

图 31-5　四枚凸透镜系统的光路装置图

其中 f_1、f_2、f_3 和 f_4 分别为四枚透镜的焦距，t_1、t_2 和 t_3 分别为两透镜的间距. 通过对成像矩阵方程的简化，作如下对称假设：$f_1=f_4$，$f_2=f_3$，$t_1=t_3$，令 $C=0$，

$$t_1=t_3=f_1+f_2 \tag{31-7}$$

代入式（31-3）并最终化简为

$$T_{\text{Device}}=\begin{pmatrix}1 & -\dfrac{f_1\left[2f_2^2+f_1(2f_2-t_2)\right]}{f_2^2}\\ 0 & 1\end{pmatrix} \tag{31-8}$$

再假定 $t_1+t_2=B$，得到：

$$t_2=\frac{2f_2(f_1+f_2)}{f_1-f_2} \tag{31-9}$$

实验 32 __ 裸眼 3D 显示

📖 **背景知识**

　　近年来 3D 电影在我们的日常生活中已经非常普及了，而我们在观看 3D 电影的时候，仍然需要借助特制的眼镜. 不少 3D 技术会让长时间体验的人有恶心眩晕等感觉，而且 3D 眼镜的卫生条件也很差，这使得其应用范围以及使用舒适度都打了折扣. 而裸眼 3D 显示技术由于观察者可以不佩戴眼镜，因此非常适合在公共场所展示，便于多人观赏. 3D 立体显示能够持续发展的动力，就落到了裸眼 3D 显示技术这一

本实验相关资源

前沿科技身上.

大家都知道, 我们通过两只眼睛看东西时, 可以轻松地确定物体距观察者的距离, 而当你闭上一只眼睛时, 就无法准确地确定物体的位置了, 这说明我们平时感觉到的距离感其实是由两只眼睛共同决定的. 而 3D 成像就是利用人眼的立体视觉特性, 将左右式片源左侧画面输入到左眼, 右侧画面输入到右眼, 通过两眼的视差, 在左右眼形成不同的图像, 在大脑形成立体感觉. 从用户角度, 3D 显示主要分眼镜 3D 和裸眼 3D, 在眼镜 3D 方面主要是色差式 3D 和偏光式 3D, 在裸眼 3D 方面主要有视差屏障式 3D 和全息投影.

1. 视差屏障式 3D

在光源与观察者之间增加一个透射光栅作为视差屏障, 如图 32-1 所示, 通过调整光栅的位置, 可以使得人的左右眼在某一特定位置透过屏障恰好能够看到不同的图像. 图中, 左眼通过屏障恰好只能看到蓝色光, 而右眼通过屏障只能看到红色光, 两眼同时观看, 则产生视觉误差, 进而通过大脑的处理形成 3D 图像.

视差屏障式 3D 也有其缺点, 即对于某一处理后的图片, 光栅只有放在特定的位置, 并且人眼也在特定的位置进行观察, 才可以看到 3D 效果, 因此对观察者的约束非常大, 不仅不能左右移动, 也不可以前后移动.

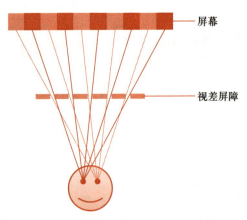

屏幕

视差屏障

图 32-1　视差屏障式 3D 显示原理图

2. 全息投影

全息膜具有很好的透光特性, 并且可以将投影到其上的图像反射出来. 利用全息膜的高反射的光学特性, 通过计算每一时刻物体的位置, 可以在全息膜上投影出全息图像. 同时如果同时记录在多个角度的运动状态, 在多个角度对其进行投影, 就可以在多角度上看到立体图像了, 即可以形成 3D 的效果.

全息投影可以被认为是 3D 显示及投影的最终解决方案, 使得用户完全脱离了眼镜的束缚, 并且可以在多个角度观察到 3D 的效果, 不会产生不适感.

🗒 **对应实验**

1. 视差屏障式 3D 模拟

在屏幕上显示出间隔相同的橙蓝条纹, 用自制的透光板（视差屏障）在人眼和屏幕中间来回移动，如图 32-2 所示.

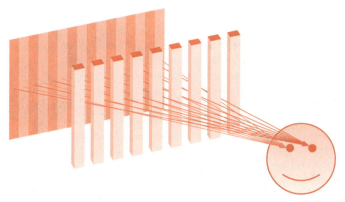

图 32-2　视差屏障式 3D 示意图

可以发现，有一个位置可以使图像恰好呈现出左眼仅能够看到橙色，而右眼只能够看到蓝色的图像，如图 32-3 所示.

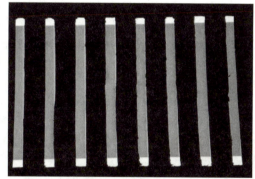

(a) 左眼视角像　　　　　　　　　　　(b) 右眼视角像

图 32-3　视差屏障式 3D 观察像

由于左右眼视线通过视差屏障的角度不同，因此会看到后面屏幕的不同部分. 大脑通过比对两副不同的影像，将左右眼画面以纵向方式交错排列，就能让左右眼看到的画面产生立体感.

2. 金字塔全息投影

金字塔形状为全息膜架构的典型案例. 用半透明全息膜材料搭建金字塔形状，其四个面形状为正三角形或者等腰三角形，分别对应映射分屏视频源的四个不同画面.

全息影像视频是由前后左右四个方向的视频组合而成. 首先制作立体文字模型，利用模型做出单个旋转视频. 设置旋转文字在四个方向投影的旋转相位依次相差 90°，编写程序合成视频.

将旋转文字四个方向的合成视频投影在全息金字塔上，透过搭建好的金字塔全息膜，其内部会合成一个十字状视频. 人的肉眼通过金字塔反射之后，在视觉上形成全息影像的错觉，可以得到在四个方向均可以看到的立体图像，并且文字一直围绕金字塔旋转，如图 32-4 所示.

图 32-4　金字塔全息投影

能否使用气体或液体作为全息膜，实现裸眼 3D 显示？

思考题

视差屏障式 3D 显示中，使用狭缝光栅和柱状透镜光栅时，观察效果会有什么区别？

参考资料

附录1　国际单位制

第 26 届国际计量大会（CGPM）通过的"关于修订国际单位制的 1 号决议"将国际单位制的 7 个基本单位：时间单位"秒"、长度单位"米"、质量单位"千克"、电流单位"安培"、热力学温度单位"开尔文"、物质的量单位"摩尔"、发光强度单位"坎德拉"全部改为由常量定义. 此决议自 2019 年 5 月 20 日（世界计量日）起生效. 这是改变国际单位制采用实物基准的历史性变革，是人类科技发展进步中的一座里程碑. 本附录介绍了物理实验中常用的四个基本单位（秒、米、千克、安培）的定义、历史演变、复现方法等.

F1.1　秒

时间是国际单位制 7 个基本物理量之一. 时间是目前可测量精度最高，不稳定度、评定不确定度最小和最易于传递、应用最广的物理量[1]，在物理学、计量学、测量学等领域具有重要地位. 1967 年第 13 届国际计量大会确定了以铯（^{133}Cs）原子辐射为基础的秒长定义，即：在海平面、零磁场下 ^{133}Cs 原子基态的两个超精细能级之间跃迁所对应的辐射的 9 192 631 770 个周期的持续时间为秒，并把它规定为国际单位制的时间单位[2].

1. 定义

秒（英文名称：second），国际单位制中的时间单位，符号 s. 当铯频率 $\Delta\nu_{Cs}$，即 ^{133}Cs 原子不受干扰的基态超精细跃迁频率，以单位 Hz 即 s^{-1} 表示时，取其固定数值为 9 192 631 770 来定义秒.

在 26 届国际计量大会的决议中，时间单位"秒"的定义保持不变，但是定义的表述方式有一定的改变，以与修订后的其他基本单位的新定义表述方式保持一致.

2. 历史演变

（1）时间计量的产生和发展

远古时期，人们以太阳的升和落作为一天开始和结束的标志. 为了更准确地记录时间的流逝，我国古代就采用了铜壶滴漏以及日晷影移的方法. 历史上记录时间的科学仪器的发展分为五个阶段：日晷仪、机械摆钟、电子表、原子钟和光钟[4].

1）日晷仪

很早以前，人们就发明了日晷仪，这是一种通过太阳辨别时间的仪器，由一支用以投影的杆和一个刻度盘组成，刻度盘上标有小时线，杆的影子落在小时线上，从而指示时间.

2）机械摆钟

13 世纪，欧洲出现了世界上第一台机械摆钟. 当时的摆钟以小时为刻度，最多能辨认到 1/4 小时. 1656 年，荷兰物理学家惠更斯首次制成了更正规的摆钟，摆动一次的周期为 1 s，用自动机械计数器显示时间. 1676 年，丹麦天文学家罗默在巴黎天文台首次用摆钟测量了光速.

3）电子表

1918 年欧洲的科学家用晶体振荡器实现稳定的周期确定时间. 1930 年出现了高稳定石英晶体振荡器（简称晶振），它振荡频率可以达到 $1 \sim 10$ MHz 量级. 虽然晶振有很高的频率稳定度，但不同尺寸的晶振之间的复现性仅为 10^{-7} 量级，因此它不能用于定义秒.

4）原子钟

用铯原子的跃迁频率作为时间标准，自 1955 年一直沿用至今. 由于原子跃迁时发射或吸收电磁波的频率非常稳定，而铯原子的跃迁更容易准确获取，因此铯原子钟应运而生. 自 20 世纪 50 年代中叶第一台铯原子钟开始运转以来，无扰铯原子的超精细分裂频率的复现性已提高了约 5 个量级. 20 世纪 90 年代，在实现了激光冷却技术后，制成了以铯原子喷泉为核心的新一代铯频标. 铯原子喷泉钟的原理简述如下：用激光和磁场技术来囚禁铯原子云，使其冷却到 1 mK 以下. 在喷泉中，铯的冷原子被发射到约 1 m 高，然后在重力作用下返回. 原子在上抛和下落时两次通过微波腔，与铯的热原子相比，冷原子以更慢的速度在更长的时间内与微波场发生相互作用. 在用时间分离的拉姆齐脉冲探测原子的微波吸收时，其分辨力可达 1 Hz 量级，远小于铯原子钟中的热原子的 100 Hz 的分辨力. 用这样窄的线宽，喷泉钟的准确度可以稳定到 $10^{-16} \sim 10^{-15}$ 量级[5].

5）光钟

目前，用稳定激光锁定在冷原子的跃迁上得到的激光频率作为时间标准，正在应用并进一步研制中. 并且光钟的准确度正在迈向 10^{-17} 量级，可能成为新一代的时间基准[4]. 一台光钟或光学频率标准，需要由三个部分组成：其一是性能很好的激光器，其二是频率稳定的腔体，其三是具有极高频率稳定度和复现性的参考物质. 上述三个组成光钟的部件在技术上进行巧妙而精密的结合，就能研制成一台高性能指标的光频标准或光钟.

通过微波频标与激光频标的竞争，时间单位的科学领域跨越了几个范畴：20 世纪中叶的 GHz 范围的电子学范畴，这是微波频标的发展阶段；在 20 世纪末的飞秒化学领域，出现了飞秒光梳的突破，这是光频标的发展阶段；21 世纪初进入了阿秒物理领域，这是光频标发展的顶峰阶段，正在向理论极限 10^{-18} 量级逼近[5].

（2）时间单位定义的历史过程

在 1820 年至 1960 年的一个多世纪内，人们采用了平太阳秒的定义. 科学家将一年内所有真太阳日的平均值称为平太阳日，用它作为平太阳秒的定义，即

$$平太阳秒 = 平太阳日 / 86\ 400$$

这是秒的第一次定义.

1960 年至 1967 年，用历书秒代替平太阳秒作为秒的定义. 地球绕太阳一周为一年，时间单位的定义则将地球两次经过春分点（每年的春分是昼夜平分的标志）的时间间隔，称为 1 回归年.

$$1\ 回归年 = 31\ 556\ 925.974\ 7\ 平太阳秒$$

历书秒是用 1900 年的回归年进行定义的,即历书秒用 1899 年 12 月 31 日 12 时开始的一个回归年作为定义中规定的回归年. 第二次秒定义比第一次定义的准确度提高了一个量级,达到了 1×10^{-9} 量级.

第三次秒定义使用了原子钟的先进技术,即采用量子跃迁的频率,从此进入了采用量子力学原理来定义时间单位的新时代,时间已成为测量准确度最高的物理量. 1967 年,第 13 届国际计量大会通过了秒的新定义:"秒是 ^{133}Cs 原子基态的两个超精细能级之间跃迁所对应的辐射的 9 192 631 770 个周期的持续时间." 由上述定义制作的微波频标通常称为铯原子钟,第一台铯原子钟的跃迁频率是英国国家物理研究所在 1960 年前后以历书秒为依据进行测量的,其结果为

$$\nu = (9\ 192\ 631\ 770 \pm 20)\ \text{Hz}$$

式中的测量值已用于定义中,沿用至今,当时的测量不确定度 20 Hz 是由历书秒引起的,其相应的相对标准不确定度为 2×10^{-9}. 在采用铯跃迁频率定义秒以后,当时的准确度可达 1×10^{-10},比历书秒定义又提高了一个量级.

3. Cs 原子能级介绍

铯是一价碱金属,原子序数是 55,其价电子处于第 6 壳层,主量子数 $n=6$,对于同一主量子数 n,有

$$l = 0,\ 1,\ \cdots,\ n-1$$

式中,l 为电子的轨道角动量量子数,电子除了轨道运动外,还有自旋运动. 电子的自旋角动量量子数 $s=1/2$,电子的自旋与轨道运动相互作用(L-S 耦合)而发生能级分裂,成为精细结构. 因此电子的轨道角动量和自旋角动量合成电子总角动量,电子总角动量量子数为 j,有

$$j = l+s,\ l+s-1,\ \cdots,\ |l-s|$$

由于 $s=1/2$,所以对某一确定的 l 值,有

$$j = l+1/2,\ |l-1/2|$$

除电子具有角动量外,原子核也具有角动量,习惯称为原子核自旋角动量,用 I 来表示. 原子核自旋角动量与电子总角动量相互作用(I-J 耦合),形成超精细结构,用 F 来表示,F 是原子总角动量量子数,有

$$F = I+j,\ I+j-1,\ \cdots,\ |I-j|$$

对于铯原子,原子核自旋角动量 $I=7/2$,当 $j=1/2$ 时,具有 $F=4$ 和 $F=3$ 两个状态;当 $j=3/2$ 时,具有 $F=5$,$F=4$,$F=3$ 和 $F=2$ 四个状态. 当有外磁场存在时,原子总角动量与外磁场相互作用,超精细结构进一步发生塞曼分裂形成塞曼子能级,用磁量子数 $m_F = F,\ F-1,\ \cdots,\ -F$ 表示.

即分裂成 $2F+1$ 个能级间距相等的塞曼子能级. 以上所述铯原子能级结构如图 F1-1 所示. 而电子在能级间跃迁条件为

$$\Delta L = \pm 1,\ \Delta J = \pm 1,\ \Delta F = \pm 1,\ \Delta m_F = 0 \quad (\pi\ \text{线})$$
$$\text{或}\ \Delta L = \pm 1,\ \Delta J = 0,\ \pm 1,\ \Delta m_F = \pm 1 \quad (\sigma\ \text{线})$$

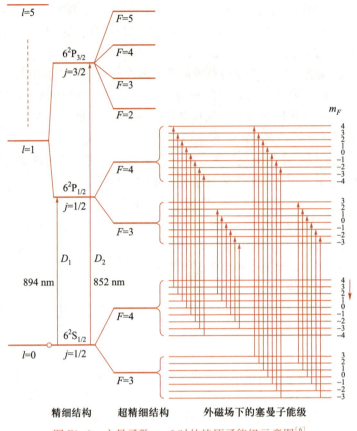

图 F1-1 主量子数 $n=6$ 时的铯原子能级示意图[6]

精细结构   超精细结构   外磁场下的塞曼子能级

4. 时间基准

（1）时间基准的定义

时间基准通常指的是在国际、国家、地区或某个领域被公众所认可的或法律所规定的作为源头的具有最高地位的参考时间，其他的各类时间都需要溯源至时间基准或与时间基准保持一致. 通常情况下，时间基准也具有最高的性能，并通过高精度的量值传递体系向下分发[2].

（2）相对论时间观

时间是科学时空观的一部分，在牛顿理论体系下的时空观中，时间是用于描述物质运动的顺序性、持续性的参量，时间是绝对的、平直的，与物质的运动状态无关、与所处的空间位置无关；在爱因斯坦相对论体系下的时空观中，时间与物质的运动速度是相关的，与所处的空间位置是相关的，与空间的质量分布和引力场大小也是相关的.

相对论时空观是认识和定义时间和空间的理论基础. 对于地球或近地空间而言，需要重点关注的时间系统主要有地心坐标时（temps-coordonnée géocentrique/geocentric coordinate time，TCG）、地球时（terrestrial time，TT）、国际原子时（temps atomique international/international atomic time，TAI）、协调世界时（universal time coordinated，UTC）、世界时（universal time，UT）、一类世界时（UT1）等. 其中，TCG、

TT 是在相对论基础上定义的主要以理论形态存在的时间系统，TAI 是基于原子钟建立的原子时系统，UT1 是基于地球自转建立的天文时间系统，UTC 是综合 TAI 和 UT1 基础上形成的协调时. UTC 是当今世界生产生活活动的时间基准，在国际上它被广泛认可，同时还具有法定效力和最高的综合性能[2].

（3）时间基准的意义

高精度的时间频率基准不仅是国民经济建设、国防建设和科学研究的重要技术基础，也在全球卫星导航系统、深空探测、高速通信、电力电网、金融等领域发挥着及极其重要的作用[7].

目前，时间频率最典型的应用就是卫星定位导航. 利用导航卫星进行定位时，会受到各种各样因素的影响，主要误差来源可分为三类：与导航卫星有关的误差；与信号传播有关的误差；与接收设备有关的误差. 其中与导航卫星有关的误差中，卫星钟差——即卫星上原子钟的钟面时与标准时间的差别，是非常重要的一项误差源. 每颗导航卫星连续不断地发播时间信息、精确的轨道信息（星历）等. 接收机通过测量信号的传送时间，计算出每颗卫星的距离. 距离等于时间乘光速，因为光速很快，非常小的卫星信号时间差就会导致测量上的巨大误差. 1 m 的导航准确度要求所有卫星上星载钟的时间同步在 3 ns 之内. 正是由于精密时间频率测量，才构造出当今世界人类处处依赖的、定位准确度可达几米乃至几毫米的卫星导航定位系统及其相关技术[8].

（4）时间基准的变革（如何校准 1 s）

时间单位的定义经历了从天文时到原子秒的发展历程. 现行秒长国家计量基准是直接复现秒定义的铯原子喷泉钟. 铯原子喷泉钟输出 9 192 631 770 Hz 的基准频率[9]. 随着高精度原子钟技术的不断进步，铯原子喷泉钟的不确定度已达到 10^{-16} 的量级[10]，有望成为下一代秒定义的 $^{27}Al^+$ 量子逻辑钟的不确定度也已进入了 10^{-19} 的量级[11].

1）天文时：天文测量校准守时钟产生时间

在现代时间概念发展历程中，基于地球自转的时间体系称为世界时，基于地球公转的时间体系称为历书时，两者统称天文时. 天文测量不能直接产生天文秒. 天文"时间基准"只产生基准时间周期，即根据天文测量基准日长或基准年长，进而校准守时钟产生时标. 但由于地球的自转和公转的周期并不恒定，从而导致由天文时产生的秒的长度也不相同，存在一定的不可预测性[7].

2）原子秒：铯原子频率基准复现原子秒

到 20 世纪中期，随着原子物理的发展和成形，物理学家发现某些原子、分子的特定跃迁频率具有优异的稳定度和复现性，非常适合作为时间频率基准. 1955 年，英国国家物理实验室（NPL）报道了第一台热铯原子束频率标准，随即美国海军天文台（USNO）和 NPL 合作，依据天文历书时标定了 NPL 铯频标的微波跃迁频率为 9 192 631 770 Hz，相对准确度为 2.2×10^{-9}. 原子频标诞生 12 年后，1967 年第 13 届国际计量大会通过了用原子秒取代天文秒的决议，这是现代计量史上具有划时代意义的重大事件[8]. 原子秒定义为 ^{133}Cs 原子基态两个超精细能级之间跃迁所对应的辐射的 9 192 631 770 个周期的持续时间. 实验室型铯原子频标成为复现秒定义的频率基准[1].

（5）我国国家计量院时间频率基准的发展

1966 年中国计量科学研究院研制成功 NIM3 磁选态铯原子束频率基准，1981 年改进后不确定度达到 10^{-13} 量级. 1997 年 NIM 开始研制激光冷却铯原子喷泉频率基准. 2003 年 NIM4 铯喷泉频率基准通过鉴定，评定不确定度为 8×10^{-15}. 2010 年完成 NIM5 铯喷泉频率基准，不确定度为 1.5×10^{-15}，2018 年改进后重新评定的不确定度达到 9×10^{-16}. 2014 年，NIM5 铯喷泉钟被接收为国际计量局认可的基准钟之一，参与驾驭国际原子时（TAI）[12]. 目前 NIM 正在研制的 NIM6 铯喷泉，2020 年初步评定不确定度为 5.8×10^{-16}[1, 7]. 而从 2006 年开始，我国国家计量科学研究院已着手研制锶原子光晶格钟. 2015 年，锶原子光晶格钟不确定度达到 2.3×10^{-16}，相当于 1.3 亿年不差一秒，成为我国第一台基于中性原子的光钟[8].

（6）光钟的最新进展——未来秒定义

由于光钟在未来秒定义、精密测量和基础研究等领域的作用，大多国家都非常重视其研究和发展. 光钟按照参考物理体系的种类划分，主要可以分为离子光钟和中性原子光晶格钟. 离子光钟方面，美国国家标准与技术研究院的铝离子光钟的不确定性达到 9.4×10^{-19}、德国联邦物理技术研究院的镱离子光钟的不确定性达到了 2.7×10^{-18}. 中性原子光晶格钟方面，美国天体物理联合实验室和日本理化研究所的锶原子光晶格钟的不确定度分别达到了 2×10^{-18} 和 5.5×10^{-18}，美国国家标准与技术研究院的镱原子光晶格钟的不确定性达到了 1.4×10^{-18}.

在国内，中国科学院精密测量科学与技术创新研究院、中国计量科学研究院、中国科学院国家授时中心、中国科学院上海光学精密机械研究所等多家单位正在开展光钟研制工作，也取得了明显进展[13-18]. 目前已有多台光钟的不确定度达到了 10^{-18} 量级，加入了上述国际第一方阵. 其中，据已公开发表的文献，中国计量科学研究院实现了不确定度为 7.2×10^{-18} 的锶原子光晶格钟；中科院精密测量科学与技术创新研究院实现了不确定度为 7.9×10^{-18} 的铝离子光钟和不确定度为 3×10^{-18} 的钙离子光钟；中国科学院国家授时中心锶原子光晶格钟不确定度已经优于 5.7×10^{-17}. 中国计量科学研究院和中国科学院国家授时中心都独立完成了光钟输出频率通过国际原子时溯源到当前秒定义的工作. 不同类型的光钟均处于快速发展期，不同光钟各有特点，且所有光钟性能都在不断提高，如图 F1-2 所示，因此当前还无法给出未来的秒定义实现装置[2].

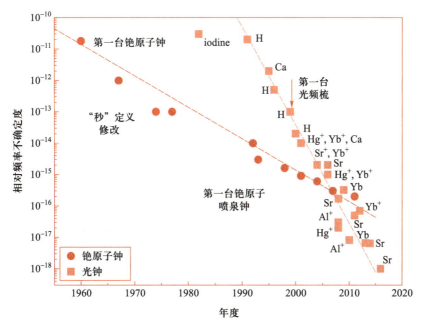

图 F1-2　光钟及铯原子钟相对频率不确定度的发展[13]

5. 目前世界已知的最长时间和最短时间

　　世界上最大的时间单位是银河年，也称宇宙年．现代科学认为，太阳所处的银河系是一个巨型旋涡星系，银河系由三部分组成，即悬臂组成的银盘、中央突起的银心和晕轮．银河年是太阳系在轨道上绕着银河系中心公转一周所需要的时间．自地球形成以来，太阳系大约以 250 km/s 的速度绕银心旋转，每个轨道周期被称为一个银河年．目前科学家对宇宙年长短的认识尚存较大的差异，普遍认为一个宇宙年为 2 亿~2.5 亿年[19-20]．

　　根据量子力学的理论，时间不是连续的，而是一份一份的．世界上最小的时间单位是普朗克时间，即光在真空里飞过一个普朗克长度所需的时间，约为 5.4×10^{-44} s，理论上这是最小的可测量时间间隔[21]．用引力常量 G、真空中光速 c 和普朗克常量 h 三个基本物理量，可导出长度、时间和质量三个基本物理量．普朗克时间有如下定义：

$$t_{\mathrm{P}} = \left(\frac{hG}{c^5} \right)^{1/2} \approx 1.34 \times 10^{-43} \ \mathrm{s}$$

　　也有文献认为普朗克时间 t_{P} 应该是某种粒子处于静止状态时的平均驻生时间 τ [22]．埃及化学家艾哈迈德·泽维尔因使用 fs（飞秒，10^{-15} s）化学技术观察到分子中的原子在化学反应中的运动而获得 1999 年诺贝尔化学奖．德国科学家测量出光子从氢分子中一个氢原子飞到另一个氢原子所需的时间——247 zs（仄秒，10^{-21} s），这是迄今科学家成功测量出的最短时间[21]．2023 年诺贝物理学奖的三位获得者，是基于他们对超快激光科学和阿秒物理的开拓性贡献，使得人们对微观世界的原子、分子和固体的电子运动开展观测并成像．他们正是将脉冲激光从 ps（皮秒，10^{-12} s）提升到了 as（阿秒，10^{-18} s）量级，导致又一座里程碑诞生[23-24]．

F1.2 米

1. 定义

米（英文名称：meter）是国际单位制的基本长度单位，符号为 m. 米的来源最初起源于法国，1 m 最初的定义为通过巴黎的经线上从地球赤道到北极点距离的千万分之一. 其后，随着人们对度量衡学认识的加深，米的定义几经修改. 1983 年，米的长度定义为光在真空中于 1/299 792 458 s 内行进的距离. 2018 年，国际计量大会将米的定义更新为：当真空中光速 c 以 m/s 为单位表达时选取固定数值 299 792 458 来定义米[1].

2. 特殊单位

现在定义较短的长度单位为阿米（am，$1\ am = 10^{-18}\ m$），较大的长度单位有天文学中最常用的长度单位天文单位（AU，$1\ AU = 149\ 597\ 870\ 691\ m$）、光年（l.y.）与秒差距（pc）. 光年即光在宇宙真空中沿直线经过一年时间的距离，为 9 460 730 472 580 800 m，而 1 pc 近似为 3.261 l.y.. 当观测者的运动速度接近光速的时候，我们必须考虑相对论效应，根据洛伦兹变换，当一个物体以接近光速的速度 v 运动时，此时物体的长度 L 与物体静止状态下的长度 L_0 有如下关系：

$$L = L_0 \sqrt{1 - \frac{v^2}{c^2}} \tag{F1-1}$$

即观察者观测到的长度已发生"缩短". 而在量子力学中，存在一个最小的长度普朗克长度，普朗克长度由引力常量 G、光速 c 和普朗克常量 h 的相对数值决定，它是一个质子直径的 $1/10^{22}$. 在任何时空中，普朗克长度都是物理适当长度的下限，它是可以测量的最小的长度[2].

$$l_P = \sqrt{\frac{\hbar G}{c^3}} \cong 1.61\ 624(12) \times 10^{-35}\ m \tag{F1-2}$$

3. 历史演变

1668 年，英国哲学家威尔金斯认为需要一个十进制长度的标准单位系统，并建议用钟摆的方法来确定标准长度.

1791 年，法国科学院认为要确定基本单位恒定不变，应以自然的物理量为基础，威尔金斯提出的钟摆法会受到地球各处重力加速度大小略微不同的影响，从而会影响钟摆长度的测量. 在上述考虑的基础上，法国科学院提出了子午线定义，具体表述为通过巴黎的经线上从地球赤道到北极点距离的千万分之一. 通过测量敦刻尔克钟到巴塞罗那的蒙特惠奇堡的距离，来确定这段巴黎子午线一部分的长度. 并于 1793 年采用此次测量的结果确定了标准米的长度. 日后，人们发现由于误算了地球的扁率而错算了弧长，导致第一个米原器（根据测量值制成的铂金棒）的长度比子午线的定义少了 1/5 mm.

1875 年，米制公约要求在法国塞夫尔建立一个永久的国际计量局. 该组织在 1889 年首届国际计量大会召开时利用铂铱合金（90%的铂和10%的铱）制造了一个新的米原器，并规定在冰的熔点温度时测得的国际米原器上两道刻度之间的距离为 1 m.

1960 年国际计量大会改用氪（^{86}Kr）原子的 $^2p_{10}$ 和 $^5d_5$ 能级间的跃迁辐射在真空中波长的 1 650 763.73 倍为标准单位米.

由于氪（^{86}Kr）不易取得，但是在 20 世纪 70 年代光速的测定已经非常精确，所以在 1983 年召开的国际计量大会上，最终定义了光在真空中于 1/299 792 458 s 内行进的距离为单位标准米.

4. 光速的现代测定原理

根据国际计量大会最新的关于单位标准米的定义，只要精确测量了光速，就可以得到标准米的数值.

在 17 世纪之前，伽利略、罗麦和布莱德雷等人尝试过利用简单光学以及天文学等方法测定光速的大小，并且得到结论光速是有限的，大小大约为 29 800 km/s（罗麦由木星卫星食推算得到）. 但是由于实验条件的局限，他们只能测定在真空中的光速，而不能解决光受传播介质影响的问题.

（1）斐索用旋转齿轮法测定光速

1849 年 9 月，法国物理学家斐索第一次在地面上设计装置，利用旋转齿轮法测定光速. 其具体装置如图 F1-3 所示. 光自垂直于图面的狭缝光源 S 出发，经过透镜 L 和半镀银面的平板 M_1，从而会聚到点 F. 在点 F 所处的平面内有一个旋转速度可变的齿轮 W，它的齿隙不遮光，而齿却能遮住通过 F 点的所有的光. 通过齿隙的光经过透镜 L_1 后成为平行光，经透镜 L_2 会聚到达凹面反射镜 M_2 的表面后原路返回. 如果光由 F 点出发，到达 M_2 再返回 F 点的一个往返的时间间隔 Δt 内，齿轮的齿隙刚好被齿所代替，则由 M_2 返回的光被遮挡，在透镜 L_3 后的 E 处将看不到光. 依据以上原理，齿轮的转速由零逐渐加快的过程中，可以在 E 处看到闪光. 当齿轮的转速达到第一次看不见光的位置时，必定是齿隙 1 被齿 a 所代替. 设此时齿轮的转速为 ν，齿数为 n，则齿轮由齿隙 1 转到齿 a 的时间间隔为

$$\Delta t = \frac{1}{2n\nu} \qquad (F1-3)$$

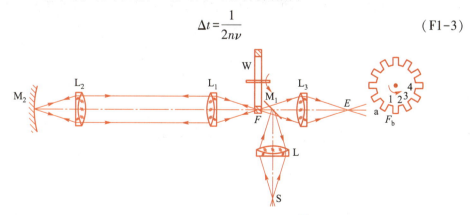

图 F1-3　旋转齿轮法装置示意图[3]

再设点 F 到 M_2 的路程为 L，则在 Δt 的时间间隔内光一共走过的路程为 $2L$，即

$$\Delta t = \frac{2L}{c} \qquad\qquad (F1-4)$$

综合式 (F1-2)、式 (F1-3)，我们可以得到

$$c = 4nL\nu \qquad\qquad (F1-5)$$

斐索利用 720 齿的齿轮，取 $2L$ 约为 $1.726\,6 \times 10^5$ m，发现第一次看不见光时齿轮的转速为 12.6 r/s，测得光速为 3.15×10^8 m/s. 这个实验的主要误差来自齿轮的齿有一定的宽度，点 F 不在齿的中央时光也能被挡住. 斐索之后，纽考姆、福布斯以及珀罗汀等先后改进了这个实验，所得结果均在 $2.99 \times 10^8 \sim 3.01 \times 10^8$ m/s 的范围内.

（2）傅科的旋转镜法

1850 年，法国科学家傅科改进了斐索的方法，他只用了一个透镜、一个旋转的平面镜和一个凹面镜. 平行光通过旋转的平面镜反射再通过透镜会聚到凹面镜的圆心上，当在光由凹面镜回到旋转平面镜的时，如果旋转平面镜刚好转过一周，就可以看到凹面镜反射回来的光. 此时利用平面镜的转速以及光走过的路程就可以求得光的传播速度. 利用这种方法，傅科测到的光速为 298 000 km/s. 此外利用这种方法，傅科还测到了光在水中的传播速度，通过比较光在空气中的传播速度，他得到了光由空气射入水中的折射率.

（3）迈克耳孙的旋转棱镜法

齿轮法之所以不够准确，是因为齿轮的齿的中央遮光会使光消失，齿的边缘遮挡光时也会使光消失. 因而不能正确地描述光消失的时刻. 1926 年迈克耳孙提出了利用旋转棱镜法进行测量光速，实验装置如图 F1-4 所示. 他用一个正八面钢制棱镜代替了旋转镜法中的平面镜，从而使光路大大增长，减小了测量的误差. 光从狭缝 S 出发，在旋转八面棱镜的一面上反射，再经过两个固定的平面镜 M_2 和 M_3 反射到大凹面镜 M_4（焦距为 18 m）上. M_4 把光变成平行光送到与 M_4 相距 35 km 的 M_5 上，再由 M_5 把光会聚到另一平面镜 M_6，再从这里经过 M_5、M_4、M_3'、M_2' 和八面棱镜的面到达观察处 E. 通过精确测量棱镜的转动速度，以及光走过的光程就可以得到光速的大小. 1926 年，迈克耳孙测得的光速的大小为 299 796 km/s. 这是当时最精确的测定值，很快就成为当时光速的公认值. 迈克耳孙在 1879 年至 1926 年间从事光速测量的工作长达近五十年，对于光速的精确测定做出了极大的贡献.

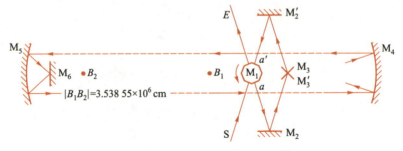

图 F1-4　旋转棱镜法装置示意图[1]

（4）近代光速测量方法

20 世纪 50 年代开始，由于微波技术、激光技术以及半导体器件技术等的迅猛发展，科学家有了更多的手段精确测量光速. 近代所得到的最精确的光速都是通过波长和频率求得的. 1950 年，埃森提出用空腔共振法来测定光速[2]. 这种方法的原理是：微波通过空腔时，根据空腔的长度就可以求出谐振腔的波长，再把谐振腔的波长换算成光在真空中的波长，由波长和频率的乘积就可以计算出真空中的光速. 实验中，埃森利用的是圆柱形的谐振腔，当微波波长与谐振腔的尺寸匹配时，微波波长与谐振腔的圆周长之间有如下关系：

$$\pi D = 2.404\ 825\lambda \tag{F1-6}$$

谐振腔的直径 D 可以由干涉法测得，频率用逐级差频法测定. 通过以上测量，埃森最终测得的光速的大小为（299 792.5±1.0）km/s. 之后在 1952 年至 1954 年，英国国家物理研究所的弗洛姆利用 72 GHz 微波干涉仪测定了真空中的光速，大小为（299 792.5±0.1）km/s[5]. 1967 年，苏联的西姆金等人利用 36 GHz 微波干涉仪完成了类似的实验，所测得的光速的大小为（299 792.56±0.11）km/s[6]. 此后，先后出现了红外旋转光谱法、固有长度谐振腔法、可变长度谐振腔法、基线雷达测量法等.

1973 年，得益于激光技术的发展，美国 NBS 的埃文森等人率先发表了 88 THz 甲烷谱线的测量结果[7]. 他们完成了从微波频率扩展到甲烷谱线的光学标准测量链. 1982 年，美国的 NBS 又以 CO_2 激光器为起点，首次将测量频率扩展到了可见光范围[8].

（5）现代光速测量方法

2015 年波兰的萨尔扎诺等人提出了可以利用重声子学振荡来对光速进行测量的方法[9]，对于角直径距离 $D_A(z)$ 和哈勃参量 $H(z)$，在使得 D_A 具有最大值的红移 z_m 处，二者具有如下所示的关系：

$$D_A(z_m)H(z_m) = c(z_m) \tag{F1-7}$$

其中 $c(z_m)$ 不等于真空中的光速 c_0. 之后，北京师范大学的曹硕等人通过对超小型射电类星体研究，确定了 z_m 为 1.70 时相关参量的值 $D_A(z_m) = （1\ 719.01±43.46）$ Mpc，$H(z_m) = （176.77±6.11）$ km · s^{-1} · Mpc^{-1}，从而利用上述参量获得了光速 $c(z_m)$ 的值为（3.039±0.180）×10^5 km/s[10]，可以看到它与真空中的光速的值之间存在偏差.

参考资料

F1.3　千　克

1. 定义

千克（英文名称：kilogram）是国际单位制（SI）中的基本质量单位，符号为 kg. 千克的来源可以追溯到 18 世纪末的法国，最初定义为 1 dm^3 纯水在 4 ℃时的质量. 随着科学的发展和度量衡学的深入，千克的定义经历了多次重要修改. 直至 2019

年，千克的定义发生了历史性的转变．基于国际计量大会的决定，千克被重新定义为：当普朗克常量 h 以单位 $m^2 \cdot kg \cdot s^{-1}$ 表示时，将其固定数值取为6.626 070 15×10^{-34} 来定义千克．这一定义的更新，将千克从传统的实物原型转变为基于不变的物理常量，标志着国际单位制向更加稳定和科学的方向迈进．

2. 演变历史

千克的历史起源与法国大革命时期的度量衡改革有关．1789 年，法国大革命爆发后不久，法国国民议会提出了一项旨在统一度量衡单位的计划．这一计划的目的是替代当时在法国流行的众多且相互不一致的度量系统．

1791 年，法国科学院定义了千克，最初的定义是 1 dm^3（即 1 L）纯水在其密度最大时（约 4 ℃）的质量．这一定义具有明显的优点，因为水是一种普遍且容易获得的物质．1795 年，法国政府正式采用了这一定义．

1799 年，为了提供一个更为稳定和精确的质量标准，法国科学院制造了一个铂制的原型质量块，称为"档案局千克"（Kilogramme des Archives）．这个质量块被定义为千克的标准，并被存放在法国．

1875 年，20 多个国家签署了米制公约，成立了国际计量局（BIPM）．1889 年，第一次国际计量大会上，代表们同意采用一个新的国际千克原器，这是一个由 90% 铂和 10% 铱合金制成的圆柱体．这个原器的质量被定义为 1 kg，并被存放在国际计量局总部，位于法国塞夫尔的国际计量局．

随着科学技术的发展，特别是精密测量技术的进步，科学家们开始意识到基于实物原型的定义存在局限性．尤其是在 20 世纪末，人们发现了国际千克原器的质量与其复制品之间存在微小的差异．

2019 年，经过多年的研究和准备，国际计量大会决定采用一种基于普朗克常量的新定义来定义千克．这个新定义不再依赖于任何物理实体，而是基于固定的普朗克常量（h），其数值被精确地固定为 6.626 070 15×10^{-34} m$^2 \cdot$ kg/s．通过这一定义，千克的概念从依赖于特定物理对象转变为基于一个不变的自然常量．千克定义的发展历程如图 F1-5 所示．

图 F1-5　千克定义的发展历程

3. 特殊的物理量：普朗克常量

普朗克常量用 h 表示，是量子力学的基石之一，它表明能量与频率成比例，这个比例因子就是普朗克常量．换言之，它联系了一个光子的能量（E）与其频率（ν），即 $E=h\nu$．这种量子化的概念揭示了自然界的基本规律之一，即在微观层面上，能量的交换并非连续的，而是以量子的形式发生．普朗克常量可谓是普朗克创造性的神来之笔，是量子世界与经典世界的桥梁．

4. 质量的现代测量原理

根据国际计量大会最新的关于单位千克的定义，只要精确测量普朗克常量，就可以得到标准千克的数值，瓦特天平（也称为基准天平）是实现这一新定义的关键工具. 这种精密仪器通过比较机械功率和电功率来精确测量质量. 瓦特天平的运作原理是电磁力与重力平衡. 通过精确测量所需的电流和电压，可以确定普朗克常量的值. 这种方法将质量的测量从实物原型转变为依赖一个基本的自然常量. 此外，瓦特天平的使用还涉及光速、约瑟夫森效应和量子霍尔效应等现代物理现象. 这些现象的精确控制和测量对于实现新的千克定义至关重要.

约瑟夫森效应是一种超导电流的隧道效应. 交流约瑟夫森效应的根据是：当两个弱耦合的超导体之间流动的直流超导电流的临界值被超过时，在弱耦合区域两端出现直流电压 U，而且有频率为 f 的交流电流流过，这里有

$$\frac{U}{hf} = \frac{1}{2 \times 10^4 e} \qquad (F1\text{-}8)$$

则

$$U = \frac{hf}{2 \times 10^4 e} \qquad (F1\text{-}9)$$

其中，人们把等于 $2e/h$ 定义为约瑟夫森常量.

量子霍尔效应自 1980 年被发现以来，各国家陆续建立了量子霍尔电阻标准. 国际计量委员会建议从 1990 年 1 月 1 日起在世界范围内启用量子霍尔电阻标准代替原来的电阻实物标准，并给出了下面的国际推荐值

$$R_K = \frac{h}{e^2} \qquad (F1\text{-}10)$$

式中 R_K 表示 $i=1$ 的平台处的量子霍尔电阻值. 常量 h/e^2 被命名为克利青常量.

在上述两个重要物理效应基础上，就可以利用瓦特天平测量普朗克常量，将质量用普朗克常量表示出来. 瓦特天平的左端为磁场中的通电线圈，右端放置待测物体，如图 F1-6 所示.

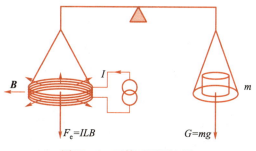

图 F1-6　瓦特天平原理图

给线圈通电后，左侧线圈所受安培力与右侧物体重力平衡，即

$$BIL = mg \qquad (F1\text{-}11)$$

使天平以速度 v 上下摆动，将二力平衡模式转换为机械功率与电功率相等模式，即

$$BILv = mgv \qquad\qquad (F1-12)$$

线圈由于切割磁感线产生感应电动势

$$BLv = \mathscr{E} \qquad\qquad (F1-13)$$

式中 I 为初始状态下线圈中通入的恒定电流值，可利用欧姆定律，通过测量悬挂、串联的采样（线圈）电阻 R 及 R 上的压降得出：

$$I = U/R \qquad\qquad (F1-14)$$

由此得

$$\mathscr{E}\frac{U}{R} = mgv \qquad\qquad (F1-15)$$

其中，U 和 $\mathscr{E}$ 的数值与约瑟夫森效应相关，R 的数值与量子霍尔效应相关.

$$\mathscr{E} = \frac{nf_1}{K_{\mathrm{J}}} \qquad\qquad (F1-16)$$

$$U = \frac{nf_2}{K_{\mathrm{J}}} \qquad\qquad (F1-17)$$

$$R = \frac{R_{\mathrm{K}}}{i} \qquad\qquad (F1-18)$$

其中，n 和 i 为整数，f_1 和 f_2 分别是约瑟夫森电压的测量频率，K_{J} 为约瑟夫森常量，R_{K} 为克利青常量. 得出

$$m = \frac{n^2 f_1 f_2 i}{4gv} h \qquad\qquad (F1-19)$$

由此，就将质量与普朗克常量联系起来，实现了用物理常量定义质量单位. 新定义的复现方式是利用瓦特天平测量普朗克常量，其中电压的测量与电阻的测量分别基于国际电压基准和量子化电阻标准. 通过机械功率和电功率的关系将质量与普朗克常量相联系，实现用普朗克常量定义千克. 千克定义的更新影响着教学领域、测量领域、科技领域，对大众的科学素养的提高也有着切实的意义.

参考资料

F1.4　安　培

1. 定义

安培（英文名称：ampere）是国际单位制中表示电流的基本单位，简称安，符号 A[1]. 为纪念法国物理学家安德烈-马里·安培在经典电磁学方面的贡献而命名，他在 1820 年提出了著名的安培定律. 2018 年 11 月 16 日，第 26 届国际计量大会通过给予元电荷确定的电荷量，确定了安培的新定义，即：安培，符号 A，SI 的电流单位，当元电荷 e，以单位 C，即 A·s 表示时，将其固定数值取为 $1.602\ 176\ 634 \times 10^{-19}$ 来定义安培，其中秒用 $\Delta\nu_{\mathrm{Cs}}$ 定义[2].

2. 历史演变

19 世纪以前，所有电磁现象的描述都是定性的，富兰克林和伏打等人设计出来

的仪器也只是用实验现象来表示定性表示电学量，而不是精确测量，电流的大小通过细电流的发红程度来确定. 19 世纪中期，即电报出现的时期，电位差仍然以电池的数量和标准导线的电阻来衡量，英国标准为铜线 16 号，而德国标准是铁线 8 号，这给国际的科学和商业合作带来了极大不便，因此，必须考虑国际通用单位来取代这种定性标准.

著名的德国数学家和科学家高斯（F.Gauss）在 1833 年首次提出，所有的电磁量都可以用长度、质量和时间三个基本单位的单位来表示，高斯和他在这一领域的继任者韦伯（W.Weber）选择的基本单位是毫米、毫克和秒，以汤姆孙（W.Thomson）和麦克斯韦（J.Clerk Maxwell）为首的英国科学家采用了高斯-韦伯方法论，但建议使用厘米、克和秒作为基本单位[3].

当时，有两种系统的方法来定义电磁量的 CGS 单位，一种称为静电（es）系统，另一种称为电磁（em）系统. 在这两种系统中，每个连续方程只包含一个新量，所有量的单位都可以从方程中推导出来. es 方法的第一个方程是电荷的库仑定律：

$$F = k \frac{Q_1 Q_2}{r^2} \tag{F1-20}$$

式中，k 是一个量纲为 1 的量，它被用来定义富兰克林电荷单位. 定义为：一个富兰克林电荷作用于另一个相同大小的电荷上，当两个电荷之间的距离 r 是 1 cm 时，力是 1 dyne（达因）. 一旦确定了电荷单位，电流单位就可以由公式 $I=Q/t$ 等来定义，一个系统中的所有其他单位都可以推导出来.

在电磁系统中，第一个方程最初是磁荷的库仑定律. 然而，后来磁荷（也称为磁极强度）的概念被推翻，安培定律成为电磁定义序列中的第一个公式，即

$$\frac{F}{L} = \gamma \frac{2 I_1 I_2}{d} \tag{F1-21}$$

式（F1-21）中给出两个平行电流 I_1 和 I_2 之间单位长度的力 F/L，γ 量纲为 1. 由上述公式定义的电流单位是当距离 d 为 1 cm 时，作用于另一同等大小的电流上的力为 1 dyne/cm 的电流. 为了纪念法国科学家毕奥（Biot），这个单位被命名为 biot. 一个 biot 经测量为 es 系统中电流单位的 3×10^{10} 倍. 这一发现意义重大，因为 3×10^{10} cm/s 是光速. 磁关系中 c 的出现是麦克斯韦研究的重要线索，他发展了电磁波理论（1873年），随后是爱因斯坦，他发展了相对论（1905 年）.

1893 年在芝加哥召开的国际电气会议和 1908 年在伦敦召开的会议，将"国际安培"定义为 $AgNO_3$ 溶液中每秒析出 1.118 mg 银的电流大小，后来人们有了更精确的发现，这一电流是 0.999 85 A. 电位差的单位定义为伏特 V，即通过 1 Ω（欧姆）电阻的电流为 1 A（安培）时的电压降. 标准电池的电动势在 20 ℃下被测定为 1.018 3 V，用来校准电压表或其他仪器.

20 世纪 30 年代的技术进步带来了更好的测量导线之间的电场力的方法，直导线被相互作用的线圈所代替，即 SI 是用电动力学的方法来定义电流单位. Giorgi 第一个认识到如果这三个基本单位被米、千克和秒所取代，那么 1 J 等于 10^7 ergs（尔

格），将成为所有领域的一个自然的功和能量单位．最重要的是，欧姆、安培和伏特将成为新系统的自然单位，而不仅仅是电磁的亚单位，它们是用 10^9、0.1 和 10^8 的倍数来定义的．这是由焦耳等于伏特乘以安培得出的，$10^8 \times 0.1 = 10^7$，即 1 J 等于 10^7 ergs．Giorgi 提出的建议是用一个新系统代替 CGS 系统．这个新系统将以四个基本单位为基础，而不是三个基本单位——米、千克、秒和一个电单位．在最初的建议中，基本电单位是欧姆．后来电气国际委员会（International Electrical Commission）采纳了该建议，但决定使用安培作为第四个基本单位，因此 Giorgi 系统被称为 MKSA，M 代表米，K 代表千克，S 代表秒，A 代表安培，1954 年第 10 届国际计量大会正式使 MKSA 制度合法化．它成为了我们现在的 SI 系统的一部分．

1948 年，第 9 届国际计量大会决定，将安培定义为：真空中，截面积可以忽略的两根相距 1 m 的无限长平行圆直导线内通过等量恒定电流时，若导线的相互作用在每米长度上的力均为 2×10^{-7} N，则每根导线中的电流为 1 A，这一定义一直沿用到 20 世纪初．

2005 年，国际计量委员会同意研究将元电荷电荷量用于安培定义的可能．2014 年第 25 届国际度量衡委员会上讨论了电流基本单位安培的定义，定义于 2019 年 5 月 20 日生效．2018 年 11 月 16 日，第 26 届国际计量大会通过赋予元电荷确定的电荷量，确定了安培的新定义，即：安培，符号为 A，为 SI 的电流单位．当元电荷 e 以单位 C，即 A·s 表示时，将其固定数值取为 1.602 176 634×10^{-19} 来定义安培，其中秒用 $\Delta\nu_{\mathrm{Cs}}$ 定义．

3. 元电荷

在电学基本单位重新定义之前，电学单位的实验测量是基于约瑟夫森电压标准和量子霍尔电阻标准．使用的是 1990 年约瑟夫森常量 $K_{\mathrm{J\text{-}90}}$ 和克利青常量 $R_{\mathrm{K\text{-}90}}$ 的常规值[4]．由于约瑟夫森常量 K_{J} 和克利青常量 R_{K} 在国际单位制的数值是根据定义常量 e 和 h 的固定数值结合 $K_{\mathrm{J}} = 2e/h$ 和 $R_{\mathrm{K}} = h/e^2$ 的公式计算出来的，所以在修订后的国际单位制中，不再使用这些传统数值[5]．

在新修订的 SI 中，只需要确定元电荷 e 的数值，但确定元电荷 e 的数值不需要任何具体的实验，因为它可以从精细结构常数 α 和普朗克常量 h 的实验值，以及光速 c 和真空磁导率 μ_0 的实验值计算出来：

$$e = \sqrt{\frac{2\alpha h}{\mu_0 c}} \tag{F1-22}$$

其中 α 是通过量子电动力学（QED）计算得出的电子反常磁矩 a_e 以及铯或铷原子反冲和原子干涉测量法确定的 $h/m_{\mathrm{Cs,\ Rb}}$ 比值来确定．对于 h 值，主要来自基布尔（Kibble）天平实验和高富集 Si 单晶球的 X 射线晶体密度（XRCD）实验．元电荷 e 的数值由 CODATA 的基本常量来调整[6]，最终确定为 $e = 1.602\ 176\ 634\ 1(83) \times 10^{-19}$ C，该值的相对不确定性为 5.2×10^{-9}，主要由普朗克常量的实验不确定性确定．真空磁导率 μ_0 的数值确定为 $\mu_0 = 4\pi \times 10^{-7}$ N·A^{-2}，其相对不确定性与精细结构常数相近，为 2.3×10^{-10}，真空磁导率与先前精确值的微小偏差以及相关的不确定性很小，不会产生很大影响．图 F1-7 显示了元电荷数值的变化[7]．

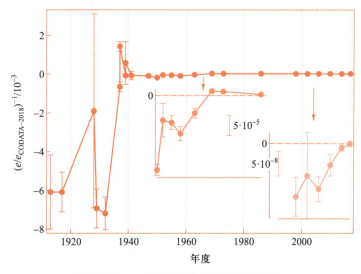

图 F1-7　一个世纪以来元电荷值的测定，显示了与 2018 年 CODATA 数值的相对差异

4. 量子计量三角实验

量子计量三角（QMT）实验[7]将欧姆定律 $U = IR$ 直接应用于约瑟夫森效应（JE）、量子霍尔效应（QHE）和单电子隧穿（SET）效应有关的电压、电阻和电流，或者电子计数电容标准（ECCS）中的电容充电方程 $Q = CU$ 中（图 F1-8）. 最终目的是检查三种量子效应所涉及的相关常量的一致性，它们提供了 h/e^2、$2e/h$ 和 e 的准确值. QMT 实验检验了三种量子效应的一致性，是基布尔天平定义千克和在修订的 SI 中定义安培的量子基础.

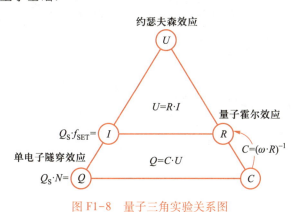

图 F1-8　量子三角实验关系图

5. 安培的校准方法

根据 1908 年"国际安培"的定义：$AgNO_3$ 溶液中每秒析出 1.118 mg 银的电流大小，即 0.999 85 A，可以在 $AgNO_3$ 溶液通电，通过测量银的析出速率，来校准 1"国际安培". 同时，标准电池的电动势在 20℃下被测定为 1.018 3 V，也常常用来校准电压表或其他仪器.

用于测量单个电子电荷量的单电子泵也可以用于 1 安培的校准，如图 F1-9 所示，单电子泵可捕捉快速通过导体的电子，通过计数电子的个数产生可以测量的电流，进而校准安培单位.

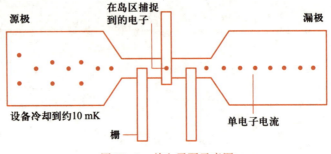

图 F1-9　单电子泵示意图

目前，安培单位的复现方法有以下 3 种：

（1）欧姆定律，以及 SI 中派生的伏特 V 和欧姆 Ω，基于约瑟夫森效应以及量子霍尔效应来复现.

（2）利用单电子传递（SET）或类似的装置，根据单位关系 1 A＝1 C/s，元电荷 e 和 SI 中的秒 s 来复现.

（3）根据 $I=C \cdot \mathrm{d}U/\mathrm{d}t$，其单位关系 A＝F·V/s，用国际单位制中的伏特 V、法拉 F 和秒 s 来复现.

参考资料

附录2　物理学常量表

表 F2-1　常用物理学常量

名称	符号	数值	单位	相对标准不确定度
真空中的光速	c	299 792 458	$m \cdot s^{-1}$	精确
普朗克常量	h	$6.626\ 070\ 15 \times 10^{-34}$	$J \cdot s$	精确
约化普朗克常量	$h/2\pi$	$1.054\ 571\ 817 \cdots \times 10^{-34}$	$J \cdot s$	精确
元电荷	e	$1.602\ 176\ 634 \times 10^{-19}$	C	精确
阿伏伽德罗常量	N_A	$6.022\ 140\ 76 \times 10^{23}$	mol^{-1}	精确
玻耳兹曼常量	k	$1.380\ 649 \times 10^{-23}$	$J \cdot K^{-1}$	精确
摩尔气体常量	R	$8.314\ 462\ 618 \cdots$	$J \cdot mol^{-1} \cdot K^{-1}$	精确
理想气体的摩尔体积（标准状况下）	V_m	$22.413\ 969\ 54 \cdots \times 10^{-3}$	$m^3 \cdot mol^{-1}$	精确
洛施密特常量	n_0	$2.686\ 780\ 111 \cdots \times 10^{25}$	m^{-3}	精确
斯特藩-玻耳兹曼常量	σ	$5.670\ 374\ 419 \cdots \times 10^{-8}$	$W \cdot m^{-2} \cdot K^{-4}$	精确
维恩位移定律常量	b	$2.897\ 771\ 955 \cdots \times 10^{-3}$	$m \cdot K$	精确
引力常量	G	$6.674\ 30(15) \times 10^{-11}$	$m^3 \cdot kg^{-1} \cdot s^{-2}$	2.2×10^{-5}
真空磁导率	μ_0	$1.256\ 637\ 061\ 27(20) \times 10^{-6}$	$N \cdot A^{-2}$	1.6×10^{-10}
真空电容率	ε_0	$8.854\ 187\ 818\ 8(14) \times 10^{-12}$	$F \cdot m^{-1}$	1.6×10^{-10}
电子质量	m_e	$9.109\ 383\ 713\ 9(28) \times 10^{-31}$	kg	3.1×10^{-10}
质子质量	m_p	$1.672\ 621\ 925\ 95(52) \times 10^{-27}$	kg	3.1×10^{-10}
中子质量	m_n	$1.674\ 927\ 500\ 56(85) \times 10^{-27}$	kg	5.1×10^{-10}
氘核质量	m_d	$3.343\ 583\ 776\ 8(10) \times 10^{-27}$	kg	3.1×10^{-10}
氚核质量	m_t	$5.007\ 356\ 751\ 2(16) \times 10^{-27}$	kg	3.1×10^{-10}
玻尔磁子	μ_B	$9.274\ 010\ 065\ 7(29) \times 10^{-24}$	$J \cdot T^{-1}$	3.1×10^{-10}
核磁子	μ_N	$5.050\ 783\ 739\ 3(16) \times 10^{-27}$	$J \cdot T^{-1}$	3.1×10^{-10}
里德伯常量	R_∞	$1.097\ 373\ 156\ 815\ 7(12) \times 10^{7}$	m^{-1}	1.1×10^{-12}
精细结构常数	α	$7.297\ 352\ 564\ 3(11) \times 10^{-3}$		1.6×10^{-10}

名称	符号	数值	单位	相对标准 不确定度
玻尔半径	a_0	$5.291\ 772\ 105\ 44(82) \times 10^{-11}$	m	1.6×10^{-10}
康普顿波长	λ_C	$2.426\ 310\ 235\ 38(76) \times 10^{-12}$	m	3.1×10^{-10}
原子质量常量	m_u	$1.660\ 539\ 068\ 92(52) \times 10^{-27}$	kg	3.1×10^{-10}

注: ① 表中数据为国际科学理事会（ISC）国际数据委员会（CODATA）2022 年的国际推荐值.

② 标准状况是指 $T = 273.15$ K, $p = 101\ 325$ Pa.

我国的法定计量单位（以下简称法定单位）包括：

1. 国际单位制（SI）的基本单位（见表 F3-1）；
2. 国际单位制的辅助单位（见表 F3-2）；
3. 国际单位制中具有专门名称的导出单位（见表 F3-3）；
4. 可与国际单位制并用的我国法定计量单位（见表 F3-4）；
5. 由以上单位构成的组合形式的单位；
6. 由词头和以上单位所构成的十进倍数和分数单位（词头见表 F3-5）.

法定单位的定义、使用方法等，由国家计量局另行规定.

表 F3-1 国际单位制的基本单位

量的名称	单位名称	单位符号
长度	米	m
质量	千克（公斤）	kg
时间	秒	s
电流	安［培］	A
热力学温度	开［尔文］	K
物质的量	摩［尔］	mol
发光强度	坎［德拉］	cd

注：

① 圆括号中的名称，是它前面的名称的同义词，下同.

② 无方括号的量的名称与单位的名称均为全称，方括号中的字在不至引起混淆、误解的情况下，可以省略，去掉方括号中的字即为其名称的简称，下同.

③ 本标准所称的符号，除特殊指明外，均指我国法定计量单位中所规定的符号以及国际符号，下同.

④ 生活和贸易中，质量习惯称为重量.

表 F3-2 国际单位制的辅助单位

量的名称	单位名称	单位符号
平面角	弧度	rad
立体角	球面度	sr

表 F3-3 国际单位制中具有专门名称的导出单位

量的名称	SI 导出单位		
	名称	符号	用 SI 基本单位和 SI 导出单位表示
频率	赫［兹］	Hz	$1\ Hz = 1\ s^{-1}$
力	牛［顿］	N	$1\ N = 1\ kg \cdot m/s^2$

量的名称	SI 导出单位		
	名称	符号	用 SI 基本单位和 SI 导出单位表示
压力，压强，应力	帕［斯卡］	Pa	$1\ \text{Pa} = 1\ \text{N/m}^2$
能［量］，功，热量	焦［耳］	J	$1\ \text{J} = 1\ \text{N} \cdot \text{m}$
功率，辐［射能］通量	瓦［特］	W	$1\ \text{W} = 1\ \text{J/s}$
电荷［量］	库［仑］	C	$1\ \text{C} = 1\ \text{A} \cdot \text{s}$
电位，电压，电动势，（电势）	伏［特］	V	$1\ \text{V} = 1\ \text{W/A}$
电容	法［拉］	F	$1\ \text{F} = 1\ \text{C/V}$
电阻	欧［姆］	Ω	$1\ \Omega = 1\ \text{V/A}$
电导	西［门子］	S	$1\ \text{S} = 1\ \text{A/V}$
磁通［量］	韦［伯］	Wb	$1\ \text{Wb} = 1\ \text{V} \cdot \text{s}$
磁通［量］密度，磁感应强度	特［斯拉］	T	$1\ \text{T} = 1\ \text{Wb/m}^2$
电感	亨［利］	H	$1\ \text{H} = 1\ \text{Wb/A}$
摄氏温度	摄氏度	℃	$1\ ℃ = 1\ \text{K}$
光通量	流［明］	lm	$1\ \text{lm} = 1\ \text{cd} \cdot \text{sr}$
［光］照度	勒［克斯］	lx	$1\ \text{lx} = 1\ \text{m/m}^2$
［放射性］活度	贝可［勒尔］	Bq	$1\ \text{Bq} = 1\ \text{s}^{-1}$
吸收剂量，比授［予］能，比释动能	戈［瑞］	Gy	$1\ \text{Gy} = 1\ \text{J/kg}$
剂量当量	希［沃特］	Sv	$1\ \text{Sv} = 1\ \text{J/kg}$

表 F3-4　可与国际单位制并用的我国法定计量单位

量的名称	单位名称	单位符号	换算关系和说明
时间	分	min	$1\ \text{min} = 60\ \text{s}$
	［小］时	h	$1\ \text{h} = 60\ \text{min} = 3\ 600\ \text{s}$
	日（天）	d	$1\ \text{d} = 24\ \text{h} = 86\ 400\ \text{s}$
［平面］角	度	°	$1° = (\pi/180)\ \text{rad}$
	［角］分	′	$1′ = (1/60)° = (\pi/10\ 800)\ \text{rad}$
	［角］秒	″	$1″ = (1/60)′ = (\pi/648\ 000)\ \text{rad}$
体积	升	L（l）	$1\ \text{L} = 1\ \text{dm}^3 = 10^{-3}\ \text{m}^3$
质量	吨	t	$1\ \text{t} = 10^3\ \text{kg}$
	原子质量单位	u	$1\ \text{u} \approx 1.660\ 539 \times 10^{-27}\ \text{kg}$

量的名称	单位名称	单位符号	换算关系和说明
旋转速度	转每分	r/min	$1 \ r/min = (1/60) \ s^{-1}$
长度	海里	n mile	$1 \ n \ mile = 1 \ 852 \ m$（只用于航行）
速度	节	kn	$1 \ kn = 1 \ n \ mile/h = (1 \ 852/3 \ 600) \ m/s$ （只用于航行）
能［量］	电子伏	eV	$1 \ eV \approx 1.602 \ 177 \times 10^{-19} \ J$
级差	分贝	dB	
线密度	特［克斯］	tex	$1 \ tex = 10^{-6} \ kg/m$
面积	公顷	hm^2	$1 \ hm^2 = 10^4 \ m^2$

注：① 平面角单位度、分、秒的符号，在组合单位中应采用（°）、（′）、（″）的形式. 例如，不用°/s 而用（°）/s .

② 升的符号中，小写字母 l 为备用符号.

③ 公顷的国际通用符号为 ha.

表 F3-5 用于构成十进倍数和分数单位的词头

因数	词头名称		符号	因数	词头名称		符号
	英文	中文			英文	中文	
10^1	deca	十	da	10^{-1}	deci	分	d
10^2	hecto	百	h	10^{-2}	centi	厘	c
10^3	kilo	千	k	10^{-3}	milli	毫	m
10^6	mega	兆	M	10^{-6}	micro	微	μ
10^9	giga	吉［咖］	G	10^{-9}	nano	纳［诺］	n
10^{12}	tera	太［拉］	T	10^{-12}	pico	皮［可］	p
10^{15}	peta	拍［它］	P	10^{-15}	femto	飞［母托］	f
10^{18}	exa	艾［可萨］	E	10^{-18}	atto	阿［托］	a
10^{21}	zetta	泽［它］	Z	10^{-21}	zepto	仄［普托］	z
10^{24}	yotta	尧［它］	Y	10^{-24}	yocto	幺［科托］	y
10^{27}	ronna	容［那］	R	10^{-27}	ronto	柔［托］	r
10^{30}	quetta	昆［它］	Q	10^{-30}	quecto	亏［科托］	q

读者意见反馈

为收集对教材的意见建议，进一步完善教材编写并做好服务工作，读者可将对本教材的意见建议通过如下渠道反馈至我社。

咨询电话　400-810-0598

反馈邮箱　hepsci@ pub.hep.cn

通信地址　北京市朝阳区惠新东街 4 号富盛大厦 1 座

　　　　　高等教育出版社理科事业部

邮政编码　100029

防伪查询说明

用户购书后刮开封底防伪涂层，使用手机微信等软件扫描二维码，会跳转至防伪查询网页，获得所购图书详细信息。

防伪客服电话　（010）58582300